焊接等离子体辐射光谱理论及其工业应用基础

李志勇　著

U0845771

北京大学出版社
PEKING UNIVERSITY PRESS

内容简介

本书详细阐述了焊接过程中等离子体的特点，等离子体光谱诊断的基本理论和方法，不同焊接方法等离子体光谱的时域、频域、空域分布特征，光谱测控技术在焊接质量测控上的典型应用方面的内容。从光谱测控的理论基础到应用实例，形成了完整的体系。

本书可以作为从事焊接加工的科研、工程应用等人员的技术用书，也可作为等离子体加工技术、先进激光技术、材料制备过程中的等离子体技术等相关专业人员的参考用书，并可为企业工程技术人员从事相关应用开发提供理论指导和技术参考。

图书在版编目(CIP)数据

焊接等离子体辐射光谱理论及其工业应用基础/李志勇著. —北京：北京大学出版社，2013.1
ISBN 978-7-301-21681-1

Ⅰ.①焊… Ⅱ.①李… Ⅲ.①等离子焊—光谱—应用—工业技术 Ⅳ.①TG456.2

中国版本图书馆 CIP 数据核字(2012)第 282674 号

书　　名：焊接等离子体辐射光谱理论及其工业应用基础
著作责任者：李志勇　著
策 划 编 辑：童君鑫
责 任 编 辑：童君鑫　黄红珍
标 准 书 号：ISBN 978-7-301-21681-1/TG·0040
出 版 发 行：北京大学出版社
地　　址：北京市海淀区成府路 205 号　100871
网　　址：http://www.pup.cn　新浪官方微博：@北京大学出版社
电 子 信 箱：pup_6@163.com
电　　话：邮购部 62752015　发行部 62750672　编辑部 62750667　出版部 62754962
印 刷 者：三河市博文印刷厂
经 销 者：新华书店
720 毫米×1020 毫米　16 开本　13.5 印张　312 千字
2013 年 1 月第 1 版　2013 年 1 月第 1 次印刷
定　　价：38.00 元

未经许可，不得以任何方式复制或抄袭本书之部分或全部内容。

版权所有，侵权必究

举报电话：010-62752024　电子信箱：fd@pup.pku.edu.cn

前　言

焊接电弧物理是焊接过程测控和焊接质量在线检测的重要理论基础。焊接等离子体辐射是焊接电弧物理的基本现象，在现代自动化焊接生产制造中，其光谱信息可作为重要的信息源用于焊接过程的测控。近年来，在自动化焊接生产和精确制造要求的推动下，关于焊接等离子体辐射光谱的理论和应用研究，成为世界各先进工业国家焊接制造的一个热点。目前，西班牙、美国、德国、意大利等国家已经有相关的工业产品应用；我国学者也开展了不少相关研究工作。但迄今为止，关于焊接等离子体辐射光谱理论及其应用方面，国内外还没有一本专著给予系统阐述。研究者和应用者大多借助零散的资料来开展相关工作，缺乏关于焊接电弧辐射光谱的基础理论知识，而且无法准确掌握其应用现状及前景，成为制约其推广应用和深入研究的主要障碍之一。

自 2000 年开始，有幸在导师李俊岳先生的天津大学电弧物理研究室就读博士学位，研究室在焊接电弧物理领域深厚的研究积累，为我了解和学习电弧光谱测控的理论和应用提供了良好的条件。2004 年以来，结合光谱技术在焊接质量检测领域的研究现状，在国家自然科学基金(50505048)、山西省自然科学基金(两项)、山西省优秀青年学术带头人资助课题(2009)、山西省回国留学人员科研资助项目(2012－69)等项目的支持下，开始从事焊接电弧辐射光谱理论、焊接质量光谱在线检测、激光-电弧复合焊等离子体辐射光谱、药芯焊丝光谱辐射方面的系列研究工作；积累了大量的一手研究资料和理论知识，并且对国内外该领域的研究现状有较深刻的认识。本书在近年来研究积累的基础上，着眼于焊接电弧辐射光谱基础理论与工业应用的结合，较为详尽地介绍焊接等离子体测控方法的原理和应用案例。

在本书写作过程中，一些基础理论内容和应用案例参考了国内外公开发表的著作和文献，在此对著者表示感谢。向恩师李俊岳先生表示最诚挚的敬意和感谢，是先生将我引入光谱测控领域的大门，并为我开展研究提供了很好的平台。同时感谢李桓教授在多年的研究合作中的帮助，感谢多位师兄弟和同仁在研究过程中的建议和鼓励。感谢天津大学、哈尔滨焊接研究所等合作单位提供的相关支持。

由于作者水平有限，对光谱研究领域也只是管中窥豹，书中难免有不妥之处，敬请各位专家、读者批评指正。

李志勇

2012 年 9 月

目　录

第1章 电弧等离子体基础

等离子体(plasma)一词源于希腊语，英文译为“to mold”，意即将流体注入成形，英文 plasma 也被用于生物学中描述血浆。现在人们提到的等离子体，最早的概念起始于 1928 年，当时朗缪尔(Langmuir)描述真空放电管中的辉光放电正柱区，认为辉光放电的电离气体也有流体成形特性，将其引入来描述这种放电现象。而目前在物理学和工业领域，等离子体一词已被广泛地应用，来描述对外呈现电中性的电离气体。

1.1 等离子体的特点及分类[1,2]

1.1.1 等离子体的特点

我们都知道，自然界中物质存在的状态有较大差异，如固态、液态、气态以及等离子体。这些状态都与其自身粒子间的结合能相对应，不同结合能状态对应不同的物质存在形态。通常人们把固态称为物质的第一态，它具有固定的形状和体积；当固态中分子的平均动能超过其在晶体中的结合能时，固体所固有的晶体结构会被破坏，从而转化成液体(第二态)或直接转化为气体(第三态)；当液体中分子平均动能超过范德瓦尔键结合能时，液态就转化为气态；而当粒子的平均动能大于电离能时，在轨道上运动的束缚态电子将脱离原子或分子，成为自由电子而形成气体的电离，进而产生等离子体。等离子体具有与固态、液态、气态截然不同的特性，被称为物质的第四态。

仅靠气体电离往往不能产生稳定的等离子体，等离子体要稳定存在需要满足一些内外部条件。首先，激发的电离气体必须达到一定的电离度，使得气体处于导电状态；同时，电离气体中每一带电粒子的运动都会影响到其周围带电粒子，也受到其他带电粒子的约束。由于电离气体整体表现出电中性，也就是电离气体内正负电荷数相等，所以这种稳定的电离气体状态被称为等离子体态。作为物质存在的一种独立形态，等离子体具有以下基本特性。

1. 导电性

等离子体中由于存在自由电子和带正、负电荷的离子，质量很轻的自由电子摆脱了原子核的约束，很容易在电场的作用下定向移动，这就使得等离子体具有很强的导电性。

2. 电准中性

虽然等离子体内部具有很多带电粒子，但这些粒子在足够小的空间和时间尺度上，所带的正电荷数总是等于负电荷数，对外呈现电中性。如果等离子体中任何微小的空间内存在电荷的聚集而呈现非电中性，就将产生巨大的电场强度，使其带电粒子移动，恢复原状而保持电中性，所以等离子体中电荷分离的空间尺度和时间尺度很小。热等离子体中的电中性仅在很小尺度上有所违背，定义这个尺度为德拜(Debye)长度，其数值与等离子体温度及带电粒子数密度有关。

3. 与磁场作用

等离子体是由带电粒子组成的导电体，因此可用磁场控制它的位置、形状和运动，例如电弧等离子体的旋转、电弧等离子体的稳定及熄灭等。磁控电弧偏转焊接方法正是利用这一现象，来改善焊缝成形和组织性能。与此同时，带电粒子集体运动产生的电流又可形成电磁场，进一步影响等离子体的空间分布。

4. 气氛可控

改变等离子体的工作气体可以形成氧化性、中性、还原性、惰性气氛，以满足工业和技术上的需要。如可采用 Ar 和 CO_2 作为弧焊时的保护气体。

1.1.2 等离子体的分类

等离子体独特的存在状态和物理特性使得它在各个行业中都得到应用和研究。但实际上，等离子体存在的状态并不是完全相同的。不同条件下产生的等离子体具有不同的特点，人们根据等离子体的自身特点、产生条件和应用领域不同，将其分成不同的种类。其中主要的分类方法有以下几种。

1. 按等离子体温度分类

自然界中存在的等离子体温度差别非常大，从外太空高达 10^8 K 的等离子体到室温下辉光放电的等离子体。图1.1给出了不同温度下，等离子体的不同存在方式及其电子密度。这些等离子体的特性差别很大，因此，研究者按照等离子体的温度差别，将其分为高温等离子体和低温等离子体。

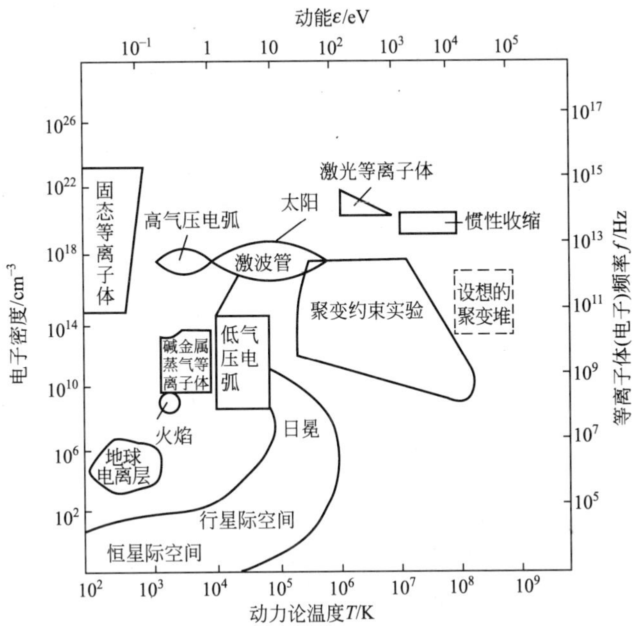

图1.1 等离子体的电子密度-温度图

1) 高温等离子体

高温等离子体是指粒子温度在10^6～10^8K之间的等离子体，这类等离子体产生需要很高的能量，并且具有高的电离度。如太阳、核聚变和激光聚变等产生的等离子体均属于高温等离子体。

2) 低温等离子体

低温等离子体是指粒子温度从室温到3×10^4K左右的等离子体。低温等离子体按重粒子温度水平又可分为热等离子体和冷等离子体。

(1) 热等离子体是指低温等离子体中重粒子温度在3×10^3～3×10^4K间的等离子体，其电子温度接近重粒子温度，达到热力学平衡(CTE)或局部热力学平衡(LTE)状态，可以认为具有统一的热力学温度，这类等离子体被称为热等离子体。在材料加工领域广泛应用的电弧等离子体、高频等离子体等均属于热等离子体。

(2) 冷等离子体是指低温等离子体中重粒子温度较低的等离子体。其等离子体的重粒子温度只有室温左右，而电子温度可达上万开(K)。冷等离子体内带电粒子没有通过充分的能量交换达到平衡，远离热力学平衡状态或局部热力学平衡状态。如在照明上的辉光放电产生的等离子体就属于冷等离子体。

2. 按粒子密度分类

1) 致密等离子体(或高压等离子体)

当粒子密度 $n>10^{15\sim18}\text{cm}^{-3}$时，就可称为致密等离子体或高压等离子体。由于粒子密度很高，这时粒子间的碰撞对能量的传递起主要作用，例如，$p=0.1$个大气压以上的电弧，均可看作致密等离子体。

2) 稀薄等离子体(低压等离子体)

当粒子密度 $n<10^{12\sim14}\text{cm}^{-3}$时，粒子间碰撞基本不起作用，粒子间能量无法通过碰撞充分交换，这时称其为稀薄等离子体或低压等离子体。例如，辉光放电就属于此类型。

3. 按等离子体的产生途径分类

电离气体形成时，产生电离的能量提供方式是不同的。因此，根据等离子体不同的产生方式，工业中常见的等离子体主要包括燃烧等离子体、电弧等离子体、高频等离子体、激波等离子体、激光等离子体、聚变等离子体等。由图 1.1 可知不同分类等离子体的温度、电子密度参数范围。

除了具体的产生途径分类外，还可将不同途径产生的等离子体分为两大类：自然等离子体和实验室等离子体(指人工产生的等离子体)。

自然等离子体广泛存在于宇宙，宇宙中几乎 99.9%以上的物质是以等离子体状态存在的，如恒星星系、星云，又如地球附近的闪电、极光、电离层，范·阿伦(Van Allen)带等。然而，地球上自然等离子体比较少，其主要原因是地球“寒冷”、温度低。研究表明，热平衡时气体的电离度 a(表示中性气体原子或分子中电离成带电粒子的比例)，可由沙哈(Saha)方程确定。在室温左右，如温度在 300K 时，空气的电离度仅为 $a\approx10^{-122}$。而在天体上，温度高达上百万开(K)，物质都处于等离子体态。

实验室等离子体诸如日光灯、霓虹灯的放电，高速飞行器尾迹，火箭发动机喷管中的燃气，等离子体炬中的电弧，气体激光、激波管中的电离气体，受控核聚变时产生的高温等离子体，原子弹或氢弹爆炸时产生的高温等离子体，某些化学反应(燃烧)产生的燃气等离子体，紫外线和 X 射线辐射电离产生的等离子体等，都属于人工产生的等离子体。

4. 按电离程度分类

等离子体按气体电离的程度分类，可分成完全电离气体、部分电离气体、弱电离气体等。

完全电离气体中，几乎所有分子(或原子)都电离成电子和离子。部分电离气体中，部分分子(或原子)电离成电子和离子，其他为中性分子，实际上 1%的电离度就可使等离子体的电导率接近完全电离时的电导率。弱电离气体中只有少量分子(或原子)电离。

按照不同电离度分类与按照温度分类的方法有相似的地方。一般情况下，对于同种粒子，温度越高，电离度越大。但应该指出，不同原子在不同的温度下才能达到相同的电离度。例如，铯(Cs)蒸气在 1 500K 时电离度已相当大，而氩气(Ar)要达到与铯差不多大小的电离度，则需要约 6 000K 的高温。在平衡条件下，当温度在 20 000K 以上时，几乎所有的气体均高度电离。当气体处于非平衡状态时，特别是在低压稀薄气体中放电时，在很低的气体温度下就可以有显著的电离度。

本书涉及的等离子体以电弧等离子体为主，因此需要对电弧等离子体的产生、特点、辐射规律有清楚的认识。焊接电弧属高压、热等离子体，粒子间的碰撞起主要作用，放电电压较低(10～100V)，而电流则可很大(0.1～1 000A)。在电极间整个弧柱区发出很强的光和热，并具有特定的伏安特性。通常情况下，焊接电弧等离子体处于局部热力学平衡状态，可以用麦克斯韦速度分布、玻尔兹曼粒子能态概率分布和沙哈方程等确定电弧等离子体的状态和参数。

1.2 电弧等离子体的产生[3~5]

电弧现象最早被发现于 1808 年，Davy 和 Ritter 在两个碳极间产生了电弧，并对其进行观察。由于产生的自由电弧具有向上的拱形，因此用德文的“Eleck-trischer Bogen”来描述它，意即点的拱形物，对应的英文为“electric arc”，中文即为电弧。

1.2.1 气体放电现象及分类

那么，气体是如何导电并形成等离子体呢？正常状态的气体是由中性分子或原子组成的，没有带电粒子，它们虽可自由移动，但不会受电场作用而产生定向运动，是不导电的。要使正常状态的气体导电，必须产生带电粒子，这就是气体的放电和等离子体的形成过程。气体放电在形式上和性质上是各种各样的，这与气体的种类和压力、电极的材料和几何形状、两电极的间距离及施加在两电极间的电压等有关。

气体放电的形式取决于放电时电流值的大小。气体放电可按是否需要外界电离源来维持放电，分为非自持放电和自持放电两大类。在非自持放电中，带电粒子是由外界电离源所引起的，呈暗放电状态，当外界电离源取消后，放电就立刻停止。当电流大于一定数值时，气体导电过程本身就可产生维持导电所需要的带电粒子，即使取消了外界电离源，放电过程仍可继续维持下去，这种过程称为自持放电。在自持放电区间，又可分为自持暗放电、辉光放电和电弧放电 3 种基本形式。图 1.2 给出了不同放电形式的存在区间和伏安特性曲线。

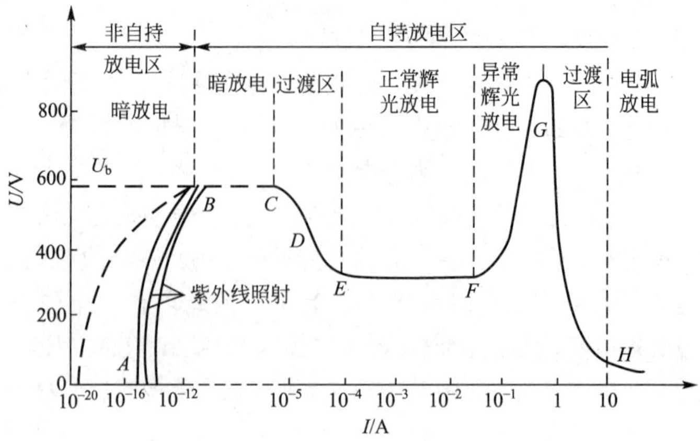

图 1.2　不同放电形式的伏安特性曲线

由图 1.2 可知，电弧放电的特点是电流密度大、电弧阴极电压低。辉光放电的电流密度为几十微安，而电弧则每平方厘米有几百至几万安培。辉光放电的阴极电压降为 200～300V，电弧阴极电压降仅约为 10V；常压下电弧在低电压下(约几十伏)就可以燃烧，而复燃辉光放电在低气压时需要几百伏电压，在高气压时则需几万伏电压。由上述分析可知，电弧等离子体从本质上讲是一种气体持续放电现象，并产生较高温度(5 000～30 000K)。因此，电弧被广泛应用于等离子焊接、切割、喷涂，粉末材料制备，工程加热，冶炼，煤的气化，同位素分离等多个领域。

为了了解电弧产生的本质，有必要对电弧中带电粒子产生过程进行分析。电弧产生过程伴随两电极间气体电离、电极发射电子两个基本物理过程，同时伴随着一些其他过程，如解离、激励、扩散、复合、负离子产生等现象。其中气体的电离与复合是存在于电弧中的主要物理现象，要了解这种现象，必须从了解气体运动的本身规律及其电离过程开始。

1.2.2　气体粒子的运动

1. 气体粒子动能和温度的关系

理论上讲，在绝对温度 0K 以上，气体粒子总是处于不规则运动中。各个粒子以某一速度运动时，具有一定动能；而且在具有一定气体密度时，互相频繁地碰撞。如果把气体盛在容器中，其粒子就要碰撞容器壁从而产生压力，这种压力随碰撞粒子运动速度或质量增大而增大。实际上，气体温度与其压力成正比例关系，单原子气体粒子的动能与温度之间的关系如式(1-1)所示。

$$\frac{1}{2}mC^2=\frac{3}{2}kT \tag{1-1}$$

式中，C 为气体粒子运动的均方根速度。

式(1-1)给出了温度的基本概念，它表示从整体上观察气体粒子总动能的大小。相同温度(T)下，气体粒子的质量(m)越小，运动速度越大。例如，相同温度下，氢的导热性比氧大是由于其质量小、运动速度大，通过碰撞能量传递快造成的。电弧中的电子也可被看作是一种粒子，由于电子与其他粒子相比质量很小，所以在电弧中，除了电场作用下产生的定向移动影响外，相同温度下电子的运动速度比其他粒子要大得多。

2. 麦克斯韦速度分布规律

由气体粒子的运动与温度的关系可以知道，气体粒子具有一定的均方根速度，该速度取决于温度。但在一个气体体系中，各个粒子的速度在瞬间各不相同，有高有低。虽然各粒子的速度大小随碰撞现象的发生而时刻变化，但如果把许多粒子作为一个整体来考虑，所有粒子的速度分布是有规律的。就统计意义而言，可以认为粒子速度大体是以平均速度为中心，遵循一定规律分布的。麦克斯韦(C. Maxwel)研究了这种速度分布并导出重要的关系式：

$$F\left(\frac{c}{C_0}\right)=F(\beta_0)=\frac{4}{\sqrt{\pi}}\beta_c^2 e^{-\beta_c^2} \tag{1-2}$$

式中，$\beta_c=c/C_0$ 为某一速度粒子数与总粒子数之比；c 为气体粒子的实际速度；C_0 为气体粒子的基准速度，大小为$\sqrt{\frac{2}{3}}C$；C 为气体粒子的平均速度。

图 1.3 给出了这种分布的曲线，图中横坐标是粒子的相对速度，纵坐标是具有某一速度粒子存在的概率。从图 1.3 可知，速度为 C_0 的粒子数目最多，而速度大于 $3C_0$ 的粒子极少。坐标中曲线下围成的面积表示粒子总数。

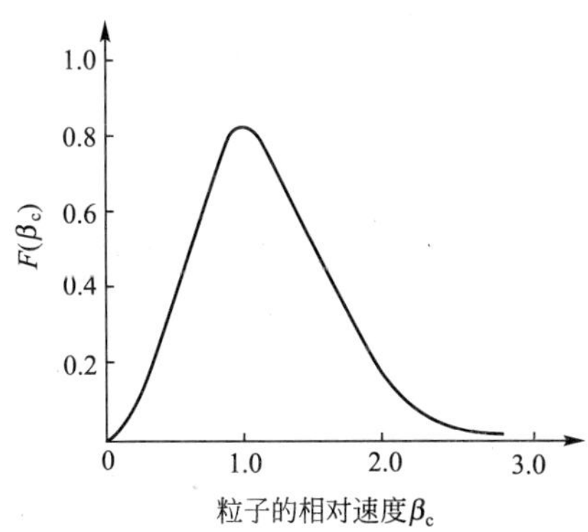

图 1.3 气体粒子运动速度的麦克斯韦曲线分布

3. 平均自由程

气体粒子具有不同的运动速度，并且由于相互碰撞而不断改变运动方向，在空间做不规则运动。两次碰撞之间能够自由地做直线运动的距离(即自由程)是不同的，各个粒子自由程的平均值，被称为平均自由程 λ。假设有半径分别为 r_A 和 r_B 的两种粒子，B 粒子静止且在空间的密度为 n，A 粒子以一定速度 v_A 运动，则粒子A自由程大小可表示为：

$$\lambda=\frac{v_A}{n\pi(r_A+r_B)^2 v_A}=\frac{1}{n\pi(r_A+r_B)^2} \tag{1-3}$$

式(1-3)中假设B粒子静止，如果B粒子运动，只需将A粒子运动速度替换为两种粒子相对运动速度的矢量和即可。若A、B为同一种粒子，则其自由程可表示为：

$$\lambda=\frac{1}{4\sqrt{2}\pi r^2 n} \tag{1-4}$$

若A粒子为电子，B粒子为气体原子，由于同一温度下电子的运动速度要远大于气体粒子的运动速度，因此可将气体粒子看作是静止的，得到电子的自由程如式(1-5)所示：

$$\lambda_e=\frac{1}{\pi r^2 n} \tag{1-5}$$

由此，电子运动的自由程与气体粒子运动的自由程大小存在式(1-6)所示关系：

$$\frac{\lambda_e}{\lambda}=4\sqrt{2} \tag{1-6}$$

表1-1列举了一些气体粒子在1标准大气压(atm)下的平均自由程。从表1-1可看出，不同种类粒子的平均自由程不同。另外，对于同种环境下的同类粒子，各个粒子的自由程也不同，有的比平均自由程长，有的比平均自由程短。现以某一气体体系内的 N_0 个粒子为考察对象。假定以这些粒子刚发生碰撞的瞬间为出发点，开始新的自由程，则各个粒子发生自由程的分布规律如式(1-7)所示：

表1-1　标准状态下一些气体粒子的平均自由程

气体种类	平均自由程 $\lambda\times10^{-8}$	温度 T/K	摩尔质量/(g/mol)
空气	9.6	111	29
Ar	10.0	170	40
Cl	4.57	199	71
CO	9.27	100	28
CO_2	6.29	240	44
H_2	18.3	72	2
He	28.5	80	4
H_2O	7.22	550	18
Hg	3.72	—	201
N_2	9.44	110	28
O_2	9.95	127	32

$$N=N_0 e^{-x/\lambda} \tag{1-7}$$

将 $x=\lambda$ 带入式(1-7)，可得 $N/N_0=e^{-1}\approx0.368$，即在自由程为 λ 的距离内，未发生碰撞的粒子数只占到总粒子数的36.8%，大部分粒子发生碰撞。如果设自由程为 10λ，则在两万个粒子中，仅有一个粒子未发生碰撞。上述规律也说明了在具有一定平均自由程的气体粒子系统中，具体的一个粒子在不同自由程下发生的概率密度。

1.2.3 气体的电离及电弧的产生

1. 气体粒子的碰撞

气体粒子在运动中会发生碰撞，以这种形式传递能量称为碰撞传递。气体粒子的相互碰撞有两种情况：非破坏性的弹性碰撞和破坏性的非弹性碰撞。弹性碰撞时气体粒子只产生动能的传递和再分配，碰撞后两个粒子的动能之和基本不变，不发生能量存在方式的改变，粒子的内部结构不发生任何变化。这种碰撞的结果只使粒子的运动速度变化。因此，弹性碰撞只能引起粒子温度的变化，不能产生电离与激励过程，它是在气体粒子的动能较低时产生的。当气体粒子拥有较大动能时，则产生非弹性碰撞，使被碰撞的气体粒子内部结构发生变化。在非弹性碰撞时部分或全部动能转换为内能，如果此内能大于激励电压则粒子被激励，如果此能量大于电离电压则粒子将被电离。被激励的粒子如果继续受到非弹性碰撞，内能积累达到电离电压时也产生电离。只有非弹性碰撞才产生电离过程，为气体空间制造带电粒子。

在电弧气氛中，电子运动速度比气体粒子运动速度大得多，故碰撞时可视气体粒子处于静止状态；如果是弹性碰撞，电子碰撞一次传递给对方的能量只占极小的比例，但是碰撞次数多，传递的能量当然也会增多。在电弧放电时，电子在空间沿电场作用力方向移动而获得动能，然后通过碰撞再将能量传递给中性气体粒子，并使温度上升。如果碰撞充分，电子将能量传递给其他粒子，具有统计学上大致相同的温度，可以认为处于局部热力学平衡状态。

如果电子的运动速度超过临界值，具有较大的动能，将与气体粒子发生非弹性碰撞。由于电子的质量远远小于气体原子、离子或分子，因此当具有足够动能的电子与中性粒子进行非弹性碰撞时，电子的动能基本上全部传递给气体粒子，转换为中性粒子的内能，引起其电离或激发，成为破坏粒子结构的最有效碰撞。当中性粒子之间进行碰撞时，则只能将部分能量传递给被碰撞的粒子，最多不超过原动能的一半，因此在电弧中通过碰撞传递使气体粒子电离的过程中，电子的作用是所有粒子中最主要的。

由上面的讨论可以看到，要通过粒子间碰撞增加中性粒子的内能使之达到电离，需要提高粒子的动能，尤其是提高电子的动能。电弧中的高温和电场的存在都是提高粒子动能的有利条件。高温可以提高粒子(中性粒子、电子、离子)的动能，而电场强度是提高带电粒子(电子、离子)动能的条件。实际电弧等离子体中，通过粒子间的碰撞将能量传给中性粒子并使之电离，就是使电弧本身产生带电粒子，维持其导电的主要途径。

2. 电弧中气体的电离与激励现象

在一定条件下，中性气体分子或原子分离为正离子和电子的现象称为电离。气体分子或原子在常态下由数量相等的正电荷(原子核)和负电荷(电子)构成一个稳定的系统，对外呈中性。要使其电离就要破坏这种稳定系统，常态下的气体粒子(分子或原子)，受外来能量作用失去一个或多个电子后则成为正离子。使中性气体粒子失去第一个电子所需要的最低外加能量称为第一电离能，通常以电子伏(eV)为单位，一个电子伏(eV)就是一个电子通过 1V 电位差空间所取得的能量。为计算方便起见，把用电子伏为单位的能量转换为数值上相等的电压来处理，称为电离电压，常直接用电离电压来表示气体电离的难易。

失去一个电子生成的正离子称为一价正离子，这种电离称为一次电离；要使中性气体粒子失去第二个电子则需要更大的电离电压，称为第二电离电压；依此类推。在焊接电弧中，当焊接电流较小时只存在一次电离，而在大电流或压缩焊接电弧中，可能出现二次或三次电离，但一次电离仍居主要地位。电弧气氛中可能遇到的某些气体粒子电离电压见表 1-2。

表 1-2　常见分子和原子的电离电压(括号中为二次电离电压)

粒子种类	电离电压/V	粒子种类	电离电压/V	粒子种类	电离电压/V
H	13.5	Ar	15.7	H_2	15.4
He	24.5(54.2)	K	4.3	O_2	12.2
Li	5.4(75.3)	Ca	6.1	N_2	15.5
B	8.30	Ni	7.6	H_2O	12.6
C	11.26(24.4)	Cr	7.7	Cl_2	13
N	14.53	Mo	7.4	CO	14.1
O	13.5(35)	Cs	3.9	NO	9.6
F	17.4(35)	Fe	7.9	OH	13.8
Na	5.1(47)	W	8.0	La	5.61
Cl	13(22.5)	Al	5.96	Ti	6.81
CO_2	13.7	Mg	7.61	Cu	7.68
NO_2	11	Mn	7.43	Si	8.15
HF	15.7				

从表1-2可以看出，不仅原子状态的气体粒子可以被电离，分子状态的气体也可直接被电离。当电子从气体分子中被分离出来时，一般情况下需要克服两层约束(原子对电子的约束和分子对电子的约束)，所以需要的电离电压比原子状态时的电离电压要高一些，如H(原子)为13.5V，而H_2(分子)为15.4V。然而，也有些气体原子结合为分子时反而使电子与原子的联系减弱，故分子的电离电压反而比原子的电离电压低，如NO分子的电离电压为9.6V，而N原子和O原子的电离电压分别为14.53V和13.5V。

当外来能量作用不足以使气体发生电离，但能使电子从低的能级转移到较高的亚稳定能级时，则中性粒子内部的原有稳定状态被破坏，这种状态称为激励。使中性粒子激励所需要的最低外加能量对应的电压称为最低激励电压，激励电压数值低于该元素电离电压的数值，常见气体的最低激励电压见表1-3。

表1-3 常见气体的最低激励电压

粒子种类	激励电压/V	粒子种类	激励电压/V	粒子种类	激励电压/V
H	10.2	K	1.6	CO	6.2
He	19.8	Fe	4.43	CO_2	3.0
Ne	16.6	Ca	1.4	H_2O	7.6
Ar	11.6	H_2	7.0	O	2.0
N	2.4	N_2	6.3	O_2	7.9

由于原子的外层结构具有多个亚稳态能级，所以激励状态的粒子可具有不同的能级，此时电子尚未脱离粒子，粒子对外界呈中性。因为粒子的激励状态是一种亚稳定状态，它处于激励状态的时间很短。处于较高能级的激励粒子，如果继续接受外来能量，可使其电离，也可通过能级跃迁将能量以辐射的形式释放出来，表现为电弧的辐射光，而粒子恢复到原来的稳定状态。这种辐射在第2章中将详细讨论。能级低的激励粒子，可能与其他粒子碰撞，将能量传递给其他粒子而恢复其稳定状态。接受其能量的粒子则可能解离、激励或电离。因此，粒子的激励过程虽不是直接产生带电粒子的过程，但也与电离过程和电弧特性有密切关系。

中性粒子接受外界能量，在满足条件的情况下会产生电离与激励。外加能量可通过不同方式施于中性粒子，但使之电离与激励所必需的最低能量，并不因施加能量方式不同而改变，即电离和激励电压都是固定数值。外界能量传递给自由运动的气体粒子，从本质上讲只有两种传递能量途径：一种是碰撞传递，另一种是光辐射吸收。

碰撞传递是能量传递的主要形式，在1.2.3节中已作了介绍。光辐射吸收是气体粒子传递能量的另一种途径，中性气体粒子可以接受外界以光子形式所施加的能量，提高其内能并改变其内部结构，使气体粒子激励或电离。以光子形式传递给气体粒子的能量可以全部转换为粒子的内能。当光子能量超过气体粒子的电离能时，多余部分将转换为电离生成的自由电子的动能。电弧会发出多种频率的光辐射，因此电弧本身就具有向气体粒子提供辐射能量的条件。但在焊接电弧中，光辐射传递方式制造的带电粒子与碰撞传递相比是次要的。而在激光焊接时，激光被光致等离子体吸收，进而产生电离成为一种主要的能量传递形式。

如式(1-8)所示，单位体积内被电离的粒子数与气体电离前粒子总数的比率称为电离度，一般以 x 表示：

$$x=\frac{\text{电离后的电子或离子密度}}{\text{电离前的中性粒子密度} } \tag{1-8}$$

根据印度科学家萨哈(Saha)的推导，假设气体中各粒子处于热力学平衡状态，热电离与气体温度、气体压力、气体电离电压等因素存在以下关系。

$$\frac{x^2}{1-x^2}p=3.16\times10^{-7}T^{2.5}\exp-\left(\frac{eU_i}{kT}\right) \tag{1-9}$$

式中，p 为气体压力(Pa)；T 为气体热力学温度(K)；e 为电子的电量(C)；k 为玻耳兹曼常数，1.38×10^{-28} J/K；U_i 为气体的电离电压(V)。

由式(1-9)即萨哈公式所决定的电离度与温度的曲线关系如图1.4所示。由式(1-9)及图1.4可看出，热电离时的电离度随温度升高、压力减少、电离电压减小而增加。气体电离电压的高低说明在某种气氛中产生带电粒子的难易。在相同的外加能量条件下，电离电压低的气体提供带电粒子较容易，从这个角度看有利于电弧的稳定。但电离电压高低只是影响电弧稳定的许多因素之一，还需要考虑气体各种性质的综合作用。

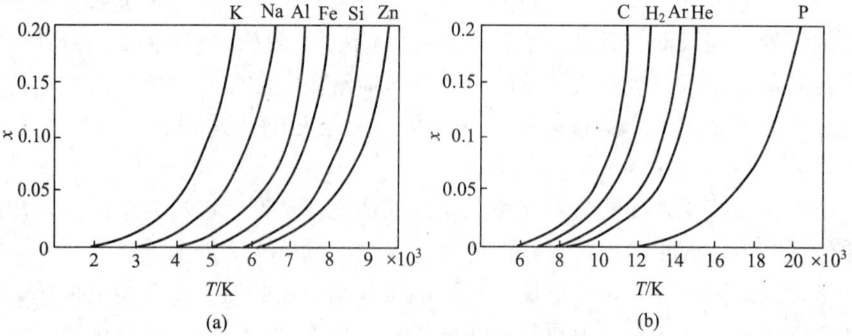

图1.4 热电离的电离度与温度的曲线关系

萨哈公式是单一气体热电离度的表达式。如果是多组分气体，各种气体电离程度不一样，此时电子密度与电离前中性粒子密度的比率称为实效电离度。混合气体的电离电压称为实效电离电压。混合气体的实效电离电压主要取决于电离电压较低的气体成分，即使这种气体占有较小的比例。一般在常压下的焊接电弧中，电子是电弧的主要带电粒子，电子密度的数量级为$10^{14}cm^{-2}$时，即可维持电弧的正常导电。实效电离度为10^{-4}数量级时即可满足小电流电弧导电的需要。

当电弧空间同时存在电离电压不同的几种气体时，电离电压较低的气体粒子将先被电离，如果这种低电离电压气体供应充分，则电弧空间的带电粒子将主要依靠这种气体的电离过程来提供，所需要的外加能量也主要取决于这种气体的电离电压。从表1-2可以看出，碱金属和碱土金属Na的电离电压很小，稀土元素La的电离电压也较小；如果电弧气氛中有这些元素存在，则电弧空间的电子、离子就容易形成，气体的导电性就好，电弧就稳定。因此，在焊条生产中，在药皮中加入含这些元素的物质(如长石、碳酸钙等)，由于电弧空间的气体介质中存在着低电离能的K、Na蒸气，从而达到电弧稳定的目的，以保证焊接质量。卤族元素F、Cl、Br等的电离电压很大，使电弧不稳定。在碱性焊条药皮中，为了焊接冶金的要求，或为了改善焊接熔渣性能而加入萤石(CaF_2)，结果使电弧气氛中有F的存在，不利于电弧的稳定性。

3. 电弧中气体的电离种类

碰撞传递和光辐射吸收是能量传递的两种主要方式，而电弧中气体粒子的电离因外加能量种类的不同，通过上述两种方式传递能量而电离，具体的电离方式可分为3类。

1) 热电离

高温下，气体粒子受热的作用，在热运动过程中相互碰撞而产生的电离称为热电离。由1.1节，根据气体分子运动理论可知，气体的温度高低意味着气体粒子(包括中性粒子、电子和离子)平均动能的大小，即气体粒子平均运动速度的快慢。在某一温度下，各粒子的运动速度不同，符合麦克斯韦曲线分布规律。只有拥有大于电离电压能量的那部分粒子才可能引起中性粒子的电离。

由于弧柱的温度一般在5 000～30 000K，所以热电离是弧柱部分产生带电粒子的最主要途径。因电弧的温度很高，电弧中的多原子气体(由两个以上原子构成的气体分子)由于热的作用将分解为原子，这种现象称为热解离。在热电离之前气体分子首先要产生热解离。热解离也需要外加能量，是吸热反应。气体分子产生热解离所需要的最低能量称为解离能。不同气体分子的解离能是不同的。电弧气氛中常遇到几种气体分子的解离能见表1-4。

表 1-4　几种气体分子的解离能

解离过程	解离能/eV	解离过程	解离能/eV
$H_2 \rightarrow H+H$	4.4	$NO \rightarrow N+O$	6.1
$N_2 \rightarrow N+N$	9.1	$CO \rightarrow C+O$	10.0
$O_2 \rightarrow O+O$	5.1	$CO_2 \rightarrow CO+O$	5.5
$H_2O \rightarrow OH+H$	4.7		

由于解离能低于电离能，电弧中气体分子受热作用时，将首先大量解离成原子，然后由大量原子和少量分子(比例因温度不同而变化)组成的气体继续受热作用而产生电离。气体解离过程伴随着吸热作用，所以它除了影响带电粒子的产生过程外，还对电弧的电和热性能产生显著的影响。焊接时，电弧的不同保护气体引起的许多不同现象常与气氛的解离过程有密切的关系。例如在 CO_2 气氛中，在相同电弧长度下，电弧电压和电弧温度要比单原子气体 Ar 中的电弧电压和电弧温度高，就是因为 CO_2 为多原子气体，在高温下首先发生解离，吸收大量解离能，强迫电弧收缩。

2) 电场作用下的电离

当气体中有电场作用时，带电粒子除了做无规则的热运动外，还会受电场的影响做定向运动，正、负带电粒子的定向运动方向相反。电场对带电粒子在电场方向的运动起加速作用，使电能转换为带电粒子的动能。当动能增加到足够的数值时，则可能与中性粒子产生非弹性碰撞而使之电离。这种带电粒子从电场中获得能量，通过碰撞而产生的电离过程称为电场作用下的电离。

带电粒子在充满气体粒子的空间运动，它一边与气体粒子发生碰撞一边沿电场方向运动，其总的运动趋势虽与电场方向一致，但是每次碰撞后的运动方向都要变化，并不一定与电场方向一致。根据 1.1 节的分析，在一定温度和压力下，电离气体中电子运动的自由程 λ_e 与气体中性粒子 λ_g 和离子 λ_i 存在以下关系：

$$\lambda_e : \lambda_i : \lambda_g = 4\sqrt{2} : \sqrt{2} : 1 \tag{1-10}$$

由于电子运动速度快、自由程大，在同样电场下获得的动能也大，加之与粒子碰撞时更易产生非弹性碰撞使其电离，所以电场作用下的电离主要由电子的碰撞引起。碰撞产生的新电子在电场中也会被加速与其他中性粒子碰撞使其电离，电离的离子数量达到一定电离度时，电离和复合过程达到平衡，形成具有稳定电离度的电弧。

由于弧柱的电场强度弱(10V/cm 左右)，所以弧柱中的电场作用下的电离较小，弧柱中的电离以热电离为主。而在阴极压降区和阳极压降区电场强度强($10^5 \sim 10^7$ V/cm)，会产生明显的电场作用下的电离。

3）光电离

中性粒子接受光辐射的作用而产生的电离现象称为光电离。并不是所有的光辐射都可以发生电离现象。对电离能不同的气体而言，存在一个产生光电离的临界波长。波长越短，光子能量越强，越容易被粒子吸收而产生光电离。只有当接受的光辐射波长小于临界波长时，中性气体粒子才可能直接被电离。光电离是电弧产生带电粒子的次要途径。

4. 电弧中带电粒子的复合

除了电离过程外，在电弧中还进行着与之相反的另一过程：带电粒子的复合。原子在发生电离时需要一个阈值，而在复合时并不需要，而且会将多余的能量以光子的形式释放出来。在一定的温度下，中性粒子的电离与复合这两个相反过程同时进行，二者处于动态平衡(图 1.5)。因此说气体在某一温度下的电离度，实际是电离和复合过程达到平衡时的电离度。当温度改变时，这一平衡被破坏，电离与复合过程在新的条件下建立起新的平衡。

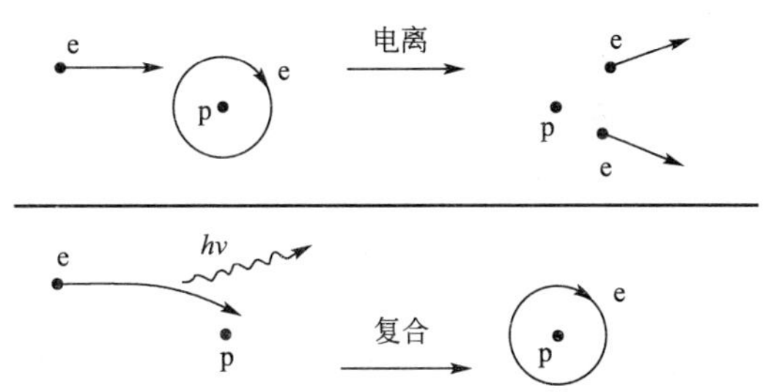

图 1.5　电离与复合

电离与复合的动态平衡过程可以用式(1－11)描述：

$$A+eU_i \Leftrightarrow A^+ + e^- \tag{1-11}$$

式中，A 为中性气体粒子；A^+ 为带正电荷的离子；e^- 为电子；eU_i 为电离能。

由式(1－11)也可推知，正离子吸收电子形成了中性气体粒子，同时放出电离能，形成复合过程。应该提到的是，不仅离子可以中和成中性粒子，放出电离能；而且受激的中性粒子的外围电子也会在一定条件下，由高能级恢复到低能级上来，并且以光能的形式将原来激励的能量释放出来。

除了电离、复合、激励以及受激粒子的恢复以外，电弧中在一定条件下还会形成负离子。负离子是在弧柱中发生热电离的时候，中性原子或分子俘获电子而形成的。负离子质量比电子大得多，所以在电场中运动速度很低，很容易与正离子复合成两个中性原子。显然负离子的产生，对电弧的导电性会起消极作用。中性粒子吸附电子形成负离子时，其内部能量不是增加而是减少，减少的这部分能量称为中性粒子的电子亲和能。中性粒子吸附电子时将释放出这部分电子亲和能，通常以热或辐射能(光)的形式释出。

各种元素的原子(或分子)结合电子形成负离子的能力是不同的，电子亲和能越大的元素形成负离了的倾向越人。元素的电子亲和能是由原子结构所决定的。

卤族元素的电子亲和能最大，在电弧中可能存在的 O、OH、NO、H_2O 等均具有一定的电子亲和能，所以都可能形成负离子；惰性气体不能形成负离子；一般亲和能以元素的“电负性”来表示。表 1-5 列出了常见元素的电子亲和能。电子亲和能越大的元素，越容易俘获电子成负离子，由表 1-5 中的数据可以看到，氟元素电子亲和能最大，因此有人把氟称作“消电离”元素。

表 1-5 常见元素的电子亲和能

原子种类	F	Cl	O	H	Li	Na	N
电子亲和能/eV	3.94	3.70	3.8	0.76	0.34	0.08	0.04

1.3 电弧等离子体的组成及特性[3~5]

当等离子体电弧通过直流电源维持在两个电极之间时，沿着阴极到阳极的电弧电位呈非线性分布特性。图 1.6 所示为等离子体电弧电位和电流分布示意图。从图 1.6 中可以看到，等离子体电弧可以划分为：电弧与电源负极所接的一端为阴极区(包括阴极鞘层和阴极流区域)，其电压称为阴极电压降；与正极相接的一端为阳极区(包括阳极鞘层和阳极流区域)，其电压称为阳极电压降；阴极区与阳极区之间的部分为弧柱区，其电压称为弧柱电压降；它们组成了总的电弧电压。对于电弧等离子体而言，其在电极附近的压降可以达到几伏乃至几十伏，但与辉光放电时上百伏的压降相比还是要低很多。在电极压降区，其附近电离气体的电子温度要远高于重粒子温度，此处等离子体处于热力学非平衡态，以保证具有足够的电导率。

在阐述电弧等离子体各个区域压降之前，有必要进一步讨论鞘层的特点(图 1.7)。当等离子体与固体接触时，固体就像一个“陷阱”使等离子体往里沉陷，接触表面会发生电子和离子的复合。在等离子体和固体分界面处尺寸极小的一个层，它是发生电位变化的主要区域，称之为“鞘层(sheath)”。鞘层产生电压降的原因是电子和离子的运动速度不同。如果在鞘层附近没有电压变化，那么电子和离子将以随机概率撞击固体表面。而由于电子和离子的质量不同，根据动能公式可知电子运动速度比离子快得多。因此，由等离子体流向固体的电子流大大超过离子流，这就使得固壁负电荷过剩，得到一个负电位，形成压降，当这个压降使得电子流和离子流平衡时，就达到稳定状态。鞘层的厚度可以粗略估算出来，大约相当于 4 个德拜长度(德拜长度为 0.1～1nm)。阴极区和阳极区就是鞘层存在的区域。

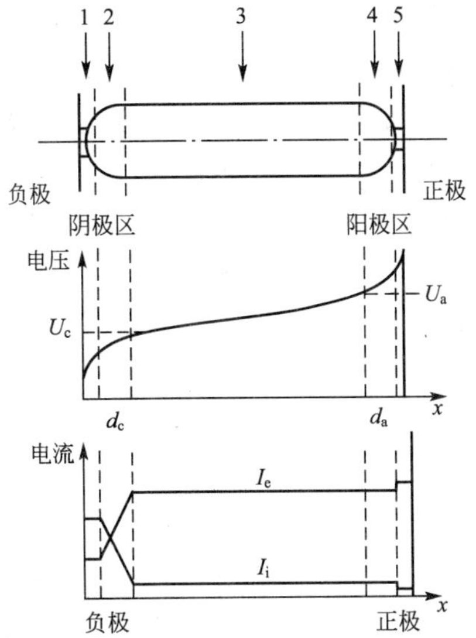

图1.6 等离子体电弧电位和电流分布示意图

1—阴极鞘层；2—阴极流区域；3—电弧弧柱；4—阳极流区域；5—阳极鞘层

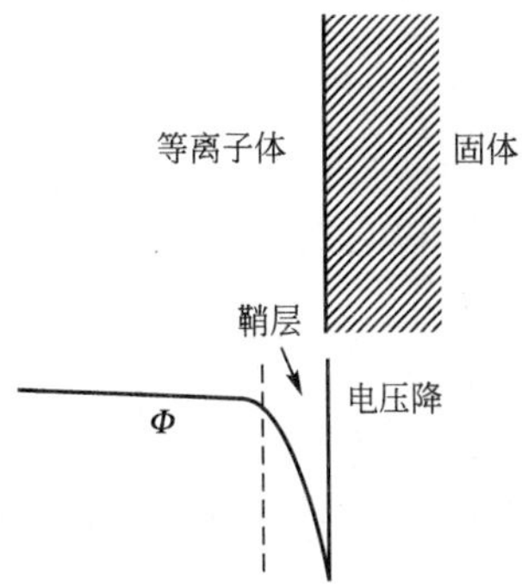

图1.7 等离子体的鞘层

1.3.1 阴极区

在阴极区，等离子体的电中性准则不再有效，这一区域的厚度通常大于电子的平均自由程，而电压降则低于原子的电离能(如氩原子的电离能为15.75eV)。热电子激发和场效应机理能够提供来自于阴极的电子流。当等离子体射流工作在高焓状态时，由于阴极斑点的温度超过了阴极材料的熔点，因此会出现蒸发现象。而电流主要通过热电子的辐射维持。因此电流密度和阴极温度之间的关系可以用 Richardson - Duschman 方程表示：

$$j_c = AT_c^2 \exp\left(-\frac{e\Phi}{kT_c}\right) \tag{1-12}$$

其中常量 $A=1.2\times10^6\,Am^{-2}K^{-2}$。工作函数 Φ 的值取决于阴极材料本身的特性和德拜屏蔽的电场强度。

为了得到较高的电流密度，对阴极材料的要求是具有较低的工作函数和较高的熔点。通常选用含2%钍的钨棒作为阴极材料：工作函数低(3.35eV)，熔点高(3 400K)。在阴极斑点处，电弧由于 Maecker 效应处于收缩状态。阴极斑点的电流密度在 $10^2\sim10^4\,Acm^{-2}$，热流密度则可以达到 $10^6\,Wcm^{-2}$。

1.3.2 弧柱区

对于高压高电流条件下的气体放电，由于电子和原子/离子通过激发电离进行强烈的能量交换，电弧弧柱一般是处于局部热力学平衡状态的。弧柱区的电压降主要取决于电弧弧柱的长度和等离子体的导电性。

假定等离子体射流是定常的、完全发展的，并且对称的，在这一假定条件下，电弧弧柱可以用 Elenbaas - Heller 方程(式(1 - 13))来表示：

$$\frac{1}{r}\frac{\mathrm{d}}{\mathrm{d}r}\left(rk\,\frac{\mathrm{d}T}{\mathrm{d}r}\right)+\sigma E_z^2-P_r=0 \tag{1-13}$$

其中 r 是弧柱半径，T、k、σ、E_z和 P_r分别是温度、热导率、电导率、电场强度的轴向分量和单位体积的辐射。这是电弧的能量平衡方程，即表示电流产生的能量和电弧由于传热辐射带走的能量之间的平衡关系。

1.3.3 阳极区

在阳极区，电子受到电场的加速而离子受到排斥。阳极的电压降和等离子体中重离子的电离或激发点位大致相等。当电子落在阳极壁面上时，电子就将它们的动能传给壁面，并且释放出工作函数。为了防止阳极腐蚀，电流需要均匀地分布在阳极壁面上的一个较大区域中，而不是始终留在某一点上。阳极壁面的电流密度为 10^2～10^5 Acm^{-2}，这一数值取决于电弧斑点在阳极上的附着模式。

由 1.2 节可知，电弧能够实现能量转换的一个主要原因是电弧间的气体存在状态发生改变，形成等离子体，从而具有导电性。不论固体、液体、气体还是等离子体，能否呈现导电性，都取决于其在电场作用下是否具有可自由移动的带电粒子。金属本身拥有大量自由电子，所以在金属导体两端加上电压，自由电子便产生定向运动，形成电流。但是正常状态下的气体不含带电粒子，是由中性分子或原子组成的。它们虽然可以自由移动，但不会受电场作用而产生定向运动，所以是不导电的。因此要使正常状态的气体导电，必须先有一个产生带电粒子的过程，也就是将物质形态由气体向第四态等离子体转变的过程，然后才能呈现导电性能。金属中自由电子可以移动，而金属中离子则不能自由移动，但是等离子体中所有组成粒子，皆可自由移动，所以气体的放电和导电过程与金属有明显的不同。

1.3.4 电弧的伏安特性和最小电压原理

各个区域组成的电弧，在外界参数(电压、电流)发生变化时，其特性也会发生变化。其中电压-电流的变化关系被称为电弧等离子体的伏安特性。焊接电弧的伏安特性(也称静特性)是指在电极材料、气体介质和弧长一定的情况下，电弧稳定燃烧时，焊接电流与电弧电压变化的关系。焊接电弧的伏安特性不同于普通金属电阻的特性，是非线性负载。当焊接电流在很大范围内变化时，焊接电弧的静特性曲线呈U形。图1.8所示为实测的钨极氩弧焊的伏安特性曲线。它包含下降、平和上升3个区段。其中，下降特性区电流小，电弧电压随着电流的增大而下降，呈负阻性；平特性区电流中等，电弧电压在电流变化时可近似地看成不变；上升特性区电流大，电弧电压随电流的增大而增大，呈正阻性。

焊接电弧的静特性曲线为什么会是U形呢？这主要是由阴极区、弧柱区和阳极区的导电机构决定的。焊接电弧电压等于阴极压降U_K、弧柱压降U_C和阳极压降U_A之和，因此，如果能知道阴极区、弧柱区和阳极区它们各自的电压降与焊接电流的关系，然后进行合成，就能得到焊接电弧的静特性曲线。如图1.9所示，给出了电弧各部分的伏安特性曲线。

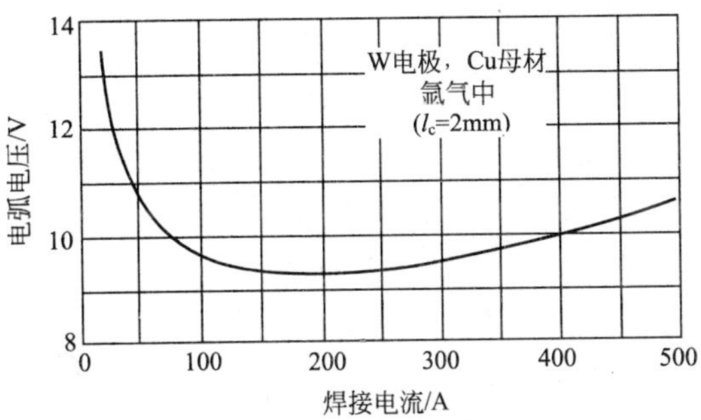

图1.8 实测的钨极氩弧焊的伏安特性曲线

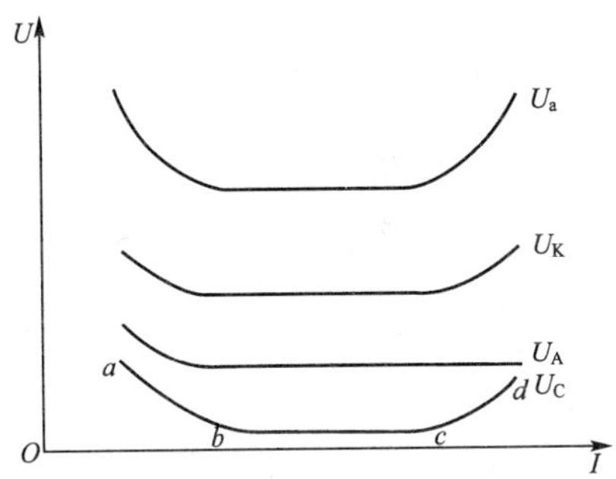

图1.9 电弧各部分的伏安特性曲线

电弧等离子体存在最小电压原理，它是指在给定的电流和边界条件下，稳定的电弧的载流区具有特定的温度和半径分布，使得弧柱沿长度方向具有最小电场强度值。最小电压原理可以由式(1-14)表示，对一个轴线对称的电弧，在给定的电流和边界条件下，当电弧处于稳定状态时，其弧柱半径r^*或温度T，应使弧柱电场强度E具有最小值，也就是达到极点，即

$$\frac{dE}{dr^*}=0 \tag{1-14}$$

对于焊接电弧而言，在某一焊接条件下，电弧等离子体总存在某一特定的半径或者温度，电弧电压才能保持最小稳定值。此时，等离子体尺寸发生任何变化(增大或者减小)都会造成电弧电压增加，使得能量不能处于热力学最稳定状态。如果断面大了，电弧与周围介质的接触面将增大，电弧向周围介质散失的热量要增加，必须增加电场强度，以产生更多的热量才能与其相平衡。在这种情况下，电弧会自动缩小其断面积，以减小能量损耗；如果断面小了，电弧的电流密度要增加，即在较小的断面里要通过相同数量的带电粒子，使电阻率增加，要维持相同的电流也必须增加电场强度。在这种情况下，电弧会自动增大其断面，以减少能量损耗。利用最小电压原理可以解释许多电弧现象，例如当电弧被周围介质强迫冷却时(高速气流或环境温度降

低)，电弧将自动收缩其断面，使其电流密度升高，电场强度和电弧温度也提高。

对于非熔化极的氩自由弧，研究者通过实验工作，给出了在电流 200～2 300A、弧长 5～31mm 范围内，电压、电流和弧长间存在以下经验公式：

$$U=4.3I^{0.25}L^{0.3} \tag{1-15}$$

1.4 电弧等离子体的其他物理现象[5,6]

1.4.1 电子发射

电离的气体提供了电弧产生的基本条件，电弧中起导电作用的带电粒子除依靠电离过程产生外，还要从电极表面发射出来。在焊接中电极只能发射电子而不能发射离子。维持电弧需要阴极表面持续发射电子。阴极表面的分子或原子，接受外界能量而释放自由电子到电弧空间的现象，称为电子发射。

从电极表面发射电子的过程在阴极和阳极皆可能产生，但是只有自阴极发射出来的电子在电场作用下参加导电过程，而自阳极发射出来的电子因受到电场的排斥，不可能参加导电过程，只能对阳极区空间电荷的数量产生一定的影响。因此这里只讨论阴极表面的电子发射现象。产生电子发射所需要的最低外加能量，称为逸出功，因电子电量是常数，通常以电子的逸出电压来表示逸出功的大小。逸出功的大小与金属材料种类、金属表面状态密切相关。几种金属及其表面带有氧化物时的逸出功见表 1-6。由表 1-6 可知所有金属表面带有氧化物时其逸出功皆减小。如果在钨极加入一些氧化物时，其电子发射能力明显提高，可提高引弧性能。例如：当钨极表面敷以 Ce、Ba、Th、Zr 等物质时，则逸出功的数值减小。因此，为提高电子发射能力和改善工艺性能，在钨极中常加入 Th、Cs 等成分，以提高钨极电流容量和改善引弧性能。

表 1-6 几种金属及其表面带有氧化物时的逸出功

元素	逸出功/eV	元素	逸出功/eV
W	4.54(2.63)	Na	2.38(1.8)
Fe	4.48(3.92)	Mn	3.76
Al	4.25(3.95)	Ni	4.57(3.68)
Cu	4.36(3.85)	Ti	3.95
K	2.02(0.46)	Mo	4.33(3.22)
Ca	2.96(1.8)	C	4.45(4.2)
Mg	3.74(3.31)	Cs	1.81

电子发射是维持电弧稳定燃烧的一个很重要的因素。金属内部的电子，只有在接受外加能量作用后，其能量超出逸出功时才能冲破金属表面而发射到外部空间。根据外加能量形式的不同，电子发射可分为热发射、强电场作用下的自发射、光发射和重粒子碰撞发射。在焊接电弧中，电极的热发射和强电场作用下的自发射，起着十分重要的作用。

1. 热发射

金属表面承受热作用而产生电子发射现象称为热发射。因为金属内部的自由电子受热作用后其热运动速度增加，当其动能满足式(1-16)时，电子会飞出金属表面。

$$\frac{m_e v_e^2}{2} \geqslant eU_w \tag{1-16}$$

式中，m_e为电子质量；v_e为电子运动速度；e为电子电量；eU_w为逸出功。

金属表面受热后，某些电子具有大于逸出功的动能而产生电子发射现象，称为热发射。金属表面的温度越高，电子获得的动能越大，逸出的电子数量越多，热发射作用就增强。电子自金属表面的热发射现象与被加热到沸点的水面的水蒸气蒸发现象相似。水蒸气自水面蒸发时将从水面带走蒸发热，热发射也将从金属表面带走热量而对金属表面产生冷却作用。电子发射时从金属表面带走能量的数值为IU_w。其中I为发射的总电子流，U_w为逸出电压。相反，当这些电子被另外金属表面接受时，它们将由空间飘游状态又恢复为金属内部的自由电子，这些电子将向接受它们的金属表面放出逸出功，使金属表面加热，其接受的能量也是IU_w。

如式(1-17)所示，金属表面热发射电子流密度与金属表面的温度成指数关系。

$$i = AT^2 \exp(-eU_w/kT) \tag{1-17}$$

式中，A为与材料表面状态有关的常数；T为金属表面热力学温度；e为电子电量；eU_w为逸出功；k为玻尔兹曼常数。

在实际焊接电弧中，电极的最高温度不可能超过其材料的沸点，当使用沸点高的钨(沸点为5 950K)作为阴极材料时，电极可能被加热到很高的温度(一般可达2 500K以上)，这种电弧称为热阴极电弧，其电弧的阴极区主要靠热发射来提供电子。当使用钢、铜、铝、铁等材料作阴极时，由于它们的沸点较低，阴极加热程度受材料沸点的限制不可能很高，此种电弧称为冷阴极电弧。这种电弧阴极区不可能通过热发射提供足够的电子，必须依靠其他方式补充发射电子，才能满足导电需要。

2. 电场发射

当金属表面的温度不高，但存在强电场并在表面附近形成较大的电位差时，金属内的电子受此电场静电库仑力的作用，当此力达到一定程度时，使阴极有较多的电子发射出来，这种现象称为强电场作用下的发射，简称电场发射或自发射。电场越强，发射出的电子形成的电流密度就越大。由式(1-17)可知，热发射电子流密度与电极表面温度成指数关系。事实上在较低温度(室温或0℃)下也仍有电子热发射，只是数量较少。当电极表面前存在正电场时，电场的静电库仑力将帮助电子飞出金属表面，相当于降低了电极材料的逸出功，可使得较多的电子在较低的温度下飞出金属表面。所以当阴极表面外面存在电场时，则电子电流密度为：

$$i=AT^2\exp\left[-e\left(U_w-\sqrt{\frac{eE}{\pi\varepsilon_0}}\right)/kT\right] \tag{1-18}$$

式中，E为电场强度形成电位差；ε_0为真空介电常数。

比较式(1-17)与式(1-18)可知，电场的存在相当于使电极材料的逸出电压被降低为$e\left(U_w-\sqrt{\frac{eE}{\pi\varepsilon_0}}\right)$，即逸出功降低了。因此，即使温度很低，如果存在足够的电场强度，也可以从电极发射足够数量的电子流以供电弧导电的需要。电场发射电子不像热发射那样对阴极有强烈的冷却作用。对于低沸点材料的冷阴极电弧，电场发射对阴极区提供带电粒子起重要作用。这时阴极区的电场强度可达$10^5\sim10^7$V/cm，具备产生电场发射的有利条件。

3. 光发射

当金属表面接受光辐射时，也可使金属表面自由电子能量增加，冲破金属表面的制约飞到金属外面来，这种现象被称为光发射。光发射的条件由式(1-19)给出：

$$h\gamma\geqslant eU_w \tag{1-19}$$

光子能量决定能否产生电子发射，光子能量又取决于其频率(或波长)。由于各种材料的逸出功不同，所以不同材料产生光发射所要求的临界波长不同，临近波长可由式(1-20)确定：

$$\lambda=1236\frac{1}{U_w} \tag{1-20}$$

式中，λ为临界波长(nm)；U_w为逸出电压(V)。

对于小于临近波长的辐射，波长越短，光子的能量越大，越易引起光发射。不同元素产生的特征谱线波长不同，电弧气氛中大量的Fe II、Fe I谱线会出现在紫外区，会造成光发射，而K、Na、Ca等元素的谱线多出现在可见光区，保护气氛中Ar I谱线多出现在波长更长的红外区，不易被吸收产生光发射。如上所述，电弧弧光波长范围包括红外、可见光和紫外线，所以弧光可能引起电极的光发射，但光发射在阴极发射现象中处于次要地位。

4. 粒子碰撞发射

高速运动的粒子(电子或离子)碰撞金属表面时，将能量传给金属表面的电子，使得其能量增加而跑出金属表面，这种现象称为粒子碰撞发射。

电弧阴极接受正离子的碰撞，带有一定运动速度的正离子到达阴极时，将其动能传递给阴极，它首先从阴极取出一个电子与自己中和而成为中性粒子。如果这种碰撞还能使得另一个电子飞出电极表面到电弧空间，其能量必须满足式(1-21)的条件。

$$W_h + W_i = 2W_w \quad (1-21)$$

式中，W_h为正离子动能；W_i为正离子与电子中和放出的电离能；W_w为逸出功。

由式(1-21)可知，当正离子碰撞阴极时，要使阴极发射电子，必须施加两倍逸出功。焊接电弧中阴极区前面有大量的正离子聚积，由于空间电荷的存在使阴极区形成一定强度的电场，正离子在此电场作用下被加速而冲向阴极，可能形成碰撞发射。

在焊接电弧中，电子发射的形式与电极材料有关。在TIG焊中，使用沸点较高的钨阴极材料，电极可能被加热到很高的温度，这时阴极区主要靠热发射来提供电子，在采用熔化极(如手工电弧焊)作为阴极材料时，其电极温度受熔化极沸点限制，阴极区不可能通过热发射提供足够的电子，这时阴极区靠热发射和自发射共同作用来提供电子。

1.4.2 电弧中电子的运动和导电

稳定而持续的电弧需要电子的运动和导电过程来维持。在一定条件下，电荷通过电弧的两电极间的导电过程，主要取决于电子和离子的运动。电弧弧柱中的电子和阳离子密度相同，但阴极附近阳离子密度大，阳极附近电子密度大。电子和阳离子在弧柱中，沿着电场方向做方向相反的移动，并在运动过程中发生碰撞。

电弧燃烧的物理实质，就是在电源不断供给能量的前提下，使得电极不断发射电子，并使电弧空间的气体介质不断电离、运动的过程。由1.3节可知，电弧是由沿着其长度方向的3个区域即阴极区、弧柱区、阳极区组成的。沿电弧长度方向各个区域的电压降分布并不是均匀的。在一定焊接条件下，阴极区和阳极区压降基本保持不变，弧压随弧柱的长度发生变化。阴极区和阳极区沿电弧长度方向的尺寸皆很小，为10^{-2}～10^{-6}cm，因此，弧柱的长度近似等于电弧的长度。

电子在电场作用下，在从阴极跑向阳极的运动途中，将与离子和中性粒子等发生碰撞。如果只考虑两次碰撞期间，即平均自由程期间的变化，那么就同真空中的情况一样，即电子被电场加速而获得动能。在低压放电条件下，发生碰撞的机会较小，电子在两次碰撞期间就被电场加速到很高的速度，而由电子通过碰撞传递给其他粒子的动能较少，所以电子与离子具有不同的动能，也具有不同的温度，电子温度比重离子温度高，处于热力学不平衡状态，如低压放电管中，电子温度可以达到 40 000K，而气体温度与室温差不多。

1.4.3 电弧的温度分布

由等离子体中的基本物理现象可知，等离子体的温度对其电子发射形式、能量传递等物理过程影响很大。下面，分别针对熔化极和非熔化极焊接电弧，简单讨论一下其温度的分布和影响。

对于大气下的焊接电弧而言，大气中由于粒子密度高，电子、离子、中性原子和分子互相接触紧密，电子可以把它从电场获得的能量很好地传递给其他粒子。因此，与低压放电不同，电弧等离子体中的电子能首先通过碰撞有效地传给阳离子，使阳离子温度升高。因温度升高的阳离子与中性粒子的接触极好，故两者温度相差无几。

电弧通过上述电子的运动和能量传递，将电能转变为热能，同时实现电弧的导电。阴极区和阳极区的热量是可以直接利用的热量。电弧中各个区域的热量和温度分布是不均匀的。阴极区和阳极区两个电极上的温度较低，而弧柱温度较高，这是因为阴极区和阳极区温度的升高受电极材料熔点和沸点的限制，通常情况下，它们的温度低于电极材料的沸点。表 1-7 为不同电极材料时阴极与阳极的温度。

表 1-7 不同电极材料时阴极与阳极的温度

电极材料	阴极温度/K	阳极温度/K	电极材料沸点/K
碳	3 500	4 200	4 830
铁	2 400	2 600	3 013
铜	2 200	2 450	2 868
镍	2 370	2 450	2 730
钨	3 640	4 250	5 950

由表 1-7 中的数据可以看出，阳极的温度高于阴极的温度，这是因为阳极区的电流全部是电子流，电子到达阳极时将其动能相位能(逸出功)给予阳极，使阳极发热，阴极区提供的电子流与总电流相近，这些电子在阴极压降的作用下跑出阴极并受到加速作用而获得能量，这是阴极区热能的主要来源，但这些电子从阴极表面逸出时要克服阴极表面的束缚而消耗能量，故阴极获得的能量比阳极

小，温度也比阳极低。一般情况下，阳极区产生的热量约为电弧总热量的 43%，阴极区产生的热量约为电弧总热量的 36%。

对于熔化极电弧而言，一般电弧焊时，弧柱温度为 5 000～8 000℃。弧柱的热量和温度受气体介质种类、电流大小、电极材料等因素的影响。凡存在易电离的气体介质时，弧柱温度就有所降低，如电弧中有钾、钠蒸气时，弧柱温度较低。相反，若存在降低电弧稳定性的难电离物质，特别是形成负离子的 F，由于氟与电子结合形成 F^-，能补充释放能量，提高弧柱的热量和温度。当使用碱性焊条(如 E5015)焊接时，为了使电弧稳定，使焊条端部能有较高温度，利于电子发射，就需要采用直流反接法；而使用酸性焊条时，交直流均能使电弧稳定，如若使用直流电焊接，则通常采用正接为宜，因为电弧正极的热量高，工件能获得较大的熔深。

对于非熔化极而言，由于其电极熔点高，以热发射为主，因此电弧的温度也比熔化极高。图 1.10 所示为非熔化极自由燃烧弧的温度分布的实验结果和数值模拟结果的对比[11]。由图 1.10 可知，其温度分布在电极附近的弧柱中心，可以达到 20 000K，靠近阳极(试板)，温度逐渐降低。

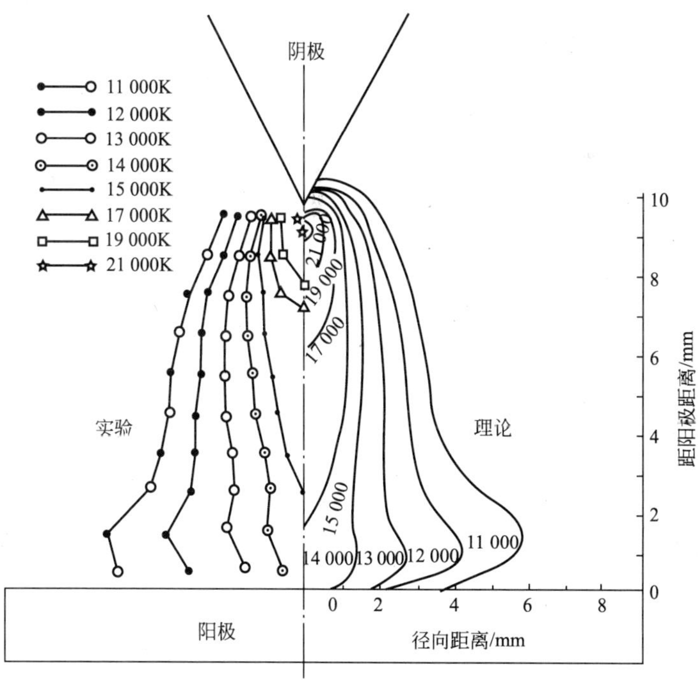

图 1.10　自由燃烧弧的实验和数值计算温度对比(Ar，200A，弧长 10mm)

第2章 电弧等离子体辐射及其光谱

电弧作为一种热等离子体，其弧柱温度处于5 000～30 000K，会产生大量的辐射。等离子体通过运动的粒子实现能量的输运，在电弧能量传输过程中，辐射起着十分重要的作用。电弧的辐射与等离子体本身的状态密切相关，因此，本章主要讨论等离子体辐射的宏观和微观过程，其辐射光谱的特点等；为理解焊接电弧的辐射量及其物理参量间的定量关系，以及电弧光谱信息的应用提供理论基础。

2.1 电弧等离子体的辐射

2.1.1 辐射的基本概念[2]

自然界中温度在绝对温度0K以上的一切物体，都会以电磁波的形式向外传送热量，这种传送能量的方式称为辐射。辐射是能量传递的三大方式之一。对于辐射热源本身而言，需要对其辐射特性进行描述，相关的概念有辐射强度、谱强度、发射系数等。对于辐射在空间的场和传递，相关的概念有辐射能量密度、辐射通量等。

1. 辐射强度、谱强度和发射系数

空间中任意一点存在的辐射，可以用辐射强度来描述。如图2.1所示，辐射

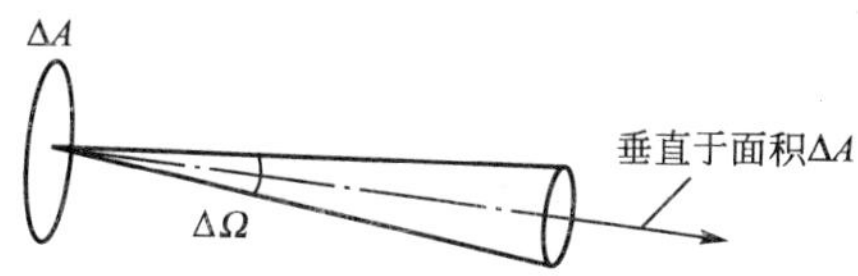

图 2.1 辐射强度定义示意图

点在单位时间内通过单位面积、单位立体角(垂直于该单位面积)的辐射能量被称为该点的辐射强度。

辐射强度通常用符号 I 表示，存在式(2-1)：

$$I=\lim\frac{\Delta E}{\Delta t\Delta A\Delta\Omega}\quad(\text{当 }\Delta t、\Delta A、\Delta\Omega\to 0\text{ 时})\tag{2-1}$$

其中，E 是辐射能量，t 是时间，A 和 Ω 相应为面积和立体角。理论上来讲，空间任意点的辐射强度可由式(2-1)取极值得到，各点的辐射强度构成了空间辐射场分布。在上述定义中，提到的辐射强度 I 是所有波长的辐射累积，称为总辐射强度。有时候，研究者更关心的是特定谱段的辐射，用于等离子体的光谱诊断。因此，引入辐射能谱的概念来描述单位频率间隔(或单位波长间隔)内的辐射强度，也被称为比强度或谱强度，式(2-2)给出其定义：

$$I_\nu=\lim\frac{\Delta E}{\Delta t\Delta A\Delta\Omega\Delta\nu}\quad(\text{当 }\Delta t、\Delta A、\Delta\Omega、\Delta\nu\to 0\text{ 时})\tag{2-2}$$

或

$$I_\lambda=\lim\frac{\Delta E}{\Delta t\Delta A\Delta\Omega\Delta\lambda}\quad(\text{当 }\Delta t、\Delta A、\Delta Q、\Delta\lambda\to 0\text{ 时})\tag{2-3}$$

式中，$\Delta\nu$ 为单位频率间隔；$\Delta\lambda$ 为单位波长间隔。

由式(2-2)和(2-3)可得到

$$I_\nu\Delta\nu=-I_\lambda\Delta\lambda\tag{2-4}$$

由于光辐射的波长和频率存在式(2-5)所示的关系：

$$\nu=c\cdot\lambda^{-1}\tag{2-5}$$

其中 c 是光速。对式(2-5)求微分后可得关系式：

$$\lambda^2\Delta\nu=-c\Delta\lambda\tag{2-6}$$

代入式(2-4)，可求得采用频率和波长表示的谱强度值间的关系：

$$I_\nu=\frac{\lambda^2}{c}I_\lambda\tag{2-7}$$

通常情况下，采用频率谱强度 I_ν 比较方便。但有些时候需要以波长作为尺标时，就用到波长谱强度 I_λ。研究者还常采用角频率 ω 作为计算单位，其强度 I_ω 与频率谱强度 I_ν 存在关系 $I_\omega=I_\nu/2\pi$。由上述定义可知，辐射强度与谱强度的关系可表示为

$$I=\int_0^\infty I_\nu\mathrm{d}\nu=\int_0^\infty I_\lambda\mathrm{d}\lambda\tag{2-8}$$

由于产生辐射的光谱包括连续谱和线谱，因此，谱强度实际上由线谱强度($I_{\nu,l}$)和连续谱强度($I_{\nu,c}$)组成：

$$I_\nu = I_{\nu,\mathrm{L}} + I_{\nu,\mathrm{c}} \tag{2-9}$$

对于线谱而言，原子或分子的特征谱线不可能无限窄，总会有一定展宽。因此，定义线谱强度为其辐射在展宽谱段范围内的积分，即

$$I_\mathrm{L} = \int_{\mathrm{line}^-}^{\mathrm{line}^+} I_{\nu,\mathrm{L}}\mathrm{d}\nu = \int_{\mathrm{line}^-}^{\mathrm{line}^+} I_{\lambda,\mathrm{L}}\mathrm{d}\lambda \tag{2-10}$$

由谱强度的定义可知，谱强度与空间位置和方位角有关，即 $I_\nu = I_\nu(x,\ y,\ z,\ \theta,\ \varphi)$。如果谱强度与方向角无关，存在 $I_\nu = I_\nu(x,\ y,\ z)$，就称此辐射场为各向同性辐射场。在计算散射过程时，还需引入平均谱强度的概念，即辐射场内任一点辐射强度对各个方向的平均值，存在式(2-11)所示的关系：

$$\left.\begin{aligned} J_\nu &= \frac{1}{4\pi}\int I_\nu(\theta,\ \varphi)\mathrm{d}\Omega \\ J_\lambda &= \frac{1}{4\pi}\int I_\lambda(\theta,\ \varphi)\mathrm{d}\Omega \end{aligned}\right\} \tag{2-11}$$

当辐射场为各向同性时，由于其在各个方向的辐射谱强度相同，因此其各点的谱强度与平均谱强度相等，即 $I_\nu = J_\nu$、$I_\lambda = J_\lambda$。

辐射强度是关于空间任意辐射源的定义。对于等离子体辐射的描述，还进一步引入发射系数的概念，将辐射与等离子体的内部发射机制联系起来。发射系数是指等离子体中单位立体角、单位体积中、单位频率间隔内所发射的功率。发射系数与等离子体单位体积具体点的辐射有关，是由等离子体自身的辐射决定的；如对于等离子体的自发发射(产生线谱)而言，自发发射系数可由式(2-12)表示：

$$\varepsilon_\nu = \frac{h\nu}{4\pi}A_{\mathrm{ul}}n_\mathrm{u} \tag{2-12}$$

式中，A_{ul}为从高能级向低能级跃迁的自发发射的概率。

由发射系数和谱强度的定义可看出，电弧等离子体在特定谱段的发射系数，可定义等离子体辐射在单位通路长度 $\mathrm{d}l$ 上的谱强度。也就是说，在谱强度中为单位时间内、单位面积、单位立体角、单位频率间隔内的辐射能量，而对应的发射系数是上述谱强度在通过单位面积后传播了单位路径上的值。

2. 辐射能量密度和辐射通量

辐射能量密度是指空间辐射场内单位体积包含的辐射能。单色辐射能量密度是单位体积内所包含的单位频率间隔的辐射能，总的辐射能量密度是单位体积包含的总辐射能。因此，辐射场能量密度为辐射出射度对波长或频率的微分。它可通过谱强度来计算：

$$\left.\begin{aligned} u_\nu &= \frac{1}{c}\int I_\nu(\theta,\ \varphi)\mathrm{d}\Omega \\ u_\lambda &= \frac{1}{c}\int I_\lambda(\theta,\ \varphi)\mathrm{d}\Omega \end{aligned}\right\} \tag{2-13}$$

式中，c 是光速；u_ν、u_λ分别为以频率和波长表示的辐射能量密度。

辐射能量密度从微观角度看，实质上就是辐射能量传递过程中，空间上的光子能量密度，它是一个标量。根据式(2－7)。可得到

$$u_\nu=\frac{\lambda^2}{c}u_\lambda \tag{2-14}$$

由此，可计算出辐射场的总能量密度为单色辐射能量密度在所有波长或频率上的积分值：

$$u=\int_0^\infty u_\nu \mathrm{d}\nu=\int_0^\infty u_\lambda \mathrm{d}\lambda \tag{2-15}$$

对于各向同性的辐射场，很容易得到其与辐射强度的关系：

$$u=\frac{4\pi}{c}I \qquad u_\nu=\frac{4\pi}{c}I_\nu \quad u_\lambda=\frac{4\pi}{c}I_\lambda \tag{2-16}$$

对于各向异性的辐射场，同样可求得辐射能量密度与平均辐射强度(或平均谱强度 J_ν、J_λ)之间的关系：

$$J_\nu=\frac{c}{4\pi}u_\nu \qquad J_\lambda=\frac{c}{4\pi}u_\lambda \tag{2-17}$$

可以看到，辐射能量密度实际上是某点辐射强度在各个辐射方向的积分总和。当然，上述辐射能量密度大多是指稳定的辐射场，如果是快速变化的辐射场，其辐射能量密度也在不断变化过程中。

另外，在辐射测量和传递过程中，我们还往往关心通过单位面积的辐射能量值。因此，需要引入辐射通量的概念。辐射通量的定义为单位时间内通过单位面积的辐射能量，其能量来自于不同的角度和方向。如图2.2所示。如果 θ 代表辐射方向与面积法线方向的夹角，则辐射通量可表示为

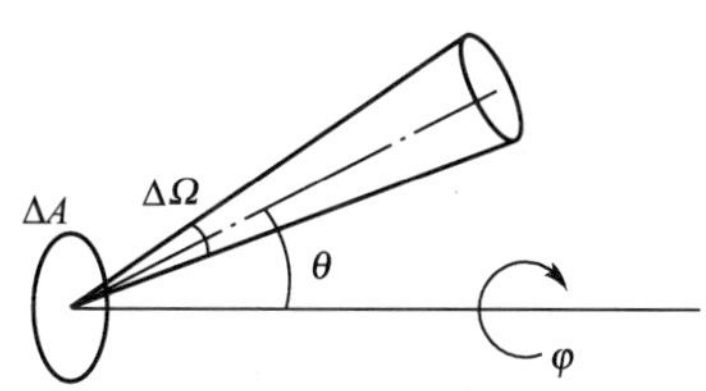

图2.2 辐射通量定义示意图

$$\left.\begin{aligned}H_\nu&=\int_{4\pi}I_\nu(\theta,\varphi)\cos\theta \mathrm{d}\Omega\\ H_\lambda&=\int_{4\pi}I_\lambda(\theta,\varphi)\cos\theta \mathrm{d}\Omega\end{aligned}\right\},\ H=\int_{4\pi}I(\theta,\varphi)\cos\theta \mathrm{d}Q=\int_0^\infty H_\nu \mathrm{d}\nu=\int_0^\infty H_\lambda \mathrm{d}\lambda \tag{2-18}$$

可以把辐射通量分成两部分，以 H^+ 代表从左边通过表面 ΔA 向右的辐射通量，而以 H^- 代表从右边通过表面 ΔA 向左的辐射通量，因此，存在式(2－19)：

$$H=H^+-H^- \tag{2-19}$$

其中

$$H^{+}=\int_{0}^{2\pi}\int_{0}^{\pi/2}I(\theta,\varphi)\cos\theta\sin\theta\mathrm{d}\varphi\mathrm{d}\theta \tag{2-20}$$

$$H^{-}=-\int_{0}^{2\pi}\int_{\pi/2}^{\pi}I(\theta,\varphi)\cos\theta\sin\theta\mathrm{d}\varphi\mathrm{d}\theta \tag{2-21}$$

当辐射场各向同性时，存在以下关系式：

$H^{+}=H^{-}=\pi I$　　$H_{\nu}^{+}=H_{\nu}^{-}=\pi I_{\nu}$　　$H_{\lambda}^{+}=H_{\lambda}^{-}=\pi I_{\lambda}$　　$H=H^{+}-H^{-}\equiv 0$

也就是说，在各个方向辐射量是一致的，此时通过特定截面的各个方向的辐射量之和为零，也就是辐射通量应恒等于零。

2.1.2 等离子体辐射的传递[2,7,8]

对于等离子体辐射而言，它包含大量等离子体的信息，可以通过辐射谱强度测量来得到等离子体各种参数的局域值。这些将在后面等离子体的光谱诊断中详细介绍。这里主要讨论一下等离子体辐射的传递问题，在等离子辐射传递过程中，辐射的吸收和能量输运问题就很重要，它直接影响到检测等离子体的辐射强度和后续诊断结果。

当等离子体中某点产生的辐射穿过等离子体时，等离子体的能量传递和吸收会影响到最后的测量值，要利用辐射来诊断等离子体，就不能忽视辐射传递过程中的吸收问题。为了描述吸收过程，首先定义吸收系数，吸收系数 $x_{\nu}(x)$ 为单位气体层厚度上吸收的入射辐射强度。也就是在单位通路长度 $\mathrm{d}x$ 上，辐射强度 I_{ν} 的相对减少率，可以用式(2-22)表示：

$$x_{\nu}(x)=-\frac{\mathrm{d}I_{\nu}}{I_{\nu}\mathrm{d}x} \tag{2-22}$$

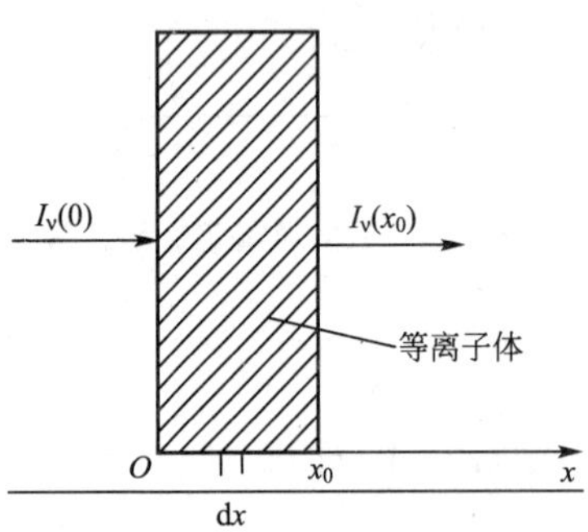

图 2.3　谱线强度的传递

如图 2.3 所示，假设等离子体在 $x=0$ 与 $x=x_0$ 平面间传递，设其谱强度沿 x 方向单位长度上的变化为 $\mathrm{d}I_{\nu}$，其值为此区间内的吸收辐射的能量与发射能量之差。式(2-23)给出了其能量平衡关系：

$$\frac{\mathrm{d}I_{\nu}(x)}{\mathrm{d}x}=\varepsilon_{\nu}(x)-x_{\nu}(x)I_{\nu}(x) \tag{2-23}$$

式(2-23)中右边第一项为入射的原始能量，第二项为在此区间的吸收能量。对式(2-23)求积分，并带入边界条件后可得到

$$I_{\nu}(x_0)=I_{\nu}(0)\exp\left(-\int_{0}^{x_0}x_{\nu}(x)\mathrm{d}x\right)+\int_{0}^{x_0}\varepsilon_{\nu}(x)\exp\left(-\int_{x}^{x_0}x_{\nu}(x)\mathrm{d}x\right)\mathrm{d}x \tag{2-24}$$

为了简化辐射传递方程，引进两个物理量 $\tau_{\nu}(x)$ 及 $S_{\nu}(x)$，其中，$\tau_{\nu}(x)$ 被称

为光学厚度，定义为吸收系数沿传输方向的积分值，它反映了对辐射能量的吸收程度。$S_\nu(x)$被称为源函数。

$$\tau_\nu(x)=\int_x^{x_0}x_\nu(x)\mathrm{d}x \tag{2-25}$$

$$S_\nu(x)=\frac{\varepsilon_\nu(x)}{x_\nu(x)} \tag{2-26}$$

于是方程(2-23)可以简化为

$$\frac{\mathrm{d}I_\nu(x)}{\mathrm{d}\tau_\nu(x)}=-\left[S_\nu(x)-I_\nu(x)\right] \tag{2-27}$$

式(2-27)表明，谱强度在单位光学厚度中的衰减等于谱强度与源函数之差。对于$\tau_\nu\ll1$的情况，我们称之为光学薄，这样式(2-24)就简化为

$$I_\nu(x_0)=I_\nu(0)+\int_0^{x_0}\varepsilon_\nu(x)\mathrm{d}x \tag{2-28}$$

如果等离子体本身是均匀的，则式(2-25)的光学厚度计算的表达式可简化为

$$\tau_\nu(x)=x_\nu(x_0-x) \tag{2-29}$$

从而式(2-24)可简化为

$$I_\nu(x_0)=I_\nu(0)e^{-\tau_\nu(0)}+S_\nu(1-e^{-\tau_\nu(0)}) \tag{2-30}$$

所以，对于均匀光学薄等离子体($\tau_\nu\ll1$)：

$$I_\nu(x_0)=I_\nu(0)+\varepsilon_\nu x_0 \tag{2-31}$$

对于均匀光学厚等离子体($\tau_\nu\gg1$)：

$$I_\nu(x_0)=S_\nu(x) \tag{2-32}$$

由此可见，辐射能量传递过程中的吸收问题，对于检测到的辐射能量存在影响，光学厚度对辐射能量的传递产生影响。对于电弧等离子体而言，其等离子体空间某点上产生的辐射能量，会通过辐射向外界散失，当辐射光通过电弧等离子体自身时，电弧等离子体作为介质会吸收辐射能量，这种辐射能量传递过程，由于等离子体自身吸收而引起的辐射能量损失，会使实际观测到的辐射强度减弱。如果这种吸收作用较强，也就是吸收系数高、光学厚度大，其带来的辐射能量损失就不能忽略。因此，判定电弧等离子体的光学薄厚就非常重要。下面，结合焊接电弧辐射特点，来讨论一下电弧等离子体的光学薄厚问题。

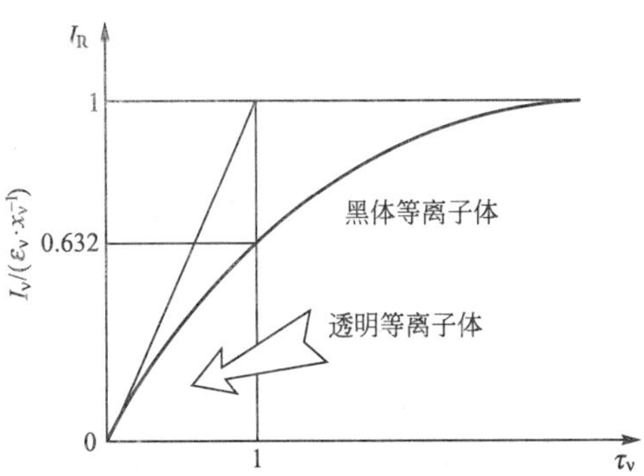

图 2.4 辐射强度和吸收系数的关系曲线

由式(2-24)关于辐射传递能量的方程，以及式(2-31)与式(2-32)的计算结果，我们不考虑边界条件带来的常数项影响，可以得到图2.4所

示辐射强度和吸收系数的关系曲线。对于均匀等离子体而言，当平均光学厚度很大时(式(2-25)定义的 $\tau_\nu \gg 1$)，等离子体对辐射来说相当于黑体，在单位长度传播路线上，辐射吸收和发射平衡，属于光学厚等离子体。此时若辐射粒子速度具有麦克斯韦分布，且满足准黑体辐射条件，以连续谱的黑体辐射为例，则有

$$I_\nu = \frac{\varepsilon_\nu}{x_\nu} = \frac{\omega^2}{8\pi^3 c^3} \frac{\eta\omega}{\exp(\eta\omega/kT)-1} \approx \frac{\omega^2}{8\pi^3 c^3} kT \tag{2-33}$$

式(2-33)称为克希霍夫-普朗克定律(Kirchhoff - Plank)，是考虑吸收系数 x_ν 后，由黑体辐射得到的灰体辐射的基本方程。其中 c 为真空中的光速，克希霍夫常数 $\eta = h/2\pi$，ω 为角频率。

而平均光学厚度较小($\tau_\nu \ll 1$)时，可以认为等离子体是透明的，辐射传递时吸收作用可忽略，$I_\nu = \varepsilon_\nu \cdot x$，等离子体通过辐射耗散能量，故称为光学薄等离子体。

为了对焊接电弧等离子体的光学薄厚进行判定，宋永伦等建立了 TIG 焊接电弧吸收系数测量装置[8]，通过一次、二次成像的比较，获得所测辐射频率上沿电弧空间的平均吸收系数。该实验选择了长波段在能级 $1s^1 \sim 2p^2$ 跃迁的 Ar I 6965Å 线谱和短波段 $1s^4 \sim 3p^8$ 的 Ar I 4300Å 两条线光谱为实验对象，并同时观测了连续光谱在 6965Å 处的自吸收现象。表 2-1 为运用该装置所测得的电弧吸收系数和光学厚度的实验结果。结果表明，随电流的升高和电弧直径的增加，吸收系数呈对数形式上升，同时电弧的光学厚度亦随着变化。该实验同时还验证了焊接电弧(钨极氩弧)符合“光学薄”等离子体的条件，并指出对于不同波长的电弧辐射，电弧等离子体具有的吸收系数和光学厚度不同。在长波方向上，即辐射频率减小时，吸收系数显著增大，而当频率一定时，连续谱的吸收系数与电子密度的平方成正比。另外，值得注意的是，有时等离子体对某些波长谱线可看作透明的，而对另一些波长谱线则不能看作透明。而且，对于某一特定线谱而言，自吸收会造成自蚀现象，因此在谱线展宽宽度上，中心频率附近光学厚度大，两侧小。

表 2-1　焊接电弧等离子体的吸收系数和光学厚度

焊接电流/A	75	100	150	200	250	300
电弧直径/cm	0.55	0.65	0.85	1.0	1.2	1.4
Ar I 6965Å：x_ν/cm^{-1}	0.08	0.11	0.145	0.175	0.205	0.22
Ar I 6965Å：τ_ν/cm	0.022	0.0357	0.0615	0.0875	0.123	0.154
Ar I 4300Å：x_ν/cm^{-1}	0.001	0.002	0.003	0.005	0.007	0.008
Ar I 4300Å：Dqav/cm	0.0003	0.00065	0.0013	0.0025	0.0048	0.007
6560Å：x_νFe/cm^{-1}	—	0.09	0.11	0.15	—	—
6560Å：x_νCu/cm^{-1}	—	0.06	0.08	0.09	—	—

注：实验条件为 TIG 电弧，弧长 5mm，氩气流量 600L/h，喷嘴直径 12mm，测量截面距钨极端部 2.5mm，母材 A3 钢；连续谱测量截面距离熔池约 1mm，Cu 为水冷铜阳极。

由上述研究和讨论，表明电弧(TIG弧)等离子体可以认为具有“光学薄”的特性，使在电弧辐射能量传输过程中，吸收所占的比例很小，因此辐射吸收不是焊接电弧等离子体获取能量的主要形式。一些研究者在对TIG电弧辐射的发射系数进行理论计算时[87]，尝试将等离子体视为灰体考虑吸收系数，导致计算结果中90%以上的辐射被等离子体吸收，这可能与实际不符。但在TIG电弧等离子体的外缘以及熔化极气体保护焊电弧中，对其电弧的光学厚度，在研究中还有待进一步确定。一般认为熔化极气体保护焊电弧等离子体不满足“光学薄”条件。

2.2 等离子体的平衡性质[2,9~11]

明白了等离子体辐射和吸收的基本概念，再来讨论电弧等离子体的基本性质、存在状态和参数等。等离子体的特点与等离子体所处的热力学状态密切相关。因此，电弧等离子体的热力学平衡状态的判断，对于电弧等离子体的诊断非常重要。当等离子体处于热力学平衡态时，等离子体中各组分粒子具有相同的温度，即等离子体具有统一的热力学温度；而当等离子体处于热力学非平衡态时，等离子体各组分粒子温度各不相同，各种反应过程的温度也不同。

图2.5为通过测量得到的氩等离子体各类温度与电流的关系。从图中可以看到，当电弧电流很小时，等离子体处于热力学非平衡态，其电子温度、激发温度、电离温度和解离温度各不相同。一般来说，电子温度总是高于其他温度。随着电弧电流的增加，电弧温度逐渐提高，等离子体的热力学非平衡程度逐渐减小，各种温度之间的差距缩小。当电流足够大、电弧温度足够高时，就达到热力学平衡态，这时只存在一个统一的热力学温度。电弧等离子体的热力学平衡状态的判断对于电弧等离子体的诊断非常重要，下面讨论典型的热力学平衡状态及其存在条件。

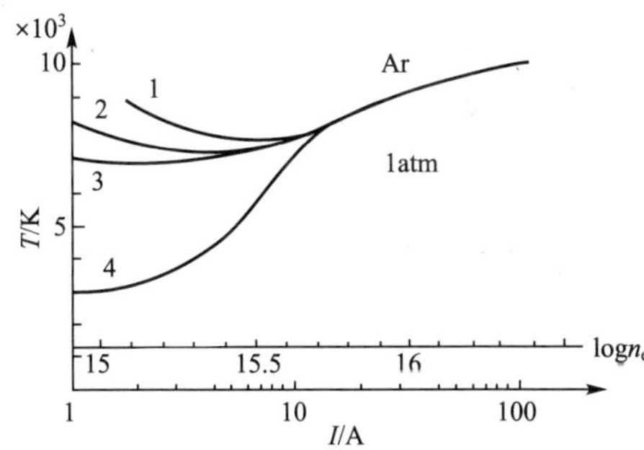

图2.5 氩等离子体各类温度与电流的关系

1—电子温度；2—激发温度；3—电离温度；4—解离温度

2.2.1 完全热力学平衡(CTE)

对于处于壁温恒定的密封的空间的均匀等离子体，将不与外界发生能量和物质交换，可以用宏观参量(温度、压力和成分浓度等)来对其进行描述，而不必知道等离子体中所发生的微观过程的细节，这种等离子体被认为处于完全热力学平衡态。完全热力学平衡态是理想的热力学状态，其等离子体不存在能量和质量的损失。实际上，等离子体往往无法满足完全热力学平衡条件，尤其是无法满足电磁辐射与黑体辐射相同的要求(我们将在2.2.2节及2.3节中进一步说明)。如果等离子体处在完全热力学平衡态，就可用统计力学定律来确定其物质状态和辐射状态。例如，采用麦克斯韦定律确定粒子的速度分布，采用玻耳兹曼分布确定激发态的粒子数密度，采用沙哈(Saha)方程建立电离度的关系，采用普朗克定律给出辐射的谱分布。

1. 麦克斯韦速度分布定律

对于处于完全热力学平衡的等离子体，其中各个组分的粒子速度不同，粒子的速度分布符合麦克斯韦规律。即对于处于 v 与 $v+\mathrm{d}v$ 运动速度区间的粒子数密度 $\mathrm{d}n$，可写为式(2-34)：

$$\mathrm{d}n=nf(v)\mathrm{d}v \tag{2-34}$$

式中，n 为粒子数密度；$f(v)$为麦克斯韦速度分布函数，其速度分布函数可以由式(2-35)确定。

$$f(v)=4\pi v^2\left(\frac{m}{2\pi kT}\right)^{\frac{3}{2}}\exp\left(-\frac{mv^2}{2kT}\right) \tag{2-35}$$

式中，k 为玻耳兹曼常数；m 为粒子质量；T 为温度。

2. 玻耳兹曼粒子能级分布定律

在等离子体中，对于某一特定组分而言，其处于高于基态的各激发能级的粒子数满足玻尔兹曼分布。而且对于所有激发能级，其分布函数中的激发温度是相同的。设 n_{u}、n_{l}为某种物质在高能级 u 和低能级 l 上的粒子数密度，玻耳兹曼分布确定了处于激发态粒子的数密度，它们之间存在式(2-36)所示的关系：

$$\frac{n_{\mathrm{u}}}{n_{\mathrm{l}}}=\frac{g_{\mathrm{u}}}{g_{\mathrm{l}}}\exp\left(-\frac{E_{\mathrm{u}}-E_{\mathrm{l}}}{kT}\right) \tag{2-36}$$

式(2-36)被称为玻耳兹曼分布。其中，E_{u}、E_{l}是能级 u 和 l 的能量(以基态能级能量为零作基准)，g_{u}、g_{l}是相应能级的统计权重。为了分析方便起见，常把玻耳兹曼分布中某一能级的粒子数分布与总的粒子数联系起来，写成粒子数密度的关系式：

$$\frac{n_i}{n}=\frac{g_i}{Z(T)}\exp\left(-\frac{E_i}{kT}\right) \tag{2-37}$$

其中，$n=\sum n_i$是粒子的总数密度，同时引入配分函数 $Z(T)$：

$$Z(T)=\sum_i g_i\exp\left(-\frac{E_i}{kT}\right) \tag{2-38}$$

确切地说，式(2-38)表示在特定能级 i 上的粒子配分函数，它决定了在该能级上的粒子分布情况。需要指出的是，当 $i\rightarrow\infty$时，$E_i\rightarrow E_{\mathrm{I}}$(电离能)。这样，配分函数 $Z(T)$似乎是发散的。但由于等离子体中不同粒子的相互作用，能级数不可能无限多，能级数具有等效的有限值。因此，配分函数 $Z(T)$ 为有限值。

由于能级数的有限级次，相当于降低了电离能，这对于配分函数计算会产生影响，有必要在这里对其进一步讨论。但正确计算由于粒子相互作用引起的电离能降低，在理论上还没有完全解决，Unsiold 认为只有最近的离子才会对电离能产生干扰。对于带电荷为 Ze 的离子，其电离能的降低为

$$\Delta E_{I,i}=7\times10^{-7}(z+1)^{\frac{2}{3}}n_e^{\frac{1}{3}} \tag{2-39}$$

如数密度 n_e 以 cm^{-3} 为单位，则式(2－39)算出的电离能降低 $\Delta E_{I,i}$ 的单位为 eV。

Ecker、Kroll 以及 Griem 考虑了周围所有带电粒子的静电作用，认为对于具有电荷为 Ze 的离子，其电离能降低为

$$\Delta E_{I,i}=\frac{(z+1)e^2}{\lambda_D} \tag{2-40}$$

其中，$\lambda_D=\frac{1}{e}\left[\frac{kT}{4\pi(n_e+\sum\limits_{a,x}Z^2n_{a,x})}\right]^{\frac{1}{2}}$，$\lambda_D$ 是德拜长度。$n_{a,x}$ 是具有正电荷的电离物质的粒子数密度。对于只有一种电离物质，且只有一次电离的原子，其电离能的降低可简化为

$$\Delta E_{I,n}=3\times10^{-8}\left(\frac{n_e}{T}\right)^{\frac{1}{2}} \tag{2-41}$$

上述估算电离能降低的模型，都有其应用范围。式(2－39)适用于电子数密度很高的情况，而式(2－40)应用于电子数密度较低($n_e<10^{-19}cm^{-1}$)的情况。

应该指出，对于等离子体的温度不太高的情况，配分函数值常可简化为基态的统计权重 g_1，并不需要计算电离能的降低 ΔE_I。Fauchais 和 Manson 的研究表明，在 $T\leqslant25\,000K$ 和 $0.01\leqslant p\leqslant100atm$ 的范围内，电离能的降低对氢等离子体的成分、热力学函数实际上影响很小。

3. 沙哈粒子数密度分布定律

等离子体中会由于各种化学反应，产生不同电离状态的粒子，其各种粒子的数密度满足质量作用定律，即沙哈方程。沙哈方程建立了电子数密度 n_e、带电荷为 Ze 的离子数密度 n_x 和带电荷为 $(Z+1)e$ 的离子数密度 n_{x+1} 之间的定量关系。

$$\frac{n_e\cdot n_{x+1}}{n_x}=S_n(T) \tag{2-42}$$

其中

$$S_n(T)=2\frac{Z_{x+1}(T)}{Z_x(T)}S_z^*(T) \tag{2-43}$$

$$S_z^*(T)=\frac{(2\pi mkT)^{\frac{3}{2}}}{h^3}\mathrm{epx}\left(-\frac{E_{x\infty}-\Delta E_{xI}}{kT}\right) \tag{2-44}$$

式中，$Z_{x+1}(T)$、$Z_x(T)$分别为带电荷$(Z+1)e$，Ze离子的配分函数。

Drawin 和 Felenbok 计算了大量不同种类原子和离子的$Z_x(T)$和$S_z^*(T)$。计算表明，电离能降低ΔE_{x1}对$S_x^*(T)$的影响比对$Z_x(T)$的影响更显著。

4. 黑体辐射的普朗克定律

完全热力学平衡等离子体满足黑体辐射。普朗克定律是对黑体辐射的描述，以一定温度下的气体为例，它确定了气体谱强度(即黑体辐射强度)B_ν与气体温度T和辐射频率ν的定量关系。

$$B_\nu=\frac{2h\nu^3}{c^2}(e^{\frac{h\nu}{kT}}-1)^{-1} \tag{2-45}$$

其中，谱强度B_ν是单位立体角、单位频率间隔中，通过垂直单位表面积的辐射功率；c是光速。如 2.1 节所示，如果辐射是各向同性的，则可得谱强度与辐射密度u_ν的简单关系式：

$$u_\nu=\frac{4\pi}{c}B_\nu \tag{2-46}$$

辐射密度u_ν为单位体积、单位频率间隔的辐射能量。对于短波长区(紫外区)即$h\nu/kT\gg1$，式(2-45)就可简化为

$$B_\nu=\frac{2h\nu^3}{c^2}e^{-\frac{h\nu}{kT}} \tag{2-47}$$

这就是维恩(Wien)定律。对于长波长区(红外区)，$h\nu/kT\ll1$。式(2-45)可简化为

$$B_\nu=2\left(\frac{\nu^2}{c^2}\right)kT \tag{2-48}$$

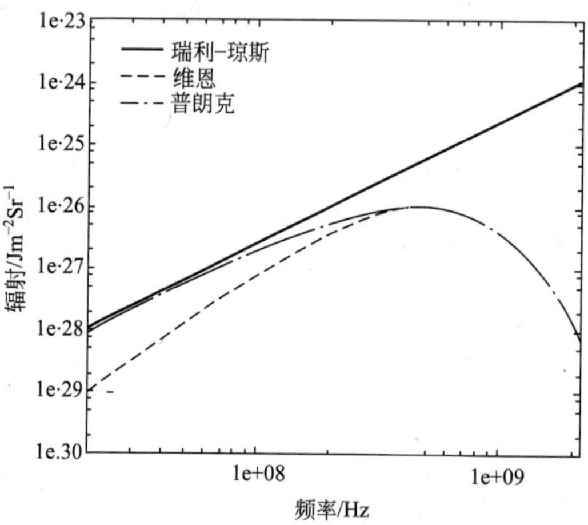

图 2.6 普朗克、维恩、瑞利-琼斯曲线的对比

这就是瑞利-琼斯公式(Rayleigh-Jeans)。图 2.6 给出了普朗克、维恩、瑞利-琼斯曲线的对比关系。可见，维恩、瑞利-琼斯曲线在不同波长区间对普朗克定律曲线简化后的吻合程度。

对于不满足黑体辐射的情况，就不能用普朗克定律来描述，往往采用考虑吸收系数的克希霍夫定律来描述，而且许多情况下等离子体可以看作光学薄的辐射介质。当然，这不是完全热力学平衡状态下讨论的问题。

5. 微观可逆性

在完全热力学平衡的条件下，每一微观过程的微分反应速率与对应的逆过程的微分反应速率相等，这就是微观可逆性。以辐射过程和吸收过程为例，设单位时间内从高能级 u 向低能级 l 的辐射跃迁数为 N_{ul}，由于吸收辐射而使低能级 l 向高能级 u 的跃迁数为 N_{lu}。按照微观可逆性原理，它们在任何时刻必须相等：

$$N_{ul} \equiv N_{lu} \tag{2-49}$$

这表明，辐射已全部为等离子体所吸收，而且辐射与物质之间也存在着平衡。这种关系同样存在于由电子(或原子)碰撞后形成的 u 能级和 l 能级之间的跃迁。

$$\left.\begin{aligned} N_{ul}(\text{电子碰撞}) \equiv N_{lu}(\text{电子碰撞}) \\ N_{ul}(\text{原子碰撞}) \equiv N_{lu}(\text{原子碰撞}) \end{aligned}\right\} \tag{2-50}$$

这种微观可逆性也称之为细致平衡原理。如果热等离子体处于完全热力学平衡态，由式(2-45)可知，其黑体辐射密度为

$$u_\nu = \frac{8\pi h\nu^3}{c^3}\frac{1}{\exp\left(\frac{h\nu}{kT}-1\right)} \tag{2-51}$$

对于完全热力学平衡态的等离子体，按照细致平衡原理式(2-49)，可得

$$B_{lu}n_l u_\nu = A_{ul}n_u + B_{ul}n_u u_\nu \tag{2-52}$$

由式(2-51)、式(2-52)可得到黑体辐射密度表达式：

$$u_\nu = \frac{8\pi h\nu^3}{c^3\left(\exp\left(\frac{h\nu}{kT}-1\right)\right)} = \frac{n_u A_{ul}}{n_l B_{lu} - n_u B_{ul}} \tag{2-53}$$

再把玻耳兹曼分布代入上式，得

$$\frac{8\pi h\nu^3}{c^3\left(\exp\left(\frac{h\nu}{kT}-1\right)\right)} = \frac{\frac{A_{ul}}{B_{ul}}}{\frac{g_l}{g_u}\frac{B_{lu}}{B_{ul}}\exp\left(-\frac{h\nu}{kT}\right)-1} \tag{2-54}$$

在$\frac{h\nu}{kT} \ll 1$时，上式与瑞利-琼斯定律(式2-48)相一致，则 $u_\nu \to 8\pi\nu^3 kT$。得到如下关系式：

$$g_u B_{nl} = g_l B_{lu} \tag{2-55}$$

$$A_{ul} = B_{ul}\frac{g_u}{g_l}\frac{8\pi h\nu^3}{c^3} = B_{lu}\frac{8\pi h\nu^3}{c^3} \tag{2-56}$$

由上述分析可以看出，完全热力学平衡状态具有完善的理论体系，对于等离子体的状态诊断具有重要意义，但大多数情况下，我们研究的等离子体并不满足其条件。因此，我们有必要进一步讨论局域热力学平衡状态。

2.2.2 局部(域)热力学平衡(LTE)

要达到完全热力学平衡状态(CTE)的条件是很苛刻的。一般只有在星体内部，才可找到几乎是等温的大体积CTE等离子体。实验室等离子体中，辐射不可能被完全吸收，总有辐射能量逸出等离子体。因此，在物质和辐射之间不存在平衡，这样，由于不符合绝对黑体的条件，就不能用普朗克定律计算谱强度；同时，由于辐射不能完全被吸收而使基态过密，也不能用玻耳兹曼分布来确定激发态的数密度。此外，由于存在温度梯度、浓度梯度，产生热量和质量扩散，都会使得问题的处理变得复杂，无法采用完全热力学平衡的理论体系。

但当等离子体中电子数密度足够高时，在等离子体中的激发、去激发和电离、复合等过程中，电子碰撞过程会起到决定性作用，这时我们认为等离子体处于局部热力学平衡态(LTE)。局部热力学平衡状态虽然不能满足辐射和吸收的细致平衡条件和微观可逆性，但其支配等离子体能态跃迁的碰撞过程却满足微观可逆性，即每个碰撞过程和它的逆过程存在细致平衡关系。因此，使得上述问题得到很大程度的简化。

设等离子体中粒子速度分布满足麦克斯韦分布函数，等离子体中各反应过程均是碰撞控制，那么它们应满足以下关系式：

$$E_u - E_l = \frac{1}{2}mv^2 - \frac{1}{2}mv'^2 \tag{2-57}$$

$$dn_{l\to u}^{coll} = n_e n_l Q_{lu}(v) v f(v) dv \tag{2-58}$$

$$dn_{u\to l}^{coll} = n_e n_l Q_{ul}(v') v' f(v') dv' \tag{2-59}$$

式中，v、v'分别为碰撞前与碰撞后的粒子速度；$Q_{lu}(v)$为由具有速度v的粒子碰撞形成能级l向能级u的跃迁的激发截面；$Q_{ul}(v')$为上述过程的反过程的去激发截面，它们之间应满足下列关系式：

$$\frac{Q_{lu}}{Q_{ul}} = \frac{g_u v'^2}{g_l v^2} \tag{2-60}$$

在平衡时，$dn_{l\to u}^{coll} = dn_{u\to l}^{coll}$，再应用式(2-58)和(2-59)就得到了玻耳兹曼公式：

$$\frac{n_u}{n_l} = \frac{g_u}{g_l}\exp\left(-\frac{E_u - E_l}{kT_e}\right) \tag{2-61}$$

式(2-61)和式(2-36)中，与完全热力学平衡下的玻尔兹曼公式相比，所不同的只是以电子温度T_e代替了热力学温度T。

如果把玻耳兹曼公式推广到连续态能量，又可得到沙哈定律。和完全热力学平衡态时相比，也是以电子温度T_e替代热力学温度T，即

$$\frac{n_e \cdot n_{x+1}}{n_x} = S_x(T_e) \tag{2-62}$$

等离子体中单位立体角、单位体积中、单位频率间隔内所发射的功率称作发射系数 ε_ν，它可由式(2-63)表示：

$$\varepsilon_\nu=\frac{h\nu}{4\pi}A_{ul}n_u \tag{2-63}$$

其中，A_{ul}是从 u 能级向 l 级跃迁的自发发射的几率。对于某一谱线的入射辐射，单位长度上吸收的谱强度定义为吸收系数 x_ν，其表达式为

$$x_\nu=\frac{h\nu}{c}(B_{lu}n_l-B_{ul}n_u) \tag{2-64}$$

式中，B_{ul}为感应发射概率；B_{lu}为吸收概率，$h\nu=E_u-E_l$。

根据克希霍夫(Kirchhoff)定律，我们改写式(2-23)，可得到发射系数和吸收系数的比值：

$$\frac{\varepsilon_\nu}{x_\nu}=\frac{2h\nu^3}{c^2}[e^{\frac{h\nu}{kT_e}}-1]^{-1}=B_\nu(T_e) \tag{2-65}$$

式（2-65）说明，在局部热力学平衡条件下，等离子体的发射系数与吸收系数之比值就是绝对黑体的谱强度。

总之，当电子碰撞在各种反应过程中起决定性作用时，就形成了局部热力学平衡状态。而一旦满足局部热力学平衡条件时，只要使用电子温度 T_e代替热力学温度 T，就可应用玻耳兹曼分布和沙哈方程等来描述等离子体参数。在连续热辐射计算时，由于不满足绝对黑体条件，需用克希霍夫定律而不能使用普朗克定律，其灰体辐射大小取决于吸收系数，吸收系数越小，灰体辐射越小，当吸收系数足够小时，如图2.4所示，灰体辐射强度很小，等离子体辐射以激发辐射、复合辐射为主。

而在热力学局部平衡条件下，虽然从理论上讲电子温度与重粒子温度无法完全一致，但当电子数密度很高时，通过粒子碰撞实现能量充分传递，重粒子温度与电子温度的差别实际上很小，我们可以认为具有统一的热力学温度，因此在玻耳兹曼分布和沙哈方程中，也可直接用重粒子温度作为热力学温度，此时所计算的结果仍具有很好的近似性。

由上述分析可见，局部热力学平衡状态下，对于等离了体体积元，除了普朗克定律不满足外，其他全部服从完全热力学平衡(CTE)的热力学分布规律。Grime、Wilson 和 Grant 等人根据电子碰撞对等离子体平衡状态的作用，从不同研究角度推导出满足局部热力学平衡状态的判据[12~14]：等离子体中包括基态的所有能级上都有电子碰撞起主导作用的平衡反应过程，而且电子密度 N_e 须满足

$$N_e\geqslant10^{12}(E_x-E_y)^3T_e^{\frac{1}{2}} \tag{2-66}$$

为使各能级间满足上述关系，通常将第一激发态与基态的能级差作为衡量标准。对于动态等离子体过程，应进一步考虑电子和重粒子间碰撞重新达到温度平衡所需的时间。Grime 等提出了在一次电离热力学系统中，达到局部热力学平衡

状态的时间 τ 判据。

由式(2-66)可知，对等离子体满足 LTE 所要求的临界电子密度是很高的。对于氩保护气体的电弧等离子体，按照式(2-66)的计算，LTE 仅存在于弧柱中心区直径约 1mm 的范围内。但实验验证得到的局部热力学平衡区域要比理论值大。图 2.7 所示为钨极氩弧焊电弧的 LTE 实验验证和理论计算结果的对比。如图 2.7 所示，实验验证区比理论准则区明显大。产生上述不同的原因，与理论计算中均假设电子碰撞是作为能量传输的唯一方式有关，而没有考虑辐射能量的自吸收对热力学平衡的贡献，也忽略了激发能和电离势较低的金属元素对临界电子密度稳态指标和平衡恢复时间 τ 动态指标所起的积极作用。实际焊接电弧应能够在 N_e 较低的情况下达到 LTE 状态。因此，只要电弧跃变经过时间 τ 后，能恢复到相对稳定阶段，满足时间判据条件，就可作为稳态电弧的 LTE 模型进行分析。这对动态焊接电弧过程的光谱诊断和分析具有很大意义[8]。

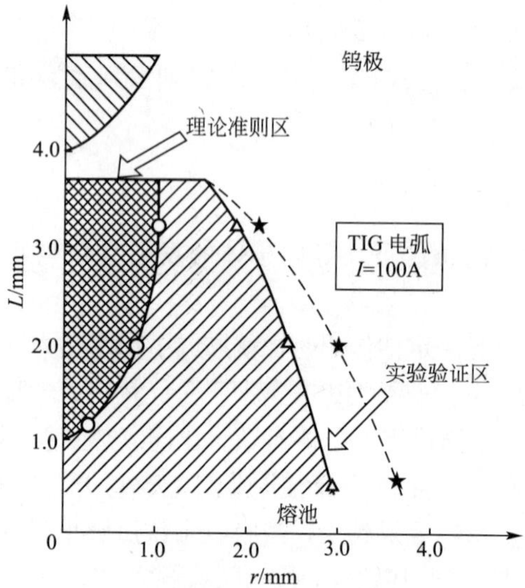

图 2.7　钨极氩弧焊电弧的 LTE 实验验证和理论计算结果的对比

对于焊接过程中的电弧热等离子体，它的基本性质和参数诊断均与其所处的热力学状态密切相关。当电流很小时，处于非热力学平衡状态(Non-LTE)，其电子、激发、电离和解离温度各不相同。随焊接电流的增大，弧温相应提高，等离子体的非热力学平衡状态程度逐渐减小，各种温度的差距缩小。当电流足够大时就达到热力学平衡状态，这时只存在一个统一的热力学温度。在电弧等离子体光谱诊断和测控的研究中，局部热力学平衡是一个非常重要的概念。当系统处于 LTE 状态时，在光谱辐射量与等离子体各状态参量之间可建立具有明确物理意义的定量关系，以便于实时观测和控制。

2.2.3　双温等离子体

当电子密度较小(低于 $10^{22}m^{-3}$)或者浓度梯度大时，电子往往无法充分扩散和通过碰撞来实现能量传递，来使得等离子体内具有统一的热力学温度。此时电子温度明显高于重粒子温度。这时，就需要采用双温模型来描述等离子体。目前，研究焊接电弧等离子体时，较少将其认定为双温等离子体。只是在某些情况下，在进行等离子体平衡状态判定时，才考虑此问题。

双温等离子体的重粒子和电子的速度分布函数仍满足麦克斯韦分布，不同能级的粒子数密度分布和电离-复合反应仍满足玻尔兹曼分布和质量作用定律。只是温度计算时采用电子温度来计算。同样，在描述电离离子数密度的沙哈方程中，也要采用电子温度，无法认为电子温度与重粒子温度一致。焊接等离子体研究中采用电子温度的概念，来计算等离子体温度，正是出于对等离子体可能不满足局部热力学平衡，存在双温等离子体状态的一种考虑。但到目前为止，关于双温等离子体的物理诊断和计算中的一系列问题还存在争议。

2.3 电弧等离子体的辐射光谱[2,7,15]

由于热等离子体具有较高的温度，因此，在其能量输运过程中，辐射过程起着十分重要的作用。由第 1 章和第 2 章 2.1 节的内容可知，辐射过程对热等离子体的基本性质(如温度、伏安特性等)有很大的影响。本节将从辐射的光谱方面来讨论其特征，对辐射过程进一步分析。

电弧辐射是弧焊过程的一种基本物理现象，人们早期对焊接电弧辐射的认识和研究，主要是从电弧的防护和操作过程中对熔池观察的要求。随着弧焊技术的发展，焊接电弧弧光中蕴含着大量不同谱段的光谱信息，引起研究者的关注，只有对电弧辐射有足够的认识，才能将其应用于焊接过程监测和控制中去。电弧作为一种辐射源，是由不同谱段的辐射叠加而成的，通过对其辐射光谱系统分析，把这种复合光分解(或称为色散)为光谱，使信息量大大增加，信号品质大大提高一样，称之为电弧光谱信息。电弧光谱信息已成为焊接过程测控的主要信息源。

电弧等离子体所表现的各种形式的辐射现象，是由于等离子体内部粒子所处的能量状态发生变化时产生的。等离子体产生的辐射按照其辐射光谱形态可以分为两大类：连续谱和线谱。形成连续谱的机制主要有：韧致辐射(“自由-自由”辐射)、复合辐射(“自由-束缚”辐射)；线谱辐射主要由激发辐射产生。下面，我们针对几种辐射进行具体分析。图 2.8 给出了激发辐射、复合辐射、韧致辐射的光谱分布特征示意图[7]。可以看到，3 种辐射具有不同的频域特征。

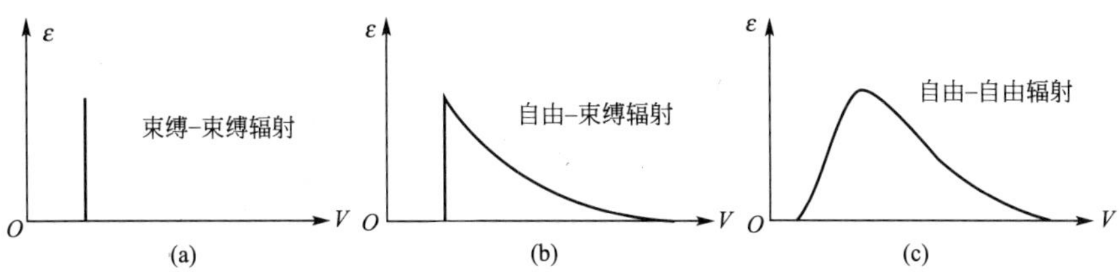

图 2.8 激发辐射、复合辐射、韧致辐射的光谱分布特征示意图

(a) 线谱-激发辐射谱；(b) 半连续谱-复合辐射谱；(c) 连续谱-韧致辐射谱

除此之外，电弧等离子体还可能存在热辐射。这种辐射不同于前面几种辐射，不是由于等离子体自身的电离、复合、跃迁等物理过程直接产生的辐射；而是在辐射传递和吸收过程中产生的二次辐射。热辐射被认为是物体的基本辐射，任何具有绝对温度零开以上的物体，都会产生热辐射。即所谓黑体辐射(在不满足绝对黑体的情况下，为灰体辐射)，黑体辐射存在自己的分布形态，也是一种连续谱。图 2.9 给出了不同温度下，黑体辐射的分布特征曲线。在电弧等离子体中，一般情况下热辐射要远小于同一温度下的黑体辐射。因为此时等离子体不满足 CTE 条件，吸收系数很小，依据克希霍夫定律，其热辐射也很小。在极端情况下，TIG 电弧等离子体中，甚至可以忽略其辐射。实际上，电弧等离子体中的热辐射很大程度上可能是由未电离的金属蒸气、熔滴、熔池等产生的。

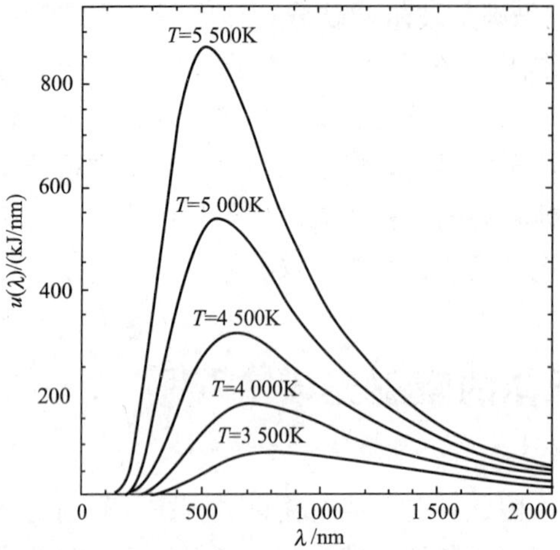

图 2.9　不同温度下的黑体辐射分布特征曲线

除了上述辐射之外，等离子体还会由于带电粒子加速运动时而产生电磁辐射、振动偶极子辐射及谱线的展宽(包括自然展宽、压力展宽和多普勒展宽)等现象。下面详细讨论一下各种辐射的机制。

2.3.1　复合辐射(自由-束缚，f-b 跃迁)

当电子和离子碰撞时，自由电子被离子所俘获后，复合能量以光子形式释放出来，产生的辐射称为复合辐射。如图 2.10 所示，当运动速度为 v 的一个自由电子，被一个具有 Ze 正电荷并处在 i 能级的离子所俘获，形成带正电荷为 $(Z-1)e$ 的离子，与此同时，发射出一个能量为 $h\nu$ 的光子。此过程的能量守恒方程为

$$\frac{1}{2}m_c v^2+E_I-E_i=h\nu \tag{2-67}$$

由式(2-67)可知，复合辐射的光子频率是由自由电子动能和复合过程的势能共同决定的。其

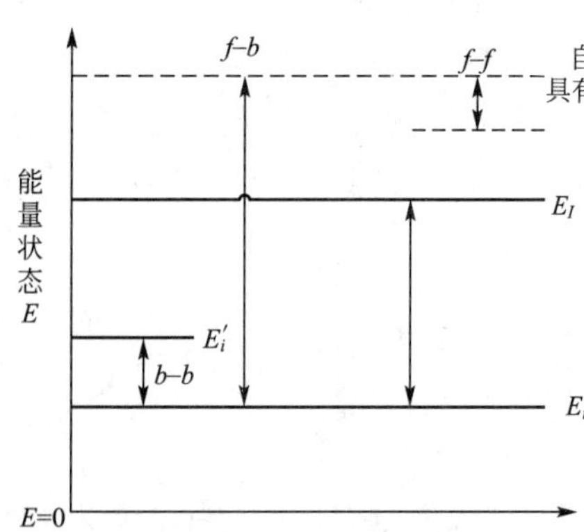

图 2.10　3 种跃迁能级示意图

中，$E_I - E_i = h\nu_i$，为复合过程产生的复合能量，其对应光子能量为 $h\nu_i$，E_I 是电离能，E_i 为较低的激发能级，这部分产生的能量对于特定能级是固定的。而复合辐射中自由电子的动能是连续变化的，所以发射出的光子能量 $h\nu$ 也随之连续变化。由此，复合辐射过程所形成的是一个连续谱，不过它并不是完全平滑的。由于从 E_i 能级到电离态 E_I 的能量差是量子化的，在每个能级能量 E_i 处存在跃变峰值，所以其谱线为有界连续谱(图 2.8(b))。

复合辐射的逆过程是光电离过程，关于光电离我们在第 1 章曾提到过，认为它不是电弧电离的主要方式，但它会对电弧的辐射产生影响，会通过吸收使得辐射能量减少。在这里给予进一步分析，并讨论复合辐射连续谱的发射系数和吸收系数。假设 ν_i 是光子被处于 i 能级粒子吸收的最低频率；复合辐射的截面决定自由电子的运动速度，而光电离的截面是光子频率的函数。Milinc 建立了它们之间的关系：

$$Q_{z,1}(\nu)=\frac{g_{z-1,i}}{g_{z,1}}\frac{h^2\nu^2}{m_e^2 v^2 c^2}Q_{z-1,i}(\nu) \tag{2-68}$$

式中，$Q_{z,1}(\nu)$为复合辐射截面；$Q_{z-1,i}(\nu)$为光电离截面。

对于类氢原子(He^+，Li^{++}，…)用半经典理论计算所得到的光电离截面为

$$Q_n(\nu)=C_1\frac{z^4}{\nu^3 n^5} \tag{2-69}$$

式中，n 为主量子数；C_1 是常数，$C_1=\dfrac{64\pi^4 m_e e^{10}}{3\sqrt{3}ch^6}=2.815\times10^{29}(\text{cm}\cdot\text{g}\cdot\text{s})$。

Caunt 引进因子 $G_n(\nu)$(称作 Gaunt 因子)，得到光电离截面更精确的表达式：

$$Q_{z-1,n}(\nu)=Q_n(\nu)G_n(\nu) \tag{2-70}$$

连续谱的吸收系数可以用吸收截面来表示：

$$\Delta x_c(\nu)=n_{z-1,i}Q_{z-1,i}(\nu) \tag{2-71}$$

式中，$n_{z-1,i}$和 $Q_{z-1,i}(\nu)$相应为具有电荷$(Z-1)e$ 并处于 i 能级的粒子数密度和吸收截面。

连续谱的总吸收系数为

$$x_c(\nu) = \sum_i n_{z-1,i}Q_{z-1,i}(\nu) \tag{2-72}$$

把玻尔兹曼分布代入上式，最后得

$$x_c(\nu) = \frac{n_{z-1}}{z_{z-1}}\sum_i g_{z-1,i}Q_{z-1,i}(\nu)\exp\left(-\frac{E_i}{kT_e}\right) \tag{2-73}$$

复合辐射的发射系数与自由电子的速度分布函数有关，基于反应速率公式可得

$$\Delta\varepsilon_{\nu,c}=n_e n_{z,1}f(v)\frac{h^2\nu}{4\pi m_e}Q_{z-1,i}(\nu) \tag{2-74}$$

把式(2-68)带入式(2-74)，则

$$\Delta\varepsilon_{\nu,c}=n_e n_{z,1}\frac{h^4\nu^3}{4\pi m_e^3 c^2}\frac{f(v)}{v^2}\frac{g_{z-1,i}}{g_{z,1}}Q_{z-1,i}(\nu) \tag{2-75}$$

从而求得复合辐射连续谱的总发射系数为

$$\Delta\varepsilon_{\nu,c}=n_e n_{z,1}\frac{h^4\nu^3}{4\pi m_e^3 c^2}\frac{f(v)}{v^2}\sum_i\frac{g_{z-1,i}}{g_{z,1}}Q_{z-1,i}(\nu) \tag{2-76}$$

如果将麦克斯韦速度分布函数代入式(2-76)，则

$$\varepsilon_{\nu,c}=C_2\frac{n_e n_{z,1}\nu^3}{T_e^{\frac{3}{2}}}\exp\left\{\frac{E_{I,z-1}-h\nu}{kT_e}\right\}\times\sum_i\frac{g_{z-1,i}}{2g_{z,1}}Q_{z-1,i}(\nu)\exp\left(-\frac{E_i}{kT}\right) \tag{2-77}$$

其中

$$C_2=\frac{2h^4}{c^2(2\pi m_e k)^{\frac{3}{2}}}=6.106\times10^{-63}(\mathrm{cm\cdot g\cdot s}) \tag{2-78}$$

现在再引入 Gaunt 因子和半经典理论的截面公式(2-69)，可把连续谱的吸收系数和发射系数表达为

$$x_c(\nu)=C_1\frac{n_{z-1}2g_{z,1}z^4}{z_{z-1}\nu^3}\sum_n G_n(\nu)n^{-3}\exp\left(-\frac{E_n}{kT_e}\right) \tag{2-79}$$

$$\varepsilon_{\nu,c}=c_3\frac{n_e n_{z,1}z^4}{T^{\frac{3}{2}}}\exp\left\{\frac{E_{I,z-1}-h\nu}{kT_e}\right\}\times\sum_n G_n(\nu)n^{-3}\cdot\exp\left(-\frac{E_n}{kT_e}\right) \tag{2-80}$$

其中

$$c_3=\frac{128\pi^4 m_e e^{10}}{c^3h^2(6\pi m_e k)^{\frac{3}{2}}}=1.719\times10^{-33}(\mathrm{cm\cdot g\cdot s}) \tag{2-81}$$

通过上述分析，就可得到复合辐射的频域分布情况以及与参数的关系。

2.3.2 轫致辐射(自由-自由，f-f 跃迁)

在电弧等离子体中，高速运动的电子处在离子所形成的电场。当自由电子经过正离子附近，会受其电场影响，从某一自由态变为另一能量较低的自由态，将能量差以光子发射形式表现出来，这种辐射被称为轫致辐射(Bremsstrahlung)，其在原文中的意思为“制动”，表示电子速度减小。轫致辐射的光谱分布如图 2.8(c)所示，可以看出，其电子的能量状态在变化前后是不固定的，产生的是连续谱。电子发生轫致辐射后减少了能量，但仍处于自由态，并没有被离子俘获，其频率为

$$h\nu_{xy}=K_e-K_e' \tag{2-82}$$

式中，K_e、K_e'是初、末态自由电子的动能。

虽然这时 $K_e>K_e'$，但由于 K_e、K_e'均可连续取值，因此相应的频谱为没有下限的连续谱。

在电弧等离子体中，复合辐射和轫致辐射同时出现，构成了电弧光谱的连续谱。热等离子体中轫致辐射的影响很小，而且在空气传播中易被吸收，往往可以

忽略不计。

下面，进一步讨论由复合辐射和韧致辐射构成的连续谱，根据 Kramers - Unsold 公式，在单位频率间隔内，连续谱的辐射密度 ε_c 由复合辐射密度(ε_ν^{f-b})和韧致辐射密度(ε_ν^{f-f})叠加组成，为

$$\varepsilon_c=\varepsilon_\nu^{f-f}+\varepsilon_\nu^{f-b}=CN_{A^+}N_eT_e^{\frac{1}{2}}Z_{eff}^2G(\nu,\ T_e)\quad (W/cm^4\cdot Sr)\qquad(2-83)$$

式中，$C=16\pi e^6/(3c^3\sqrt{6\pi m^3 k})=5.443\times10^{-39}$ (cgs、位)；N_e、N_{A^+} 分别为电子、离子数密度；T_e为电子温度；Z_{eff}为有效核电荷；$G(\nu,\ T_e)$为 Gaunt 修正因子，在焊接电弧的光谱频率范围内及温度范围内，$G(\nu,\ T_e)=2$。

由于韧致辐射连续谱主要出现在波长小于 3000Å 的范围内，而在中、长波段，ε_c几乎为零。若只考虑一次电离，则 $N_e=N_{A^+}$。代入参数后，式(2 - 83)变为

$$\varepsilon_c=1.0886\times10^{-45}N_e^2T_e^{\frac{1}{2}}=f(N_e,\ T_e)\qquad(2-84)$$

可见，韧致辐射与电子数密度和电子温度密切相关。

2.3.3 自发辐射(束缚-束缚，b - b 跃迁)

在讨论自发辐射之前，先来讨论一下原子外围电子的能级及其跃迁行为。处于稳定状态下的原子，其外围电子处于较低能级。当原子受到外部能量激发时，其外围电子会通过各种方式吸收能量，吸收能量后的电子就会处于高能级，此时称其处于激发态，处于高能级的电子数量与电弧或工作介质的外加能量有关。电子吸收外加能量后，会在具有固定能级差的能级间产生跃迁(图 2.10)。同样，处于高能级的激发态下，其电子也会回到更稳定的低能级状态，产生能级的跃迁。在能级之间的跃迁方式共有 3 种：自发辐射、吸收和感应(受激、诱导)辐射。图 2.11 给出了自发辐射、吸收和受激辐射过程。

(1) 当处于激发态的原子，其电子从高能级跃迁到低能级时，会发射一个光子。此过程称作自发辐射，自发辐射(激发辐射)可用式(2 - 85)描述：

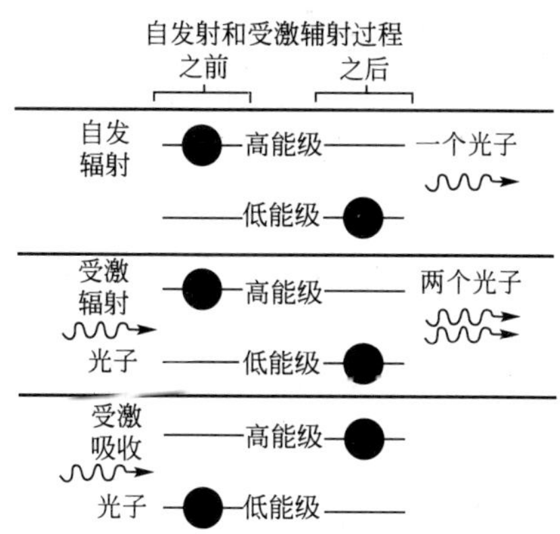

图 2.11 自发辐射、吸收和受激辐射过程

$$h\nu=E_u-E_l\qquad(2-85)$$

单位时间内从能级 u 到能级 l 的跃迁数 N_{ul}^s 和位于能级 u 的原子数密度成正比，其比例系数被称为自发发射的跃迁概率。跃迁数与原子数以及跃迁概率的关系见式(2 - 86)。

$$N_{ul}^{s}=A_{ul}n_{u} \tag{2-86}$$

其中，A_{ul}是自发发射的跃迁概率，也称作爱因斯坦跃迁概率。由此，可以求得单位时间内的自发辐射的能量：

$$U_{ul}=A_{ul}n_{u}h\nu_{ul} \tag{2-87}$$

(2) 同样，当光子被吸收时，电子会从低能级跃迁到高能级，原子(或分子)从低量子态过渡到高量子态。此过程称作辐射吸收过程。此过程单位时间的跃迁数与处于能级 l 的原子数密度成正比，同时又与频率为 ν 的辐射密度成正比：

$$N_{lu}=B_{lu}n_{l}u_{\nu} \tag{2-88}$$

式中，B_{lu}为吸收的跃迁概率。

吸收辐射是形成大量激发辐射的前提，只有具有较多的处于激发态的原子存在，才有可能产生较强的激发辐射。

(3) 处于激发态的原子，在频率为 ν 的光子的诱导下，发射出相同频率的光子，该过程称为感应或诱导发射，也被称为受激辐射，激光产生的具有高精度单色光，正是大量定向受激辐射的结果。单位时间内感应发射的跃迁数为

$$N_{ul}^{i}=B_{ul}n_{u}u_{\nu} \tag{2-89}$$

式中，B_{ul}为感应发射的跃迁概率。因此，辐射总跃迁数为

$$N_{ul}=N_{ul}^{s}+N_{ul}^{i}=A_{ul}n_{u}+B_{ul}n_{u}u_{\nu} \tag{2-90}$$

图 2.11 示意地描述了自发发射、吸收和感应辐射过程。上述 3 种能级间的电子跃迁方式相互之间是有联系的。

自发发射是电弧等离子体中线谱的主要来源，因此，我们着重讨论一下其辐射过程机理。自发辐射是指原子或离子中处于较高激发态(E_u能级)上的自由电子，自发跃迁或受碰激发到低激发态(E_l能级)或基态上($E_0=0$)时，发出的频率为 ν_{ul}的电磁波。由于原子中能级 E_u、E_l等是分立取值，即量子化的，所以在图 2.8(a)中，是一根根分离的谱线，故激发辐射又称为线辐射，自发发射系数可以表达为

$$\varepsilon_{ul}=h\nu_{ul}A_{ul}N_{u}/4\pi(\mathrm{W/cm^4\cdot Sr}) \tag{2-91}$$

式中，A_{ul}为跃迁概率；N_u为 E_u能级的粒子密度；h 为 Plank 常数($6.63\times10^{-34}\,\mathrm{W\cdot s}$)。

对于处在局部热力学平衡条件下的焊接电弧等离子体，其粒子分布服从玻尔兹曼分布：

$$N_{u}=\frac{N_{A}g_{u}}{Z(T)}\exp\left(-\frac{E_{u}}{kT}\right) \tag{2-92}$$

式中，N_A为中性粒子密度；g_u和 E_u分别为 u 能级的统计权重和激发能；$Z(T)$为配分函数；k 为 Boltzman 常数($1.38\times10^{-23}\,\mathrm{J\cdot K}$)；$T$ 为等离子体温度(K)。

将式(2-92)代入式(2-91)中，可得线谱发射系数：

$$\varepsilon_{ul}=\frac{1}{4\pi}h\nu_{ul}A_{ul}\frac{N_{A}g_{u}}{Z(T)}\exp\left(-\frac{E_{u}}{kT}\right) \tag{2-93}$$

在电弧等离子体中除了激发过程还伴随着电离反应，如仅考虑一次电离，则

$$A+E_1\Leftrightarrow A^{+}+e \tag{2-94}$$

产生电离反应后，中性粒子A、离子A^+和电子e的密度N_A、N_A^+、N_e的分布规律遵从沙哈方程：

$$\frac{N_e N_{A^+}}{N_A}=\frac{(2\pi m_e kT)^{\frac{3}{2}}}{h^3}\exp\left(-\frac{E_i}{kT}\right) \tag{2-95}$$

式中，m_e为电子质量；E_i为电离能。若只考虑一次电离，则A粒子总密度N为

$$N=N_A+N_{A^+}=N_A+N_e \tag{2-96}$$

联立式(2-95)和式(2-96)，求解得A成分的中性粒子密度d_A为

$$d_A=\frac{N_A}{N}=1-\left[1+3.16\times10^7 T^{\frac{5}{2}}\exp\left(\frac{E_i}{kT}\right)\right]^{-\frac{1}{2}} \tag{2-97}$$

假设A成分含量为$C_A=n_T N=n_T d_A N_A$，联立式(2-93)和式(2-97)，则

$$\varepsilon_{ul}=\frac{C_A n_T\left\{1-\left[1+3.16\times10^7 T^{-\frac{5}{2}}\exp\left(\frac{E_i}{kT}\right)\right]^{-\frac{1}{2}}\right\}hc}{4\pi\cdot\lambda_{ul}\cdot Z(T)}\exp\left(\frac{E_u}{kT}\right) \tag{2-98}$$

式中，n_T为电弧等离子体在温度T时单位体积内(cm^{-3})的粒子总数。

由式(2-98)可见，线发射系数ε_{ul}是粒子成分含量和等离子体温度的函数，即

$$\varepsilon_{ul}=f(C_A, T) \tag{2-99}$$

2.3.4 热辐射

如前所述，除了上述3种辐射外，等离子体可能还存在热辐射。任何物体都具有不断辐射、吸收、发射热辐射的本领。热辐射在各个波段是不同的，具有一定的分布特征，这种谱分布与物体本身的特性及其温度有关。为了研究不依赖于物质具体特性的热辐射规律，物理学家们定义了一种理想物体：黑体(Black Body)，以此作为热辐射研究的标准物体，凡能吸收入射在其上所有辐射能的物体即为绝对黑体，又称为理想黑体。理想黑体产生的辐射为黑体辐射。黑体表面的总辐射流仅与黑体温度有关，可用斯蒂芬-玻尔兹曼(Stenfan - Boltzman)定律表示：

$$I=\xi T^4 \tag{2-100}$$

式中，辐射流温度系数$\xi=5.7\times10^{-8}J/K^4\cdot m^2\cdot s$。

黑体辐射的谱分布服从普朗克黑体辐射定律(式(2-101))，如图2.9所示，我们在这里再次给出其辐射方程，即

$$f(\lambda, T)=M_{b\lambda}=2\pi hc^2\frac{1}{\lambda^5\left[\exp\left(\frac{hc}{\lambda kT}\right)-1\right]} \tag{2-101}$$

式中，$M_{b\lambda}$为绝对黑体的光谱辐射出射度($W/cm^2\cdot\mu m$)；λ为光谱辐射波长(μm)；

T 为电弧温度(K)；而 c、h 和 k 分别为光速、普朗克常数和玻尔兹曼常数。

但实际上，除了处于完全热力学平衡状态(CTE)的等离子体外，等离子体并不满足理想的黑体辐射，其辐射能量也远小于同温度下的黑体辐射，且往往具有选择性辐射体的特征。对于局部热力学平衡等离子体而言，按照局部热力学平衡条件的假设，由激发、韧致等机制产生的电磁辐射，在到达等离子体边界之前，被等离子体多次吸收或再发射，电子吸收光子而增加能量，使碰撞加剧，系统易于达到平衡态，而碰撞又激发出光子，并向系统外部辐射而减少能量。这种处于局部热力学平衡状态下的辐射与用某一温度表征的固体黑体辐射类似。此时热辐射可以根据克希霍夫定律计算，也就是在绝对黑体辐射分布上乘以特定吸收系数，即为等离子体的热辐射分布。吸收系数大小决定了热辐射强度，如前所述，电弧等离子体的热辐射往往较小。焊接区内的熔池、熔滴和电极，如焊丝、钨极等，由于温度较高，均服从黑体(准黑体)辐射规律。

由上面的分析可以知道，激发辐射、韧致辐射、复合辐射、黑体(准黑体)辐射共同构成了焊接区的光谱信息，它包含着有关温度和各组分浓度等方面的信息。此外，焊接区内的保护气体成分、熔池金属及焊接材料成分等光谱辐射源，在各自空间位置上，都以一定的辐射频率和幅度呈现有规律的分布。

光谱辐射总强度是由其中各种辐射谱强度共同决定的，研究某特征谱段的光谱辐射不但要考虑其总的强度，而且还要考虑某一元素线谱在某一频域分布密集程度和强度大小。母材中的 Mg、Al 及 Fe、Mn 等元素、保护气体中的 Ar、C、O 等元素，以及可能混入的 H、N 等元素的辐射都是电弧光谱信息的组成部分。

在明白了焊接电弧辐射的光谱基本原理之后，我们来进一步讨论其光谱的分布问题。对于电弧而言，我们希望获得的信息主要有：①电弧辐射包括哪些特征线谱，它由哪些谱线组成；②电弧辐射作为辐射源，它在电弧中不同空间位置的辐射情况；③电弧辐射在焊接过程中的波动情况。上述 3 方面的信息被称为电弧辐射的频域、空域和时域信息。实际上电弧的辐射要复杂得多，任何外界因素的变化都会同时影响到 3 个方面的信息。由此可见，焊接电弧辐射的信息是多维的，蕴含的信息量是巨大的，展示给我们的是多维的信息。但这种多维信息也为其分析带来困难，因此，在接下来的讨论中，为方便起见，总是假定一些因素不变。比如，在讨论频域分布时，一般情况下将电弧等离子体看作一个稳定的辐射源，不考虑其空间的差别和时域的变化；在讨论空间分布时，对时域的变化不过多考虑。

2.4 电弧辐射线谱和基本参数

由 2.3 节的分析表明，等离子体由线谱和连续谱组成，而其中线谱信息量丰富，直接与焊接过程的温度、粒子种类、粒子密度等参数密切相关，是反映电弧状态的主要信息源，因此，辐射的线谱及其基本参数对于焊接电弧诊断非常重要。所以，本节将进一步分析线谱的特征、基本参数及获取方法等，为研究者可靠开展其应用工作提供理论基础。

2.4.1 关于谱线的基本描述

电弧辐射过程产生的线谱，都是具有一定宽度的。我们知道，线谱是由电子在能级间跃迁的自发发射产生的，在一个原子(或分子、离子)体系内，当电子在两能级间跃迁时，必有能量的吸收和辐射，无论是基态原子对辐射能的吸收，或是激发态原子放出辐射能，其对应的谱线均非严格的单色。即使在研究这些谱线时使用很大色散率及高分辨本领的分光仪，都会看到谱线中央强度最大、两端强度大大减弱的外观轮廓(图 2.12)，也就是说谱线具有一定宽度，称为谱线的线型轮廓。谱线的宽度或轮廓与许多因素有关，一般而言，它取决于等离子体本身的状态和所处的环境。关于谱线的展宽问题，我们将在 2.4.2 节中做进一步介绍。

电弧等离子体的辐射光谱是以连续光谱为背景的线光谱结构，为了描述谱线的轮廓，可以用谱线最大强度、谱线半高全宽度、谱线总强度、连续背景谱强度等来表征。我们往往采用谱线半高宽来反映谱线的轮廓。在只有线谱辐射的情况下，谱线半高宽是谱线强度下降到最大值的一半时所对应的波长范围。如果辐射光谱由连续谱和线谱叠加组成，就需要去除连续谱后(去背景)，再测量谱线的半高宽。

当线谱的距离较近时，会出现相邻谱线的叠加，如图 2.13 所示，这时确定谱线强度就需要采用伏格托(Voigt)轮廓线型拟合方法，得到独立的谱线形状，在此基础上进行谱线半高宽、谱线强度等的测量。

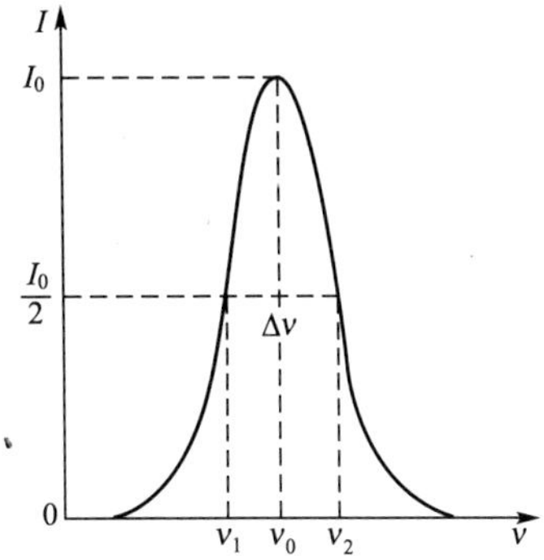

图 2.12 谱线轮廓图

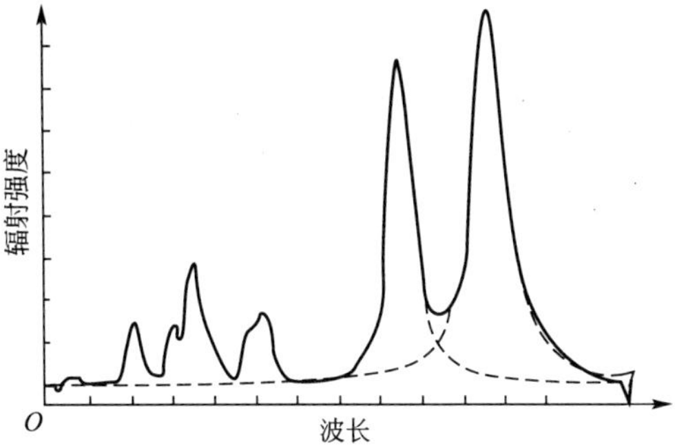

图 2.13 伏格托(Voigt)轮廓线型拟合

2.4.2 谱线的展宽

由 2.4.1 的描述可知，任何谱线都具有一定轮廓和展宽，并且，其谱线中心波长可能也会随条件不同而发生移动，被称为谱线的频移。下面，根据导致频率致宽和频移的原因来讨论谱线的展宽机制。引起展宽的原因既包括自身因素引起的，也包括由于观测距离等外在因素引起的。发射谱线的展宽存在以下几种机制[2,16,17]。

1. 自然展宽

自然展宽是由于自发发射引起的谱线展宽。当原子处于某一能量状态 E 时，其具有一定寿命。根据微观粒子的不确定关系 $\Delta E \cdot \Delta t \geqslant h$ 可知，电子处在某能级时，实际的能量有一不确定范围 ΔE；在同类大量原子中，处在相同能级上的电子有的停留时间长，有的停留时间短，可用平均寿命 Δt 来表示，不确定关系说明了能级间隔与平均寿命的定量关系。每一能量状态都有一能级间隔，因此，对于能级之间的跃迁，相应的频率就不严格是一个特定数值，而是一个频率范围。

依据海森堡（Heisenburg）测不准原理，谱线展宽与时间、能量存在以下关系：

$$\left.\begin{aligned} \Delta E \cdot \Delta t \propto \frac{h}{2\pi} \\ \Delta \nu \cdot \Delta t \propto \frac{1}{2\pi} \end{aligned}\right\} \qquad (2-102)$$

其中，Δt 是原子处于激发态能级的时间，ΔE 是能量的不确定性。所以，式(2－102)中的 $\Delta \nu$ 就是自发发射引起的频率展宽。由于激发态寿命较长，因此自然展宽相比其他展宽较小。不同谱线具有不同的自然展宽，表 2－2 给出了某些原子激发态寿命和谱线自然宽度的数据。

表 2－2　某些原子激发态寿命和谱线自然宽度

原子	波长/Å	Δt/s	$\Delta \nu/s^{-1}$	$\Delta \lambda$/Å
H	1216	1.2×10^{-8}	1.3×10^{7}	6×10^{-6}
Na	5896.59	1.6×10^{-8}	1×10^{7}	1.2×10^{-4}
Cd	3261	2.5×10^{-6}	6.4×10^{4}	2.3×10^{-7}
Hg	2537	1×10^{-7}	1.6×10^{6}	3.5×10^{-6}

2. 多普勒展宽

多普勒展宽又叫高斯展宽，是由粒子无规热运动引起的谱线加宽。根据多普勒展宽原理，假设某个粒子产生光谱的中心波长确定，当粒子以一定速度相对于接收器方向以一定速度移动时，会改变光波的频率。由于粒子运动速度是有分布的，这样就使得原来具有固定中心频率的发射谱线产生了展宽，这种展宽就是多普勒展宽。

多普勒效应的频率位移为

$$\frac{\Delta\nu}{\nu}=\frac{v\cos\theta}{c}=-\frac{\Delta\lambda}{\lambda} \tag{2-103}$$

其中，$v\cos\theta$ 是粒子速度在平行于观察方向的速度分量。假设粒子运动具有麦克斯韦速度分布，由此，可求得多普勒效应下的频谱为

$$I(\nu')=I_{\nu_0}\exp\left[-\left(\frac{\Delta\nu'}{\Delta\nu_D}\right)^2\right] \tag{2-104}$$

式中，ν_0 为谱线中心处的频率；I_{ν_0} 为谱线中心处的强度(即最大值)；$\Delta\nu'=\nu'-\nu_0$ 为谱线宽度中某处与中心频率的频差。而 $\Delta\nu_D$ 为

$$\Delta\nu_D=\frac{\nu_0}{c}\left(\frac{2RT}{M}\right)^{\frac{1}{2}} \tag{2-105}$$

其中，R 是气体常数，M 是原子质量。令式(2-104)中的 $I(\nu')$ 是指最大值 I_{ν_0} 的一半时所对应的谱线宽度(谱线轮廓和谱线半宽度参见图 2.12)，称为半宽度 W_D，可以得到多普勒展宽后的高斯轮廓的半高宽，如式 2-106 所示。

$$W_D=7.16\times10^{-7}\nu_0\left(\frac{T}{M}\right)^{\frac{1}{2}} \tag{2-106}$$

多普勒展宽的宽度比自然展宽宽度一般大两个数量级。如钠的 529.1nm 谱线，在 $T=500\text{K}$ 时，有 $\Delta\nu_D=1.7\times10^9\text{s}^{-1}$ 或 $\Delta\lambda_D=10^{-3}\text{nm}$。

3. 碰撞展宽(压力展宽)

由发射体与周围粒子相互作用引起的谱线展宽称作碰撞展宽，又叫压力展宽。它主要取决于粒子数密度和等离子体的压力。碰撞展宽又分为带电粒子相互作用引起的斯塔克(Stark)展宽、同类中性粒子相互作用引起的共振展宽、非同类中性粒子相互作用引起的范德瓦尔(或洛伦茨)展宽。线性斯塔克展宽发生于发射源在电场中的相互作用，造成的能量迁移与电场强度成正比。共振致宽发生于扰动微粒与发射辐射的微粒的作用，这种致宽的效应与碰撞和准静态一样，可以用洛伦茨函数来叙述。二次斯塔克致宽发生于发射源在电场中的相互作用引起的二次斯塔克效应，造成的能量迁移与电场强度的二次方成正比。范德瓦尔展宽是微粒受到范德瓦尔力的摄动。在准静态下，使用范德瓦尔轮廓可有效描述其外观。

对于等离子体光谱而言，当电离度超过1%时，相比共振展宽和范德瓦尔展

宽而言，Stark 展宽起主要作用。因此，在这里主要讨论 Stark 展宽的特点。研究表明，Stark 加宽的频率可表示为

$$I(\nu')=\frac{1}{\pi}\frac{\frac{W_s}{2}}{(\nu'-\nu_0+d)^2+\left(\frac{W_S}{2}\right)^2} \tag{2-107}$$

式中，W_S为 Stark 效应引起的谱线半宽度；d 为谱线最大值的位移。

表 2-3 给出了相近参数条件下，多普勒宽度和 Stark 宽度的数值的比较。可以看到温度对多普勒宽度影响很大，而 Stark 宽度与温度的关系不明显。电子密度、谱线种类对 Stark 宽度影响很大，而多普勒宽度与电子密度无关，谱线种类的影响也不大。上述关系决定了其在等离子体诊断上的不同应用条件。

表 2-3　某些元素的多普勒宽度和 Stark 展宽

		$T=10^4$ K		$T=4\times10^4$ K	
H 4861Å (H_β)		$n_e=10^{14}$ cm^{-3}	$n_e=10^{17}$ cm^{-3}	$n_e=10^{14}$ cm^{-3}	$n_e=10^{17}$ cm^{-3}
	W_S	0.42	48	0.42	50
	W_D	0.35	0.35	0.70	0.70
OI 7254Å		$n_e=10^{14}$ cm^{-3}	$n_e=10^{17}$ cm^{-3}	$n_e=10^{14}$ cm^{-3}	$n_e=10^{17}$ cm^{-3}
	W_S	0.015	16	0.021	23.4
	W_D	0.13	0.13	0.26	0.26
Ar II 4806Å		$T=2\times10^4$ K		$T=8\times10^4$ K	
		$n_e=10^{15}$ cm^{-3}	$n_e=10^{18}$ cm^{-3}	$n_e=10^{15}$ cm^{-3}	$n_e=10^{18}$ cm^{-3}
	W_S	0.001 4	1.4	0.002	2.1
	W_D	0.08	0.08	0.15	0.15

氢谱线的展宽经常被用来诊断电弧等离子体。根据量子理论，氢气的 Stark 宽度与温度、电子密度存在式(2-108)所示的关系：

$$n_e=C(n_e,\ T)\Delta\lambda_{1/2}^{3/2} \tag{2-108}$$

式中，$\Delta\lambda_{1/2}$为半高宽度；C 为系数，可查表求得。

图 2.14 是 H_β谱线在不同温度下，Stark 半高宽度随电子密度的变化曲线。可以看到，温度对 Stark 展宽的影响很小，而电子密度对其影响明显。因此，在很大参数范围内，可把 Stark 宽度看作仅为电子密度的函数。

除了上述自身展宽机制外，还会有些展宽发生，但这些展宽是在辐射传递过程中发生的。

(1) 不透明致宽：辐射光谱在传递的路径上，会发生与频率有关的吸收，其中，光子在中心线的两翼比在中心容易被吸收，造成谱线的展宽。

(2) 旋转致宽：从一个遥远的转动天体，例如恒星，发射的辐射会因为在恒星两侧的速度方向相反，而引发多普勒效应。转动速度越快，谱线致宽越大。

上述展宽机制中的任何一种都可能单独或相互结合呈现，组合的谱线外观将是每个机制的线性结合，例如，热多普勒效应致宽和碰撞压力致宽将产生佛克特线廓。

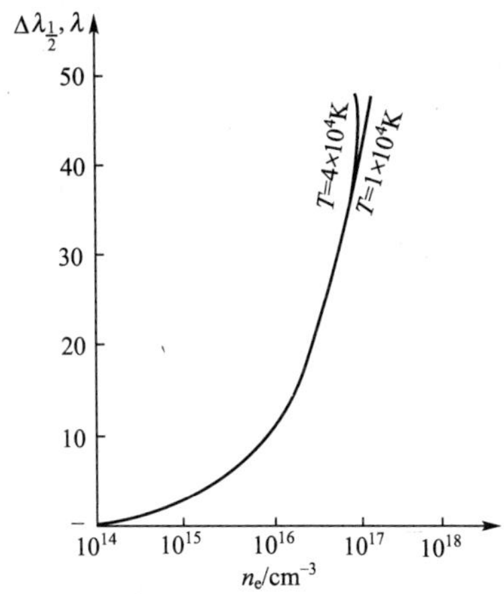

图 2.14 H_β 谱线 Stark 半高宽度随电子密度的变化曲线

除了谱线的轮廓描述外，还需要关注辐射的强度值。辐射的强度值可以用辐射线谱下的积分强度，也可以用辐射谱线的最大峰值来表示。一般情况下，通过光谱仪采集到的光谱强度值是相对强度，如果要对辐射强度的绝对值进行测量，还需要采用标准光源，对辐射测定的绝对值进行标定。工业应用中更多的是采用辐射谱线的相对值进行测量和计算。这里我们再着重提一下谱线的自蚀(自吸收)问题，它是指等离子体中元素由激发态产生的特征谱线，在经过等离子体的过程中被吸收，造成谱线轮廓上中心波长位置下凹，影响到最后观测的谱线强度，此时利用其谱线诊断等离子体温度等参数，往往引起较大偏差。如文献[88]的实验证明，常用来诊断电弧等离子体的 Ar I 750mm 谱线，由于自吸收会造成强度减少 40%，极大地影响了诊断的准确度。因此，在选择谱线进行等离子体物理诊断时，必须考虑到自吸收的影响，给予必要的修正。

2.4.3 谱线参数的查找

等离子体辐射的线谱的参数信息，对于其诊断等非常重要。如何获取可靠、详尽的谱线信息，一直是研究者关心的主要的问题。不同的测试条件、资料来源带来数据的差异和不同，其可靠性也不尽相同。美国国家标准局(National Institute of Standards and Technology，NIST)在其官方网站上提供了完备的原子辐射线谱的资料，为研究者进行光谱分析提供了极大方便。

下面我们简单介绍一下利用 NIST 的数据库，来查找计算过程所需要的基本参数。如图 2.15(a)所示，在美国国家标准局的网页，提供了多种数据库，其中与光谱相关的数据库，可以从其 Chemical 和 Physics 两个分类进入。下面以 Ar 原子的光谱数据查找为例，介绍一下参数的查找和使用。

如图 2.15(b)所示，要查找特定元素的辐射线谱，在 Lines 和 Levels 两个选项中选择前者，进入谱线查询界面(图 2.16(a))。在谱线查询界面，可以输入所要查找的谱线种类以及所要查找的谱段范围，也可单选进行查询。这里假设以 Ar 在 700～720nm 间的线谱查询，输入相关数据后得到查询结果(图 2.16(b))。

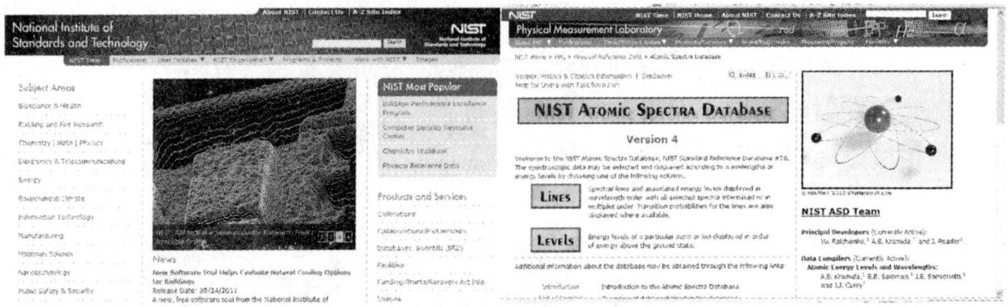

(a) (b)

图 2.15 NIST 网站

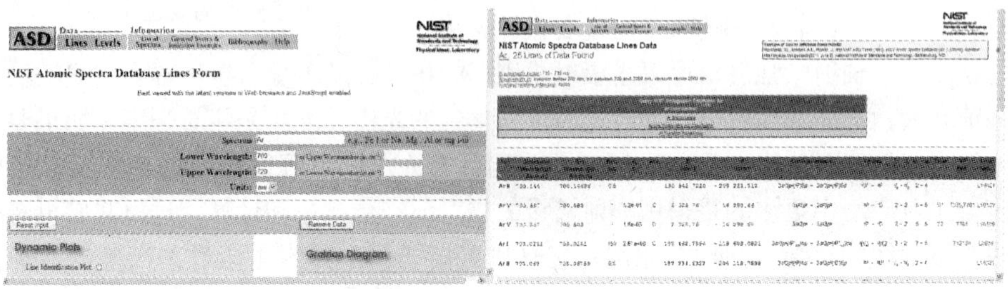

(a) (b)

图 2.16 查询界面

从查询结果可知，共有 25 条 Ar 元素的谱线，每条谱线不仅给出了线谱的名称和波长，还进一步给出了多个用于物理计算的参数。如相对强度、能级、跃迁概率等参数，为光谱诊断的物理计算提供了极大方便。

2.4.4 谱线的物理计算和预测

在知道了各种等离子体产生和存在的条件后，采用基本参数，可以对等离子体中的线谱辐射进行预测和计算，得到其理论线谱位置、强度等。本课题组基于等离子体辐射的物理理论基础，对氩等离子体辐射过程中，不同温度下的线谱辐射强度和波长进行了理论计算，来预测等离子体中的辐射线谱[89]。计算能级跃迁的规则以 NIST 数据库中观测到的线谱数据为依据：

$$u_\lambda^l = A_{r,t}^{r,s} n_{r,s} h \frac{c}{\lambda} \tag{2-109}$$

式中，$A_{r,t}^{r,s}$是 r 次电离的离子从高能级 s 至低能级 t 自发跃迁概率；$n_{r,s}$表示 r 次电离的粒子中处于 s 能级的密度；h 为普朗克常数；λ 为波长。

$n_{r,s}$通过玻尔兹曼分布函数确定：

$$n_{r,s}=n_r\frac{g_{r,s}}{z_r}\exp\left(-\frac{E_{r,s}}{kT}\right) \tag{2-110}$$

$$z_r=\sum_{s=1}^{s_{\max}}g_{r,s}\exp\left(-\frac{E_{r,s}}{kT}\right)=g_{r,1}+g_{r,2}\exp\left(-\frac{E_{r,2}}{kT}\right)+\cdots \tag{2-111}$$

n_r是 r 次电离粒子的密度，$g_{r,s}$是 r 次电离 s 能级粒子简并度，$E_{r,s}$是 r 次电离 s 能级的激发能。

通过物理计算得到的线谱发射系数和分布如图 2.17 所示。由模拟结果可知，大量的 Ar I 辐射线谱分布在 700～900nm 间。这与实验数据非常吻合。采用理论计算得到的线谱预测数据，既可以丰富和完善电弧等离子体的光谱辐射理论，还可以被用来对实验数据进行验证和分析，也可以作为特定情况下对实验线谱的标定依据。

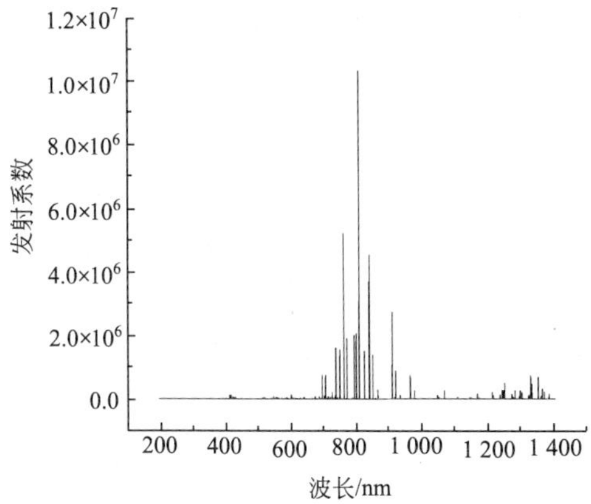

图 2.17　线谱发射系数 p=1atm，T=10 000K

第3章 等离子体辐射诊断方法及焊接电弧测控理论

电弧等离子体由于具有高温、状态参数多等原因，它的性质(如温度、电子数密度等)很难直接测量，往往需要通过间接测量的方法获得。等离子体辐射蕴含焊接电弧状态信息，利用测量到的辐射光谱信息(如谱线强度、谱线宽度等)，通过计算、转换可得到等离子体的信息，这种非直接测量造成的误差往往是比较大的，有别于精确的物理量测量。所以常把等离子体参数的测量称为等离子体诊断。本章主要介绍等离子体的光谱诊断方法。

3.1 等离子体的光谱诊断方法[2,18~20]

热等离子体的诊断，是指它的热力学参数场和输运系数场的测量。如压力、温度和成分浓度及导热系数、电导率和粘性系数的测量。热等离子体的参数测量可分为接触式和非接触式两大类。但由于接触式测量会干扰被测量的参数场，而且测量探头难于忍受热等离子体的高温，仅适合等离子体外部参数的测量。所以通常采用非接触式方法测量热等离子体的参数，其中尤以光谱方法最为成熟。光谱方法具有无干扰、响应速度快等优点；可以通过测量热等离子体的线谱强度、连续谱强度或谱线宽度等，再进行某些物理计算得到所需的热力学参数场或输运系数场，最常见的测量参数包括温度和粒子密度等。目前使用的光谱诊断方法有谱线绝对强度法、标准温度法、谱线相对强度法、谱线展宽法等。

3.1.1 谱线绝对强度法

图3.1给出了不同气压条件下，氩原子谱线(Ar I 4158Å)的发射系数与温度的关系曲线。可以看出，随温度增高，发射系数增加；随气压增高，发射系数增加；谱线绝对辐射强度与其参数密切相关。因此，可以利用特征线谱的绝对强度测量来得到等离子体的参数。谱线绝对强度法通过测量等离子体谱线强度的绝对值，再经过热力学平衡(局部热力学平衡)状态下的计算公式，求得等离子体温度或其他参数。

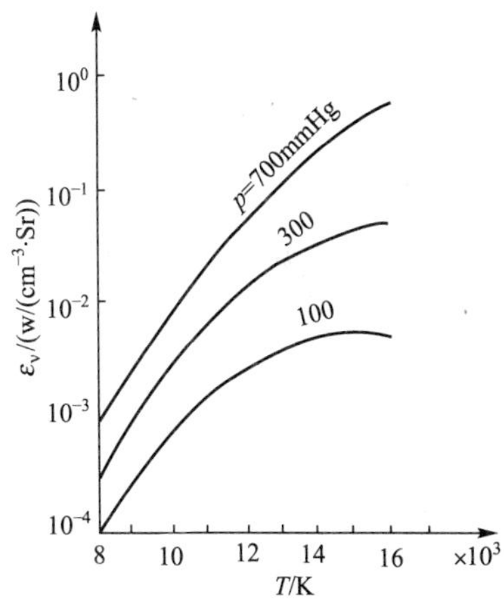

图3.1 ArI 4158Å谱线发射系数与温度的关系曲线

由2.1节内容可知，对于空间任何点的辐射，可用辐射强度来描述，辐射强度 I 为单位时间内通过单位面积、单位立体角(垂直于该面积)的辐射能量。辐射强度是不同谱段辐射的强度总和，对于单位波长范围内的辐射强度，称之为谱强度(见第2章)。

对于自发辐射产生的线谱，等离子体的线谱辐射可以用自发发射系数来表示。自发发射系数 ε_ν 是指在单位立体角、单位体积中、单位频率间隔内，特征线谱自发辐射所发射的功率，可由式(3-1)表示：

$$\varepsilon_\nu=\frac{h\nu}{4\pi}A_{\mu l}n_u \tag{3-1}$$

式中，$A_{\mu l}$ 是从 u 能级向 l 能级跃迁的自发发射的几率，ν 为辐射频率，n_u 为 u 能级上的粒子数密度。

根据玻尔兹曼分布关系式，粒子数密度在不同能级的分布符合式(3-2)：

$$\frac{n_i}{n}=\frac{g_i}{Z(T)}\exp\left(-\frac{E_i}{kT}\right) \tag{3-2}$$

其中 n 是粒子的总数密度，$Z(T)$ 为配分函数，代入式(3-1)，可得

$$\varepsilon_\nu=\frac{h\nu}{4\pi}A_{\mu l}g_u\frac{n}{Z(T)}\exp\left(-\frac{E_u}{kT}\right) \tag{3-3}$$

由式(3-3)可知，谱线发射系数与等离子体温度 T 密切相关。其中 A_{ul}、g_u、E_u、$Z(T)$ 均为常数，可通过查表或计算获得。如果等离子体满足局域热力学平衡条件，则可由玻尔兹曼分布式(3-2)和沙哈方程(2-42)求得粒子数密度 n。因此，知道谱线发射系数 ε_ν，就可通过式(3-3)求得等离子体温度 T。

但光谱仪直接测量到的并不是谱线发射系数 ε_ν，而是谱线强度 I_ν。因此需要知道谱线发射系数 ε_ν 和谱线强度 I_ν 的关系。这里需要考虑吸收对测量值的影响（详见 2.4.2 节），才能通过测量谱线强度 I_ν 来求得等离子体温度 T。

对于均匀、光学薄的等离子体，发射系数 ε_ν 和谱线强度 I_ν 的关系由式(3－4)给出。

$$I_\nu=\varepsilon_\nu x \tag{3-4}$$

对于非均匀、柱对称光学薄的等离子体，它们之间的关系式为

$$I_\nu(y)=2\int_0^x \varepsilon_\nu(x)\mathrm{d}x \tag{3-5}$$

基于上述计算，可利用谱线绝对强度来计算等离子体的温度。在用谱线绝对强度法诊断等离子体温度时，还需考虑到计算的误差。误差主要来源包括发射系数 ε_ν（或绝对辐射强度）的测量误差和跃迁概率 $A_{\mu l}$ 的误差。温度的相对误差可由式(3－6)估算。

$$\frac{\Delta T}{T}\approx\left(\frac{\Delta\varepsilon_\nu}{\varepsilon_\nu}+\frac{\Delta A_{\mu l}}{A_{\mu l}}\right)\frac{kT}{E_\mathrm{u}} \tag{3-6}$$

式中，$\Delta\varepsilon_\nu$ 为谱线发射系数的测量误差；ΔA_ul 为跃迁概率的误差；kT/E_u 为对误差倍数的放大。

由式(3－6)可知，在选择谱线及测量温度时，为了减少误差，应使 kT/E_u 的值尽可能小，来保证温度测量的精确性。当 $\frac{kT}{E_\mathrm{u}}\ll 1$ 时，相对误差就很小。如，当 $E_\mathrm{u}=10\mathrm{eV}$，$kT=1\mathrm{eV}$，$\frac{\Delta\varepsilon_\nu}{\varepsilon_\nu}\approx 10\%$，$\frac{\Delta A_\mathrm{ul}}{A_\mathrm{ul}}=30\%$ 时，$\frac{\Delta T}{T}\approx 4\%$，就具有较高精度。

谱线绝对强度法虽然可以诊断等离子体的温度，但其在使用过程中也存在一些不足：①需要测量辐射的绝对强度，这在很多条件下（尤其是工业应用中）较难满足；②计算中使用的参数误差较大，并且跃迁概率等参数的数值往往难以获得。因此，人们提出了其他诊断方法。

3.1.2 标准温度法

由式(3－3)可知，发射系数 ε_ν 和温度 T 的关系并不是单调变化的。在某个温度值下，谱线发射系数存在极大值，整个谱线发射系数随温度增加先增大后降低。结合式(3－3)进行分析：在温度较低时，随温度 T 增加，配分函数 $Z(T)$ 增加很缓慢，粒子数密度 n 也略有降低，但 $\exp(-E_\mathrm{u}/kT)$ 增加得很快，所以随温度升高谱线发射系数快速增加。当温度很高时，$\exp(-E_\mathrm{u}/kT)$ 接近于 1 且变化很小，可看作常量。而配分函数随温度 $Z(T)$ 增加得很快，因此谱线发射系数将随温度增加而减少。这样，存在一个拐点温度 T^*，在此温度下 ε_ν 达到极

大值。

由式(3-4)可知，对于均匀、光学薄等离子体，发射系数变化与谱线强度变化呈线性关系，因此，可以直接由谱线强度与温度的变化关系来反映发射系数与温度的关系。图3.2给出了H_β谱线强度与温度的关系。可以看出，在特定温度下存在谱线强度的极大值。并且随压力增大，H_β谱线强度极值对应的温度T^*也增加。另外，等离子体组分和浓度也影响了极值强度对应的温度大小。图3.3给出了大气压条件下Ar+K等离子体中，7699Å波长的钾谱线强度随温度的变化。随着钾原子数密度与氩原子数密度比ε的变化，极值温度发生变化。随K浓度增加，T^*值从2 500K提高到4 000K。

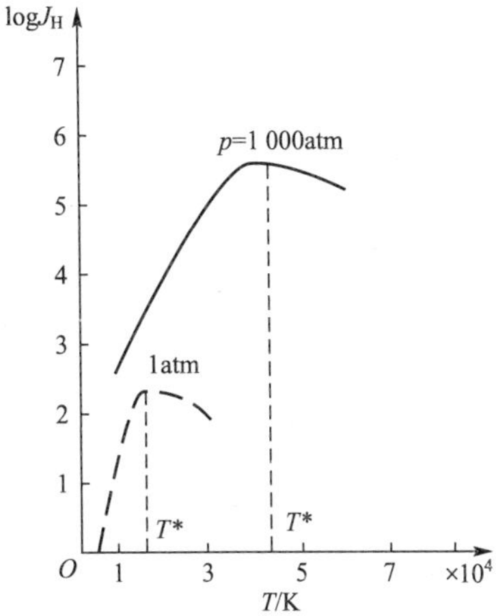

图3.2　H_β谱线强度

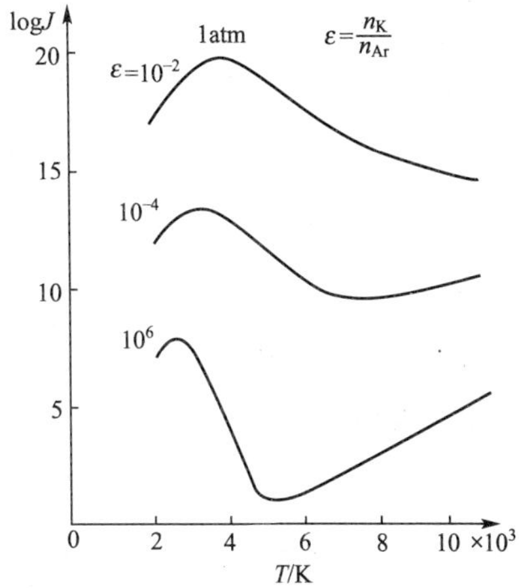

图3.3　Ar+K等离子体中钾谱线7699Å强度

由上述发射系数和温度的关系，我们可以利用发射系数极大值出现时对应的温度，来确定等离子体的径向温度分布。图3.4给出了200A电流下自由电弧中H_β发射系数(相对值)的径向分布。如图3.4所示，如果被测对象是非均匀等离子体，并且其轴线(或中心部分)温度超过T^*，那么其发射系数极大值就不在等离子体的轴线处，而是位于距离中心轴线一定距离。因此，将出现发射极大值处的谱线强度作为标准值，将其与其他点的测量值比较，进而确定其温度

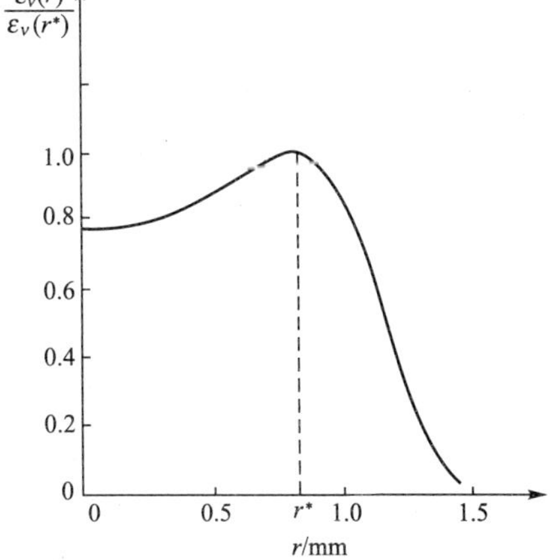

图3.4　200A自由弧H_β发射系数的径向分布

分布。以柱对称等离子体为例，定义

$$J(T)=\frac{n(T)}{Z(T)}\exp\left(-\frac{E_u}{kT}\right) \tag{3-7}$$

根据发射系数公式(3－3)，即存在式(3－8)：

$$\frac{J(T)}{J(T^*)}=\frac{\varepsilon_\nu(r)}{\varepsilon_\nu(r^*)} \tag{3-8}$$

其中，r^* 代表温度为 T^* 辐射点的径向距离。由于 T^* 是已知的，因此，$J(T^*)$为温度极值点的谱强度，也是已知量。这样，只要测量谱强度，得到图 3.4那样的$\frac{\varepsilon_\nu(r)}{\varepsilon_\nu(r^*)}$相对值曲线，由于极值处温度 T^* 已知，就可通过 $J(T)$求出弧柱中各点温度。这种方法称作标准温度法。由于测量得到的谱线强度(或发射系数)的极大值处于离弧柱轴线某位置上，有时也称这种方法为离轴峰值法。

标准温度法用到的不是局域发射系数的绝对值 ε_ν，而是局域发射系数的相对值$\frac{\varepsilon_\nu(r)}{\varepsilon_\nu(r^*)}$，因此，不需要知道跃迁概率就可测量温度。对于某些原子，其跃迁概率数据很不可靠或者难以得到，此时标准温度法相比于绝对强度法就有优势。但标准温度法也有其局限性：①测量的热等离子体的温度必须超过 T^*，否则无法利用这个标准值；②精确度较差。要求 T^* 附近处的温度梯度较大，否则不易找准发射系数极值。表 3－1 给出了某些元素谱线强度极大值时的温度 T^* 值。

表 3－1　某些元素的谱线强度极大值时的温度 T^* 值

元素	CI	CII	CIII	Ar I	Ar II	Ar III
波长/nm	247.8	251.2	229.7	396.1	281.6	360.1
T^*/K	12 800	28 500	35 500	8 100	18 400	29 000
元素	H	OII	OIII	NaI	NI	
波长/nm	486.1	465.1	344.7	590	493.5	
T^*/K	14 500	32 000	52 000	3 000	14 500	

3.1.3　谱线相对强度法

谱线绝对强度法需要测量谱线的绝对强度，这在实际应用中存在困难，因此，研究者提出了谱线相对强度法。谱线相对强度法不是利用某条谱线的绝对值，而是通过测量两条谱线(或多条谱线)的相对值，来求等离子体温度。它又可分为同种粒子的两条谱线相对强度法、相同元素不同离子的两条谱线相对强度法、多条谱线方法等，其中多条谱线的方法又被称为玻尔兹曼图法，有其特殊性，将在3.1.4节介绍。

1. 同种粒子的两条谱线相对强度法

对于同种粒子的两条谱线，由发射系数公式(式(3-3))可得，同种粒子任何两条谱线的发射系数比值为

$$\frac{\varepsilon_{\nu_1}}{\varepsilon_{\nu_2}}=\frac{\nu_1 A_1 g_1}{\nu_2 A_2 g_2}\exp\left(-\frac{E_{u_1}-E_{u_2}}{kT}\right) \tag{3-9}$$

由式(3-9)可知，对于同种粒子，其配分函数$Z(T)$、粒子数密度$n(T)$在求比值时约去。因此，采用同种粒子的两条谱线发射系数比值法，与配分函数$Z(T)$、粒子数密度$n(T)$无关，并且只要知道两条谱线跃迁概率的比值就可以。因此，只要测量同种粒子的两条特征谱线的相对强度值(谱线强度与发射系数的关系见式(3-4)、(3-5))，就可确定发射系数比值，利用式(3-9)计算等离子体温度。

采用相对强度法计算温度，其误差也比绝对强度法小。由式(3-6)可知，跃迁概率是误差的主要来源，而相对强度法只需求出跃迁概率的相对值，其误差比跃迁概率绝对值的误差小。利用式(3-9)进行温度测量时，其相对误差如式(3-10)所示。

$$\frac{\Delta T}{T}=\left[\frac{\Delta\left(\frac{\varepsilon_{\nu_1}}{\varepsilon_{\nu_2}}\right)}{\frac{\varepsilon_{\nu_1}}{\varepsilon_{\nu_2}}}+\frac{\Delta\left(\frac{A_1}{A_2}\right)}{\frac{A_1}{A_2}}\right]\frac{kT}{E_{u_1}-E_{u_2}} \tag{3-10}$$

值得注意的是，虽然$\frac{\varepsilon_{\nu_1}}{\varepsilon_{\nu_2}}$、$\frac{A_1}{A_2}$比值的误差比$\varepsilon_\nu$、$A_1$(或$A_2$)绝对值的误差要小，但式(3-10)中误差放大倍数项$\frac{kT}{E_{u_1}-E_{u_2}}$却较大。其原因是，同种粒子(相同元素的相同离子)的两条谱线的能级差一般来说比较小，例如$E_{u_1}-E_{u_2}\ll 2\text{eV}$，由此放大倍数项$\frac{kT}{E_{u_1}-E_{u_2}}$会较大。因此，使用相对强度法测量温度时，应选择能级差较大的谱线，以减少相对误差。

2. 相同元素不同离子的两条谱线相对强度法

由式(3-10)可知，可以通过减少误差放大倍数的方法来减少误差。式(3-10)误差放大倍数项中的$E_{u_1}-E_{u_2}$，对于误差倍数至关重要。提高两条谱线的能级差，就可获得较小的放大倍数，提高测温精度。由于同种元素的不同离子一般会存在较大的能级差，因此，可利用相同元素的两种不同离子，例如分别带有Ze和$(Z+1)e$正电荷的离子，选取其特征谱线的比值来计算温度。

$$\frac{\varepsilon_{\nu_1}}{\varepsilon_{\nu_2}}=2\frac{\nu_1 A_1 g_1}{\nu_2 A_2 g_2}\frac{(2\pi mkT)^{\frac{3}{2}}}{h^3}\frac{1}{n_e}\exp\left(-\frac{E'_{u_1}-E_{u_2}}{kT}\right) \tag{3-11}$$

其中，下标 1 和 2 分别代表带电荷为 Ze 和 $(Z+1)e$ 的离子，而 $E'_{u_1}=E_{u_1}+E_I$。虽然相同元素不同离子的谱线相对强度法可以增大 $E'_{u1}-E_{u2}$ 值以提高精度，但在求解时，必须知道电子数密度 n_e，使其应用受到了一定限制。

3.1.4 玻尔兹曼图法

玻尔兹曼图法是相对强度法的改进，又称为多谱线法。相对强度法采用两条谱线进行计算，误差较大。因此，研究者提出玻耳兹曼图法，利用多根谱线求等离子体的温度，提高测温精度。下面来分析玻尔兹曼图法的计算原理。

将式(3－3)整理后取对数，可得：

$$\ln\left(\frac{\varepsilon_\nu}{\nu A g}\right)=-\frac{E}{kT}+D \tag{3-12}$$

其中

$$D=\ln\left[\frac{h}{4\pi}\frac{n(T)}{Z(T)}\right] \tag{3-13}$$

式(3－12)中右边第二项 D 与谱线种类无关。对于确定的粒子，可认为其计算值是常数。谱线的频率(波长)是已知的，如果能知道几条谱线的跃迁概率 A、统计权重 g 和激发态能量 E，再通过测量发射系数 ε_ν，就可计算得到温度。图 3.5 给出了玻耳兹曼图法求氢等离子体温度的示意。

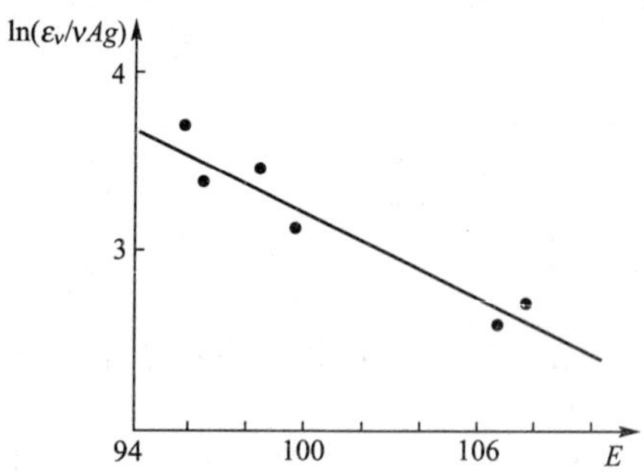

图 3.5　氢等离子体的玻耳兹曼图

如图 3.5 所示，根据式(3－12)，可在 $\ln(\varepsilon_\nu/\nu Ag)$ 和能级 E 的坐标中，选取多条特征谱线，就可计算得到对应的几个点。以某粒子的特定线谱为例，通过测量得到其谱线强度 I_{mn}(假设谱线是由 m 能级到 n 能级的跃迁产生)，根据它与发射率的关系，将对应能级 E_n 作为横坐标，以 $\ln\left(\frac{I_{mn}}{\nu_{mn}A_{mn}g_{mn}}\right)$ 作为纵坐标，就可得到对应坐标点(注意，这里均采用谱线强度代替发射系数，并不影响最终计算的斜率值)。由多条谱线计算得到坐标系对应各点，然后用最小二乘法，把这些点拟合为一条直线。根据式(3－12)，其拟合出的直线斜率为 $-\frac{1}{kT}$。这样，由此斜率就可求得温度 T。

计算过程中，I_{mn} 的值为相对辐射强度，不需要绝对辐射值，只要进行准确的相对辐射测量就可满足要求。由于纵坐标对辐射强度值取对数，其大小的变化只会影响纵坐标绝对值的变化，而不会影响其各点纵坐标的差值和拟合直线的斜率(这一点很重要)。玻尔兹曼图法采用多点拟合，减少了个别测量点误差对结果带来的影响。但在测量时选取的谱线也要尽量在较大范围内选择 E_n，以便提高计算精度。

另外，玻尔兹曼图法还可用来验证哪些点(即哪些谱线)处于局部热力学平衡状态。如果某些点偏离所拟合的直线，则表明它们偏离局部热力学平衡。玻尔兹曼图法的缺点是在实际应用中有一定困难：首先，要找到跃迁概率数据可靠的多根谱线并不容易；其次，谱线之间的能差要求尽可能大，否则拟合所得直线斜率的误差也会比较大。

3.1.5 谱线与连续谱间的相对强度法

式(2-80)给出了连续谱的发射系数公式(考虑复合辐射为主)，为了方便讨论，我们重新给出式(2-80)：

$$\varepsilon_{\nu,c}=c_3\frac{n_e n_{z,1}z^4}{T^{\frac{3}{2}}}\exp\left\{\frac{E_{I,z-1}-h\nu}{kT_e}\right\}\times\sum_n G_n(\nu)n^{-3}\cdot\exp\left(-\frac{E_n}{kT_e}\right)$$

通过测量等离子体的连续谱的绝对值，直接借助式(2-80)就可确定等离子体的温度，但是，上述方法在应用中存在困难，需要知道多个参数值。因此，经常采用辐射的谱线强度与其附近的连续谱强度进行对比，利用相对强度法诊断温度。

对于线谱辐射而言，这里仅考虑等离子体中粒子的一次电离，由原子的谱线发射系数式(3-3)和沙哈方程可得出表达式：

$$\varepsilon_\nu=\frac{h\nu}{4\pi}A_{ul}n_e^2\frac{g_u}{2Z(T_e)}\left(\frac{h}{2\pi m_e k}\right)^{\frac{3}{2}}T_e^{-\frac{3}{2}}\cdot\exp\left(\frac{E_I-E_u}{kT_e}\right) \tag{3-14}$$

如果同时考虑复合辐射和韧致辐射，给出频率 ν 处的连续谱强度：

$$\varepsilon_{\nu,C}=C_D\frac{n_e^2}{T_e^{\frac{1}{2}}}\left[\xi(\nu,\ T_e)+G(\nu,\ T_e)\exp\left(-\frac{h\nu}{kT}\right)\right] \tag{3-15}$$

其中，$\xi(\nu,\ T_e)$是考虑原子结构的因子，C_D是常数。从式(3-14)和(3-15)可以得到所在频率 ν 处的谱线强度和连续谱强度的比值：

$$\frac{\varepsilon_\nu}{\varepsilon_{\nu,C}}=C^*\frac{1}{Z(T_e)}\frac{1}{T_e}\frac{\exp(E_I-E_u)}{\xi(\nu,\ T_e)+G(\nu,\ T_e)\exp\left(-\frac{h\nu}{kT}\right)} \tag{3-16}$$

式中，$C^*=\frac{h\nu A_{ul}}{4\pi C_D}\left(\frac{h^2}{2\pi km}\right)^{\frac{1}{2}}g_u$。

由式(3-16)可知，只要测量出线谱和连续谱发射系数相对值$\frac{\varepsilon_\nu}{\varepsilon_{\nu,C}}$(某种意义上为辐射强度值)，就可求得温度 T_e。Griem 选取氦和氢的某些谱线，并在谱线中心对称两侧 100Å 连续谱范围，将谱线强度与该范围内的连续谱强度比较。得到比值随温度变化的关系(图 3.6 和图 3.7)。

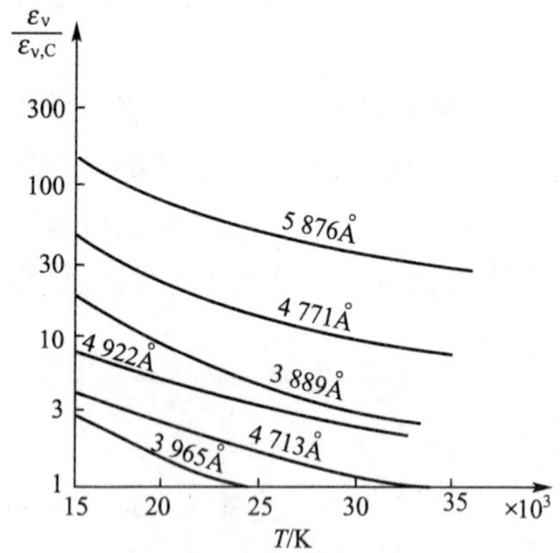

图 3.6 He I 谱线与邻近连续谱强度的比值

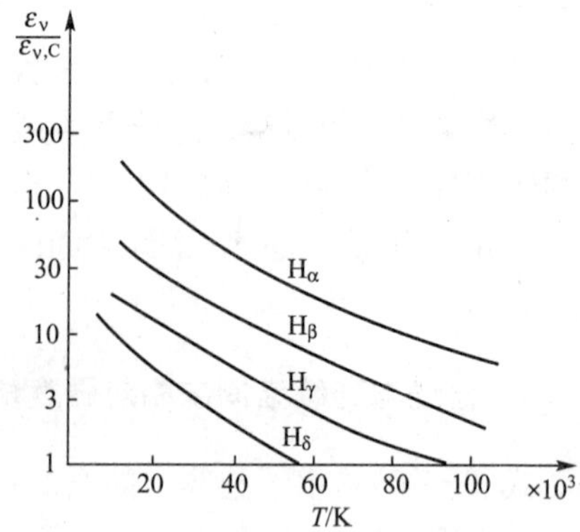

图 3.7 氢谱线与邻近连续谱强度的比值

谱线与连续谱间的相对强度法的优点在于，满足部分局域热力学平衡条件，就可进行温度计算。例如，对于 H_α谱线或对于 He I 的 3889Å、5876 Å、6678Å 等谱线，当电子数密度 $n_e \geqslant 10^{15}\,\mathrm{cm}^{-3}$时就能满足部分局域热力学平衡条件。而对于 H_β和 H_γ和 He I 的 3965Å 、4713Å、4922Å 等谱线，只要求电子数密度 $n_e \geqslant 10^{14}\,\mathrm{cm}^{-3}$即可；这比其他方法要求局部热力学平衡的条件有所降低。另一方面，该方法测温误差较小，其相对误差为

$$\frac{\Delta T}{T}=\frac{\Delta\left(\dfrac{\varepsilon_\nu}{\varepsilon_{\nu,\mathrm{C}}}\right)}{\dfrac{\varepsilon_\nu}{\varepsilon_{\nu,\mathrm{C}}}}\frac{1}{1+\dfrac{(E_\mathrm{I}-E_\mathrm{u})}{kT}} \tag{3-17}$$

因为式(3－17)中的误差放大项$\dfrac{1}{1+(E_\mathrm{I}-E_\mathrm{u})/kT}<1$，所以使测温相对误差$\dfrac{\Delta T}{T}<10\%$并不是很困难的。此法的缺点是应用范围较窄，只有当被测对象温度很高时才能应用，否则连续谱强度太低而不易测量。例如，对于氢，当温度高于 10 000K 时，此法才有较高的精度。

3.1.6 谱线轮廓法(谱线展宽法)

根据 2.4 节对于谱线轮廓和展宽机制的分析，谱线轮廓可被用来进行等离子体的诊断。采用谱线轮廓确定等离子体参数的方法包括以下几种。

(1) 当粒子数密度较低而温度较高时，可用多普勒展宽来确定等离子体的温度。但它只适用于粒子数密度较小、低压、稀薄气体的情况，谱线加宽主要是由

多普勒效应引起的。多普勒加宽测温的公式为

$$T=1.95\times10^{12}M(\Delta\lambda_{1/2}/\lambda_0) \tag{3-18}$$

式中，T 为热力学温度(K)；M 为等离子体气体分子量(g)；λ_0 为加宽谱线的中心波长(Å)；$\Delta\lambda_{1/2}$ 为所测加宽谱线轮廓的半宽度。

从式（3-18）可知，温度愈高，多普勒加宽愈大；而在相同温度下，轻粒子的谱线加宽大于重粒子的，故此法常采用氢谱线作为测量线。在低温等离子体测温范围内，加宽量很小，仅为0.1～0.001Å，必须用高分辨率光谱仪才能测定。

(2) 当粒子数密度高而温度相对较低时，可用Stark展宽来确定等离子体的电子密度。

用Stark谱线轮廓法确定等离子体的温度或电子数密度，既不要求等离子体满足局域热力学平衡的条件，也不必考虑其化学组分。在焊接电弧等离子体的测量中，由于Stark展宽法对等离子体的要求比较低，被广泛用于电子密度的测量，可以测量稳态和动态变化、不满足局域热力学平衡状态的电弧等离子体。

由于H_β谱线的强度值和半宽度值都相当大，其电子数密度n_e与半宽度的关系式比较准确，因此通常在其他介质中添加少量的氢，再测量H_β谱线的强度和轮廓以确定等离子的温度和电子数密度。式(3-19)给出了Stark展宽简化的计算方法：

$$\Delta\lambda^s_{1/2}=2.50\times10^{-13}\alpha_{1/2}N_e^{\frac{3}{2}}(\text{Å}) \tag{3-19}$$

此法适用范围是电子数密度为10^{14}～10^{18}cm^{-3}，压力约一个大气压，温度为10^4～2×10^4K。对于非熔化极和熔化极电弧等离子而言，往往满足上述条件，可以采用展宽法诊断等离子体[21]。

3.1.7 吸收谱线法

除了利用发射线谱来测量等离子体参数外，也可用吸收谱来测量等离子体参数。当谱线被吸收时，可利用吸收谱的特性发生变化来确定等离子体的参数。例如，对于均匀等离子体，测量吸收谱线的轮廓和总宽度，就可用式(3-20)来确定吸收谱线的当量宽度(图3.8为吸收谱线的当量宽度)。

$$W_\nu=\int_{\Delta\nu'}[1-\exp(-k_{\nu'}\Delta x)]\mathrm{d}\nu' \tag{3-20}$$

式中，W_ν是当量宽度；$k_{\nu'}$是ν'处的吸收系数。

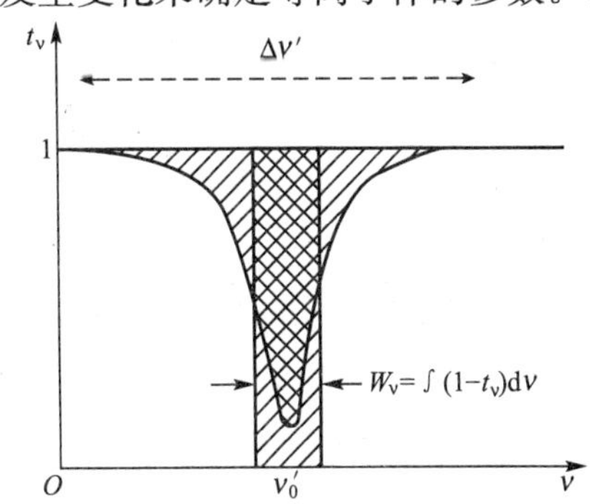

图3.8 吸收谱线的当量宽度

当谱线中心部分的光学厚度很小时，

式(3－20)可简化为

$$W_\nu = \Delta x\int_{\Delta\nu'} k_{\nu'}\,\mathrm{d}\nu' = \Delta x \cdot x_\nu \tag{3-21}$$

而总吸收系数 x_ν 与温度存在式(3－22)所示关系。

$$x_\nu=\frac{h\nu}{C}B_{\mathrm{lu}}n_1\left[1-\exp\left(-\frac{h\nu}{kT}\right)\right] \tag{3-22}$$

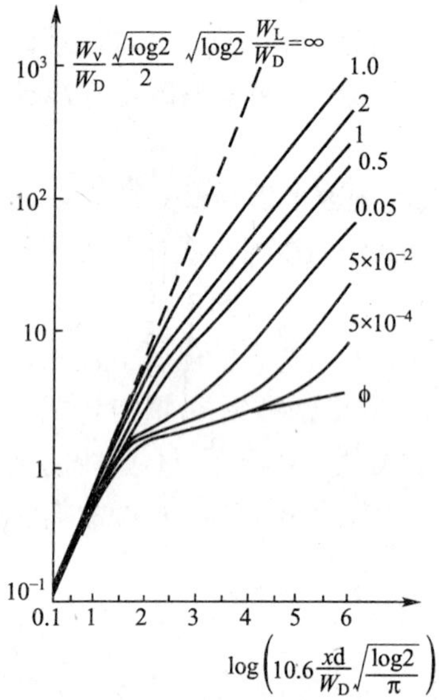

图 3.9　增长曲线

因此，只要测得当量宽度 W_ν，就可由式(3－21)求出吸收系数 x_ν，将吸收系数代入式(3－22)，就可求得温度 T。

上述方法是在光学薄的条件下的计算方法，当等离子体的光学厚度不是很小时，就不能用式(3－22)。此时，当量宽度 W_ν 和吸收系数 x_ν 就不满足式(3－21)的线性关系，而是还要取决于谱线形状。图 3.9 给出了半宽度比 W_ν/W_D 随 $x_\nu \cdot \Delta x$ 的增长曲线。其中，W_L 和 W_D 分别为多普勒和洛伦茨展宽。通过增长曲线和式(3－22)，就可求得等离子体温度 T。吸收谱线法要对谱线轮廓进行准确测量才能保证诊断精度，因此要求光谱仪有较高的分辨率。

3.1.8　谱线反转法

谱线反转法也是吸收谱法的一种。但它是在谱线测量过程中，同时考虑谱线的吸收和发射特性，利用外部光源通过被测介质的吸收作用，来实现温度测量。谱线反转法早期主要被用来测量火焰温度，现在也被用来测量温度达 10^4 K 的等离子体。

当光源穿过等离子体时，其辐射会被等离子体吸收，等离子体本身的谱强度 $I_{\nu'}^{\mathrm{P}}$ 和光源穿过等离子体后的谱强度 $I_{\nu'}^{\mathrm{S+P}}$，存在以下关系式：

$$I_{\nu'}^{\mathrm{S+P}}=I_{\nu'}^{\mathrm{S}}(1-\alpha_{\nu'})+I_{\nu'}^{\mathrm{P}} \tag{3-23}$$

式(3－23)表示测量到的辐射谱强度($I_{\nu'}^{\mathrm{S+P}}$)等于透过等离子体的标准光源自身的谱强度($I_{\nu'}^{\mathrm{P}}$)和考虑自吸收的等离子体自身辐射谱强度 $[I_{\nu'}^{\mathrm{S}}(1-\alpha_{\nu'})]$ 之和。我们可以通过测量其谱强度，并逐步调节光源的亮度，使得

$$I_{\nu'}^{\mathrm{S+P}}=I_{\nu,\mathrm{rev}}^{\mathrm{S}} \tag{3-24}$$

式中，$\alpha_{\nu'}$ 为吸收率；$I_{\nu'}^{\mathrm{S}}$ 为标准光源的谱强度；$I_{\nu,\mathrm{rev}}^{\mathrm{S}}$ 为当光源亮度调到等离子体谱

线在光源连续谱中“反转”时的谱强度。

按克希霍夫定律，得到

$$I_{\nu,\mathrm{rev}}^{\mathrm{S}}=I_{\nu'}^{\mathrm{OP}} \tag{3-25}$$

式中，$I_{\nu'}^{\mathrm{OP}}$是等离子体温度条件下的黑体谱强度。

因此，当出现“反转”时，等离子体的温度就等于对应亮度光源的温度，据此就可以确定等离子体的温度。

图 3.10 是谱线反转法的示意图。从图 3.10 中可看出，当增强光源谱强度时，等离子的谱线先是表现为发射谱线；然后“反转”（淹没）于连续谱背景中，最后则表现为吸收谱线。

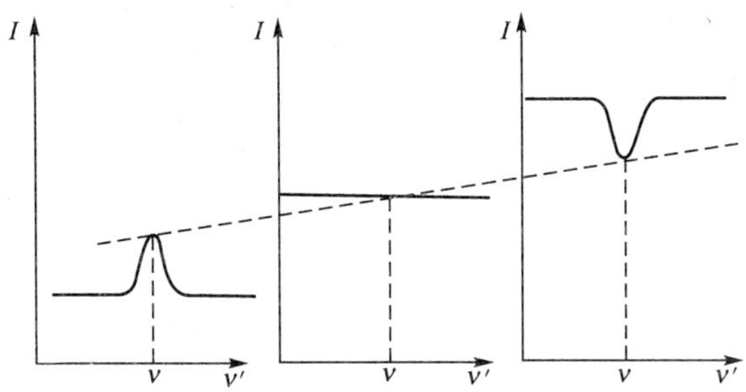

图 3.10 谱线反转法的示意图

谱线反转法的测量误差可由式(3-26)估计：

$$\frac{\Delta T}{T_{\mathrm{P}}}\approx\frac{1}{\alpha_{\nu'}}\cdot\frac{\Delta T}{T_{\mathrm{S}}} \tag{3-26}$$

由于利用等离子体对标准光源的吸收作为主要的测量指标，因此，当等离子体的光学厚度很小时，温度测量的误差就相当大。谱线反转法需要逐步调整标准光源来实现，为了采用该方法来诊断瞬态等离子体(高速变化或瞬时发生)的温度，可以单独测量光源强度 I_{S}，并保持不变；与此同时测量光源穿过等离子体后的强度 $I^{\mathrm{S+P}}$和测量等离子体自身的强度 I^{P}。计算其比值。

$$\beta=\frac{I^{\mathrm{P}}}{I^{\mathrm{S}}+I^{\mathrm{P}}-I^{\mathrm{S+P}}} \tag{3-27}$$

再根据瞬态等离子体谱强关系式：

$$\frac{I(t)}{I(0)}=\frac{n(t)}{n(0)}\frac{1-\exp\left(-\dfrac{h\nu}{kT(t)}\right)}{1-\exp\left(-\dfrac{h\nu}{kT(0)}\right)} \tag{3-28}$$

就得到以下表达式：

$$I^{\mathrm{OP}}=\beta I^{\mathrm{S}} \tag{3-29}$$

这样，即使我们观察到的不是“反转”时刻，也能通过式(3-26)求得等离子体的温度。为了提高准确度，光源温度尽可能预先调整到接近等离子体的温度。

3.2 等离子体空间状态诊断的数学方法[22~25]

实际上，在电弧等离子体光谱诊断中，有时候是将辐射电弧看作整体进行粗略诊断的，这时得到的温度和电子密度，是将等离子体看作一个均匀辐射体的平均值。但更多情况下，需要测量电弧等离子体空间上不同位置的温度、电子密度等信息，实现等离子体的空间诊断。而我们测量得到的辐射信息，往往是电弧辐射的平面叠加信息，这就需要将其转换成空间辐射信息，进而采用3.1节的各种方法进行诊断。Abel逆变换是在等离子体满足轴对称条件下，实现上述信息变换的主要数学方法之一。

3.2.1 对称等离子体的Abel逆变换原理

对于轴对称等离子体而言，如图3.11所示，光谱仪采集得到的等离子体的光谱强度，是三维的等离子体弧在靶面上叠加的结果，为该辐射方向所有径向点辐射的积分值。若想得到各个空间点的辐射强度，就需要通过Abel逆变换实现。Abel逆变换的数学原理是通过数学变换，使叠加的二维图像转换为径向的物理量。对于电弧等离子体的空间诊断而言，空间某点(径向位置r)在特定波长λ的发射系数$\varepsilon(r, \lambda)$是重要的物理量。由它可以最终求出需要的空间点的等离子体密度、温度等参量。采用Abel逆变换诊断等离子弧，计算时要基于以下假设条件。

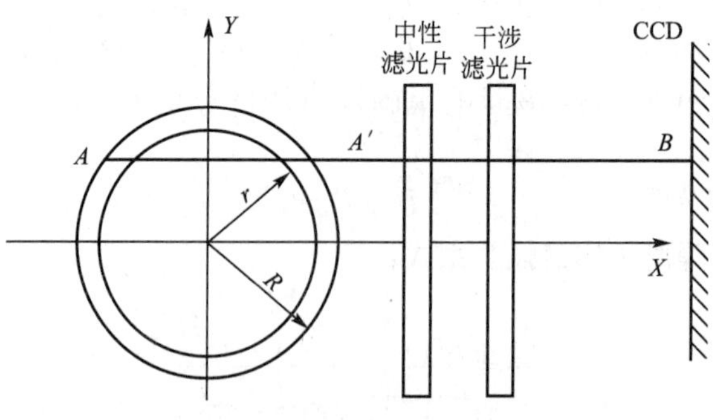

图3.11 Abel逆变换示意图

(1) 等离子体弧处于局域热力学平衡状态(LTE)。

(2) 等离子体弧为稳定、轴对称的，并处于层流状态，不考虑湍流过程。

(3) 等离子体弧弧柱是光学薄的和非均匀的。

由于假设等离子体弧是柱对称的，且半径为 R，如图 3.11 所示，可测量光谱强度沿 AA' 的积分量 $I(y)$，需要求得的发射系数 $\varepsilon(r)$，因此存在关系式：

$$I(y)=2\int_0^r \varepsilon(r)\mathrm{d}x \tag{3-30}$$

由于 $I(R)=0$ 和 $r=\sqrt{x^2+y^2}$，式(3－30)可改写为

$$I(y)=2\int_r^R \frac{r\cdot\varepsilon(r)}{\sqrt{r^2-y^2}}\mathrm{d}r \tag{3-31}$$

通过其逆变换，可得

$$\varepsilon(r)=-\frac{1}{\pi}\cdot\int_r^R \frac{\mathrm{d}I(y)}{\mathrm{d}y}\cdot\frac{\mathrm{d}y}{\sqrt{y^2-r^2}} \tag{3-32}$$

由式(3－32)可知，通过 Abel 逆转换可以得到发射系数在柱对称假设下的径向分布。经过多通道测量的 Abel 逆转换，可以得到发射系数的多条径向分布，经过处理就可获取等离子体发射系数在径向的空间分布情况。

3.2.2 Abel 逆变换的计算

实际上，在等离子体测量中，得到的是沿电弧宽度上不同位置的离散辐射测量值，每个辐射测量值是电弧弦向的积分值。将上述离散辐射值转换成空间点的辐射值(或发射系数)，无法直接应用式(3－32)来实现。根据 Abel 逆变换的原理，研究者提出了不同计算方法来实现上述过程，目前主要采用的方法包括以下几种。

(1) 数值积分方法。这是最简单、最直接的办法。但是，在积分过程中当 $y=r$ 时，积分式中 $1/\sqrt{y^2-r^2}$ 趋向无穷大。如何处理 $y=r$ 附近的积分就成为此法的难点。

(2) 多项式法。把已知的 $A(y)$ 数据拟合成多项式，这样既可直接计算 $\mathrm{d}A(y)/\mathrm{d}y$,还可对 Abel 变换的被积函数直接进行积分，避免了数值积分中的困难。

(3) Abel 积分线性化。把柱对称等离子体的横截面分割为等宽度的若干个同心环，在各圆环厚度内发射系数可认为是常量，求解过程变得简单。但此方法误差较大。

上述算法实际上主要是围绕逆变换过程中的误差问题展开的。对于 Abel 逆变换，产生误差的原因包括计算方法本身产生的误差和计算方法对原始测量误差的放大。

求解 Abel 逆变换有多种方法，遇到的主要问题是被积函数有导数和奇异点。采用较多和较成熟的方法包括 Bockestan(样条插值)和 Barr 积分方法。其中

Bockestan 算法需要在测量辐射数据值上得到等距离散点，然后根据选定的辐射点数，得到各组系数，就可以实现对空间积分的求解，该方法对实测辐射值的误差比较敏感，往往需要对原始测量数据进行平滑处理。Barr 逆变换法不需要对原始测量数据进行平滑处理。二者对于不同的分布模型的逆变换精度不同，Bockestan 适合于双峰分布，Barr 适合于钟形分布。

采用对辐射强度数据进行曲线拟和，得到多项式作为测量辐射值的 y 向分布曲线，将其代入式(3-32)并积分，得到空间发射系数，也是经常采用的 Abel 逆变换求解方法。拟和多项式采用最多的是最小二乘法。最小二乘法拟合求解 Abel 变换，是把已知离散的光强值 $I(y)$ 拟合成一条曲线，即可直接计算 $dI(y)/dy$,还可对式中的被积函数直接进行积分，避免了数值积分中奇异点的问题，从而求解出各点的发射系数。

我们在这里介绍最小二乘法求解 Abel 逆变换的基本原理：实验测得离散光强值的 n 个数据 (x_1, y_1)，(x_2, y_2)，…，(x_n, y_n)，令 $x=x_i$，$f(x_i)=y_i$，$i=1, 2, 3, \cdots, n$，用 $m(m+1<n)$次多项式对数值进行拟合：

$$P_m(x)=a_0+a_1\cdot x+\cdots+a_m\cdot x_m(m=1, 2, 3, \cdots) \tag{3-33}$$

计算值 $P_n(x_i)$与实际值 $f(x_i)$产生的偏差的平方：

$$F=\sum_{t=1}^{m}\varepsilon_i^2=\sum_{t=1}^{m}[P_n(x_i)-f(x_i)]^2=\min \tag{3-34}$$

对于式(3-34)，离散数据点与所拟合的曲线间的垂直距离就是该点的误差。对各个数据点距离求平方，并把平方距离全加起来，就是误差平方和。当拟合的曲线使误差平方和尽可能小，即满足最小二乘法原理时，就是最佳拟合。能够保证最小的偏差值，就意味着具有较好的拟和度。

多项式阶次的选择可以是任意的。两点决定一条直线，即一阶多项式；三点可以决定二阶多项式。以此类推，$n+1$ 个数据点可以确定 n 阶多项式。阶次越低，抑制干扰能力强，但拟合精度差，不能准确反映出数据的变化规律。阶次越高，拟合精度提高，即曲线通过大部分的离散数据点，很好反映数据的变化规律，而且可对多项式在变零前多次求导。随阶次的提高，其抑制干扰能力下降。确定拟合阶次的主要原则为：

(1) F 检验的方法。F 检验的物理意义：若现有拟合阶次是适用的，那么在试图用更高阶次的模型来代替它时，残余误差平方和的减少幅度将比较小，在某些情况下甚至有所增加。

(2) 拟合最大误差满足既定误差法。首先预设拟合阶次 m 次和拟合的最大允许误差 E，求出拟合 m 次后的最大误差 e，与预设的既定误差 E 做比较，如果 $e<E$,说明 m 拟合阶次满足要求；若 $e>E$，说明需要增大拟合阶次，直到满足要求为止。

3.2.3 非对称等离子体的空间变换

当等离子体不满足柱对称条件时(如焊接时电弧具有一定倾角，激光与电弧的旁轴复合)，对称等离子体的 Abel 逆转换就不再适用。当等离子体不满足柱对称条件时，所测得的谱强度不仅与径向位置有关，而且还与被测谱强度的方位角有关。研究者提出了非对称体的 Abel 变换方法，其中比较常用的是 Y. Yatsutomo 方法，将非对称等离子体进行变量分离，将测量得到的数据分为奇数和偶数两部分，认为偶数部分由对称的偶函数产生，对其进行对称 Abel 变换，再乘以奇数部分的对应权函数，就可以得到非对称体的 Abel 逆变换结果。但上述变换方法对等离子体的非对称性有所要求，测量辐射谱强度数据的非对称性过大，偏离辐射中心点，都会带来参数分布的畸变。

Maldonado - Olsen 转换也是解决非对称等离子体空间发射系数的有效方法，如图 3.12 所示，$I=I(x', \varepsilon)$。这样，为求得等离子体的发射系数 $\varepsilon(r, \varphi)$，就必须从若干个方位角上对等离子体进行扫描测量。在某方位角上谱强度与发射系数的关系为

$$I(x',\varepsilon)=\int_{-\infty}^{+\infty}\varepsilon(r,\varphi)\mathrm{d}y' \qquad (3-35)$$

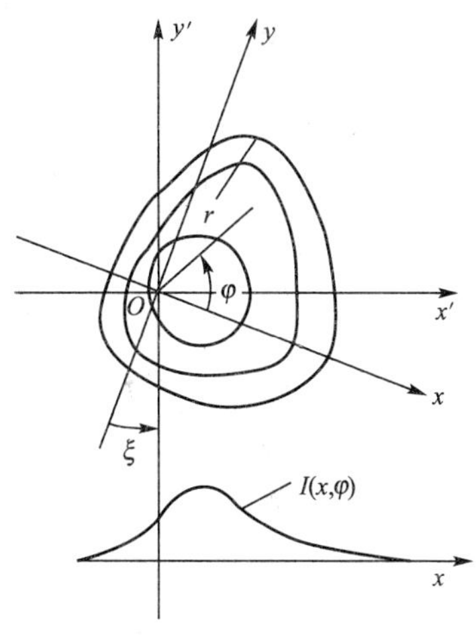

图 3.12 Maldonado - Olsen 转换

其中，(x', y')是旋转坐标，按照 Maldonado - Olsen 转换，对式(3-35)求解：

$$\varepsilon(r,\varphi)=e^{-\alpha^2r^2}\sum_{m=0}^{\infty}\alpha^m r^m\cos(m\varphi)\sum_{m=0}^{\infty}C_{m+2k}^{m}(\alpha)L_k^m(\alpha^2r^2) \qquad (3-36)$$

式中，$L_k^m(\alpha^2r^2)$为 k 阶的拉格朗日多项式；α 为标量因子；φ 为半径方向与 x 轴的夹角。

式(3-36)中的展开系数按式(3-37)计算。

$$C_{m+2k}^{m}(\alpha)=\frac{\alpha^2k!\varepsilon_m}{\pi^2(m+k)!}\int_{-\pi}^{+\pi}\cos(m\varepsilon)\mathrm{d}\varepsilon\times\int_{-\infty}^{+\infty}I(x',\varepsilon)H_{m+2k}(\alpha x')\mathrm{d}x' \qquad (3-37)$$

其中，$\varepsilon_0=\frac{1}{2}$，$\varepsilon_m=1$，$H_{m+2k}(\alpha x')$是 Hermitian 多项式。每隔 15°方位角测量谱线强度，将其数据用于非对称等离子体的诊断，已能保证足够的精确度，Maldonado - Olsen 转换方法，不仅能有效地用于非对称等离子体温度场的测量，而且还能用来检验等离子体的对称性。

除了上述逆变换方法外，采用层析算法等数值方法对发射系数场进行空间重

建，也是得到等离子体空间发射系数的主要手段。其采用的具体重建方法主要包括：①基于离散模型的代数法：ART 算法、MART 算法、SIRT 等方法，又称为级数展开类算法；②基于 Radon 反变换的算法：傅里叶重建算法、卷积反投影重建算法等。除此之外，近年来又出现了多目标优化理论算法、最大似然重建算法、神经网络重建算法等多种算法。

3.3 其他等离子体诊断方法[26~28]

除了光谱诊断方法外，等离子体的诊断方法还包括电磁探针、微波诊断、激光诊断等方法，为了让大家了解其他检测方法的优缺点和应用场合，这里对几种方法进行简单介绍。

3.3.1 探针法

探针法是指用固体材料制成的小构件作为传感器，插入等离子体内或放在它附近，接收等离子体发射的粒子和电磁波，感受所在地点的电场和磁场，以测得等离子体的各种宏观量及其分布与变化。如电探针、磁(场)探针、压强探针、热探针或量热器等。在诊断方式上，探针可以单个使用，也可以结成阵列组合使用。将实体探针放入等离子体中以获得所需参量，是等离子体诊断的基本手段之一。此法可得到有关等离子体内部细致结构的信息和各种参量的分布情况。缺点是会干扰被测等离子体，例如改变流动图像、形成空间电荷包鞘、产生杂质污染等。现将常用探针及其原理分述如下。

静电探针(朗缪尔探针)是朗缪尔等人在研究低气压气体放电时创制的。它由导体制成，指向等离子体的前梢(也称电极)，为短圆柱、平板、小圆球或其他特殊形状；按电极的数目分单探针、双探针、多栅探针等。由电探针得到的电压和电流值，来进一步确定等离子体局部的电子数密度、电子温度、电位、电流信号等，移动探针还可以测知上述参量的分布情况。

磁探针是一个探测线圈。根据法拉第电磁感应原理，当磁通量发生变化时，线圈中便产生感应电动势，进而可测量等离子体中随时间变化的电流、电流密度，等离子体位移、磁场、压强、电导率等。一般只用于探测随时间变化的等离子体。磁探针输出信号较弱，要避免干扰，最好采取静电屏蔽措施。对于电流和磁场强度恒定的或变化很缓慢的情况，可用旋转式磁探针进行测量。

电导率探针由磁场线圈和探测线圈组成。它利用磁场和等离子体相互作用原理来确定等离子体的电导率。电导率探针有电导率计和射频电导率探针等类型。对于电导率计，当高速运动的等离子体切割其磁场线圈磁力线时，便产生感应电流，进而感生出电动势。在已知等离子体运动速度的情况下，测量探测线圈中的感应端电压，可得到等离子体电导率。射频电导率探针是把磁场线圈和探测线圈合成一个。它利用振荡器产生高频振荡，并传输到等离子体中感应出涡流，涡流又影响线圈的阻抗。测量线圈的品质因数或谐振频率的变化，即可确定等离子体的高频电导率。

3.3.2 微波诊断

微波诊断是利用微波与等离子体相互作用的原理，来测量等离子体的各个参量。微波在等离子体中传播时，会发生吸收、相移、反射、折射、散射等过程。相应的衰减量、相移量和反射量可由实验测定，其与等离子体电子密度、碰撞频率等参量存在物理关系。微波法不干扰被测等离子体，但是空间响应较差，动态范围较小。微波诊断分为空腔法和自由传播法两种。

空腔法是采用微波谐振腔来实现的。当微波穿过封闭于腔内的等离子体中时，等离子体的特性会影响谐振腔的状态，例如品质因数 Q 值下降、谐振频率移动等。通过扰动分析等方法可得知谐振腔 Q 值变化、频移与等离子体参量之间的关系。由此可以测出等离子体的电导率、电子密度和碰撞频率等参量。如果等离子体的电子密度过高、体积过大，则此法不适用。

自由传播法采用微波干涉仪实现。由于采用相移法进行测量，特别适宜观测瞬变等离子体。同时，也可测定传输信号的衰减量。在微波干涉仪中，微波信号分成两路：一路通过等离子体，当测量路径中的等离子体参量发生变化时，此路信号的相位便发生变化；另一路为参考路径，其相移固定不变。两路信号叠加混合发生干涉，干涉后的信息由检测器等器件检测。自由传播法可给出电子密度、碰撞频率及这些参量的剖面分布的信息。

3.3.3 激光诊断

激光可以用来作为光源、激发源或探测器，诊断等离子体参量。激光诊断具有干扰小、空间时间分辨率高、可诊断等离子体电子密度范围宽($10^{10}\sim10^{19}\,\mathrm{cm}^{-3}$)、温度范围大($10^4\sim10^6\,\mathrm{K}$)等优点。对于非热平衡等离子体的诊断，它优于光谱等诊断方法。因此，激光诊断是等离子体诊断的主要手段之一。激光诊断法主要包括以下几种。

1. 激光干涉法

激光具有功率大、亮度高、单色性好、方向性强和偏振度好等优点，是十分优良的相干光源。激光干涉法可直接测量等离子体的折射率，并确定等离子体的密度和温度等参量。常用的激光干涉法如下：

(1) 标准干涉法，又称双光束干涉法。采用马赫-曾德尔干涉仪，将一束激光分成两束相干光，然后再使其汇合；由于它们经过的光程不同，会产生相位差，形成干涉条纹，称为背景条纹。当其中一束光通过待测的等离子体时，其光程通过等离子体折射率，会产生附加的光程差，使干涉条纹发生变动。把干涉条纹和背景条纹进行比较，读出条纹移动数目，就能确定等离子体的折射率。根据等离子体折射率同电子密度的关系，计算出等离子体的平均电子密度。这种方法能诊断的等离子体电子密度下限约为 $10^{14}cm^{-3}$。

(2) 耦合腔干涉法，又称三镜片干涉法。采用激光干涉仪，在干涉仪的参考谐振腔中置入待测的等离子体。激光透射到参考腔并通过等离子体，等离子体折射率变化时，激光器的输出强度将被调制。光两次通过参考谐振腔，等离子体中的光程每改变二分之一波长就会使激光输出强度发生一个条纹的变化。这种干涉仪能测定等离子体电子密度及其随时间的变化，尤其适用于脉冲放电等离子体的诊断。耦合腔干涉法可测量的电子密度下限通常约为 $10^{13}cm^{-3}$，经改进后可达 $10^{11}cm^{-3}$。

(3) 差拍干涉法。将待测等离子体放入激光器的谐振腔内，等离子体密度的变化引起光程的变化，谐振腔的振荡模式也发生相应的变化，从而又引起激光器输出频率的变化。用差拍技术或外差方法测定这种微小的频率变化，就能确定等离子体的电子密度。此法仅适用于测量慢变化或稳态的等离子体，并要求激光系统十分稳定。此法可测量的电子密度范围为 $10^{10}\sim10^{14}cm^{-3}$。

(4) 双波长干涉法。采用两束不同波长的激光同时通过待测等离子体，产生两组不同波长的干涉条纹，可同时测定等离子体中电子和原子两种组分的密度。单波长干涉法只考虑电子而忽略离子、原子等重粒子对等离子体折射率的影响。如果要更准确地测定电子密度和原子密度，则需采用双波长干涉法。

2. 激光散射法

激光散射法可用来测定等离子体的电子温度、密度、离子温度及其空间、时间分布。激光散射法在不扰动等离子体的情况下，测定等离子体的局部参量，空间分辨率可达到 0.5mm 以下，时间分辨率可以达到几十纳秒。常用的方法如下：

(1) 汤姆逊散射法。强激光通过等离子体时，如果散射波长远小于德拜长度，则激光散射受单个电子无规热运动的影响，而不受电子和离子整体运动的影响，因此，散射谱能反映电子的运动效应。根据实验测出的散射谱的半宽度，就能求出等离子体的电子温度。

(2) 集合散射法。强激光通过等离子体时，如果散射光的波长远大于德拜长度，则激光散射主要受电子和离子整体运动的影响，散射谱就能反映离子运动效应。由此，根据实验测出的离子成分谱，可估算离子温度。由于散射截面十分微小，而且散射信号强度低，为能测出散射信号且减少统计误差，需用大功率巨脉冲激光器作光源，用灵敏度高、信噪比大、时间响应快的光探测器作接收器。

(3) 喇曼散射法。强激光通过等离子体时，部分散射光的频率会发生变化，出现频率为 $\gamma \pm \Delta\gamma$ 的谱线。频移 $\Delta\gamma$ 对应于气体或等离子体中的分子、原子系统的振动能量和转动能量，由此可以获得原子、分子的振动温度、转动温度、密度和能级分布等。喇曼散射光谱强度十分微弱，用一般光源难以观测，直到激光器出现后，喇曼散射法才迅速发展起来。

除此之外，还有 X 射线法、粒子诊断、高速摄像等其他诊断等离子体的方法。不同诊断方法具有不同的使用场合，可以根据等离子体诊断的要求选用。

3.4 焊接电弧等离子体光谱测控的理论和方法[19, 29,30]

焊接电弧的电信号、声信号、光强信号等，在许多情况下并不能满足焊接自动控制的要求。例如，在射流、射滴和细颗粒过渡中，电弧电信号不能得到反映，光强信号也只能在有限的范围内反映(例如在某种条件下的射滴过渡中)，声信号品质不高，难于抗拒周围环境噪声的干扰；在对电弧中有害气体(如 N_2、H_2)的监控中，电信号、声信号、光强信号都无能为力；焊缝自动跟踪以及焊缝成形控制中的焊缝成像，电信号、声信号、光强信号也难于做到等。因此，寻求新的控制信息已成为焊接中的热门课题。

焊接等离子体的辐射是电弧焊的基本物理现象，焊接电弧中包含着丰富的焊接过程信息。近年来，研究者针对其辐射理论和光谱信息展开了大量研究工作，天津大学李俊岳教授及其课题组，基于电弧辐射光谱的基本知识，提出了焊接电弧辐射检测的基本理论和方法[19,29]。

光谱诊断等离子弧物理过程的原理是借助光谱仪将电弧辐射分解为不同波长的光谱，再根据光谱强度与等离子体弧内部温度、粒子浓度和成分等的关系，来诊断等离子体弧内部的物理状态及其过程。光谱信息是对传统光强方法的改进，把等离子体的复合光分解(或称色散)为光谱，然后加以选频，使信息量和信号品质大大提高。电弧光谱信息已成为继电信号后的一种新型信息源。

光谱诊断方法的主要研究对象是电弧等离子体的光辐射，等离子体的辐射是由不同波长(频率)的光谱的谱强度叠加而成的，每个波长(频率)的谱强度变化分量可看作是某一维子向量，这些作为子向量的频率分量中含有反映电弧某一特征的特征向量。因此，根据选取的不同频率的分量，就构成了其频率的多维向量。

如果对其进行分析，就可以获得高品质的光谱信号。光谱测控方法具有诸多优点。

(1) 信息量丰富。光谱是从光辐射电磁波分解出来的，每种元素均有其特定波长的特征谱线分布，而且其特征谱线数量还不止一根。研究表明：电弧光谱强度能反映出焊接电弧热力学系统的全部状态参量。总之，光谱不仅能反映被检测的物质种类，更包含有电弧内部各物理参量的信息。

(2) 灵敏度高、选择性好。元素的谱线是原子或离子的外层电子在能级之间跃迁时发出的，它们在光谱图上具有固定的位置，就算被测粒子的浓度仅为百分之一，仍可被精确地检测出来，具有很高的灵敏度。不同的被测成分可选择其相应的具有不同频率的特征谱线进行检测，因而也具有良好的选择性。

(3) 响应速度快。如果光谱仪采用转换速度快的光电倍增管等元件，其采集速度和响应速度非常高，完全能满足工业控制的要求。即使在全谱测量时，采用CCD列阵，也会得到高达1 000Hz的采集速度，同时满足频域、时域信息的要求。在工业测控系统中，如果采用特征谱段的谱强度信息作为测控信息源，直接采用光电二极管或者光电倍增管转换光电信息，其响应速度会更高。

(4) 无介入性，抗干扰能力强。在测量中对电弧等离子体不产生任何干扰，也不受被测体电场、磁场的影响。

(5) 时空分辨率高。借助各种空间信息采集系统，可获得较高的时间、空间分辨率；而且通过数学变换，得到三维空间的状态分布信息，为光谱信息的具体应用创造了有利条件。

3.4.1 电弧光谱测控的基本理论

天津大学李俊岳教授从光谱学和等离子体物理学出发，提出了电弧光谱测控的基本理论体系。重新分析第2章的内容，对于处于完全热力学平衡(CTE)或局域热力学平衡(LTE)的等离子体，有下列方程成立。

(1) 谱线发射率方程：对某种粒子(如某种元素的原子)从高能级 m 跃迁到低能级 n 时，相应于某一波长的谱线发射率(或称为辐射密度)ε_{mn}为

$$\varepsilon_{mn}=\frac{1}{4\pi}A_{mn}n_m h\nu_{mn}=\frac{1}{4\pi}A_{mn}h\nu_{mn}\frac{g_m}{Z(T)}n_0\exp\left(-\frac{E_m}{KT}\right) \tag{3-38}$$

(2) 玻尔兹曼分布方程：

$$\frac{n_m}{n_0}=\frac{g_m}{Z(T)}\exp\left(-\frac{E_m}{KT}\right) \tag{3-39}$$

(3) 沙哈分布方程：

$$\frac{n_{r+1}n_e}{n_r}=\frac{2Z(T)_{r+1}}{Z(T)_r}\frac{(2\pi m_e KT)^{\frac{3}{2}}}{h^3}\exp\left(-\frac{E_{r+1}}{KT}\right) \tag{3-40}$$

对一次电离，式(3-40)可写成

$$\frac{n_1 n_e}{n_0}=\frac{2Z(T)_1}{Z(T)}\frac{(2\pi m_e KT)^{\frac{3}{2}}}{h^3}\exp\left(-\frac{E_1}{KT}\right) \tag{3-41}$$

(4) 对双原子气体分子的解离反应 $A_2 \Leftrightarrow A+A$，由质量作用定律有解离方程：

$$\frac{n_A^2}{n_{A2}}=\frac{Z_A^2}{Z_{A2}}\left(\frac{2\pi m_A kT}{h^2}\right)^{\frac{3}{2}}\exp\left(-\frac{E_{D,A_2}}{kT}\right) \tag{3-42}$$

(5) 电弧等离子体对外表现为电中性，有准中性方程：

$$n_e = \sum_i n_i^+ + 2\sum_i n_i^{++} + 3\sum_i n_i^{+++} + \cdots \tag{3-43}$$

(6) 等离子体的压力服从状态方程：

$$p = \sum_j n_j KT - \Delta p \tag{3-44}$$

(7) 此外，有谱线斯塔克展宽方程：

$$\Delta\lambda_{1/2}^S = 2.50\times 10^{-13}\alpha_{1/2} n_e^{\frac{2}{3}} \tag{3-45}$$

(8) 谱线多普勒展宽方程：

$$\Delta\lambda_{1/2}^D = \left(\frac{8KT_h \ln 2}{mc^2}\right)^{\frac{1}{2}}\lambda_0 \tag{3-46}$$

(9) 黑体辐射的普朗克方程：

$$e(\lambda,\ T_B)=\frac{2\pi hc^2}{\lambda^5}\frac{1}{\exp\left(\frac{hc}{\lambda kT_B}\right)-1} \tag{3-47}$$

以上方程是从众多的等离子体物理学和光谱学中选取出来的，组成有机的统一体(方程组)，成为焊接电弧光谱信息技术的理论基础。能从它们导出给电弧光谱信息定性的基本观点；能从它们导出电弧光谱信息的基本测控方法；使光谱信息成为可进行定量计算的方法；为感兴趣者提供了一把方便进入电弧光谱信息领域的钥匙，对掌握、推广、应用光谱信息技术有着重要的意义。

上述方程中，式(3-38)～式(3-44)可视为一方程组，它描述了谱线发射率 ε_{mn} 与电弧内各状态参量 n_0、n_i、n_e、n_{A2}、n_m、T 以及 p 之间的关系(方程中其他系数均为原子常数或物理常数，可以查到或计算得到)。在诊断中先测出 ε_{mn}，然后根据上述方程组，求取各个 n 及 T、p 各参数(当 ε_{mn} 测定后，方程组中有各个 n 及 T、p 共7个未知量，而方程数亦为7，因而该方程组可解)。但人们也可做反向思考，把 n、T、p 看作自变量，把 ε_{mn} 看作因变量。那么，由式(3-38)可见，谱线发射率 ε_{mn} 是原子数密度 n_0 和温度 T 的函数，而 n_0 和 T 又通过式(3-39)～式(3-44)与其他各种粒子数密度，即离子数密度 n_i、电子数密度 n_e、分子数密度 n_{A2}、各能级原子数密度 n_m 以及压力 p 有关。由此可见，ε_{mn} 是与电弧这一热力学系统的全部基本状态参量，即浓度 n(各种粒子的数密度)、温度 T 和压力 p 有关，是它们的函数，即 $\varepsilon_{mn}=f(n, T, p)$。自变量 n、T、p 变化，ε_{mn}相应变化。因此，若将谱线发射率 ε_{mn}作为信息利用时，可以看到两点：第一，这一信息反映的是电弧的状态(因为状态是由基本状态参量决定的)，它的变化反映的也就是电弧状态的变化。这是这一信息的内涵(或本质)；第二，这一信息包含了所有状态参量，每一状态参量的变化都会引起它的变化，因此，电弧内的各种状态变化都可通过这一信息得到反映，使光谱信息成为反映电弧过程的最丰富的信息源(按热力学观点，过程是状态随时间的变化)。式(3-45)和式(3-46)从谱线的线形轮廓上反映出关于电弧中电子密度 n_e和重粒子温度 T_h的信息。式(3-47)从黑体辐射能量反映出关于辐射温度 T_B和波长 λ 的信息。这些关系在某些测试中是很有用的。例如，判定水下等离子弧的热力学平衡状态时就是用的斯塔克展宽法(利用式(3-47))。

这是焊接电弧光谱信息测控的理论基础。即电弧光谱信息是电弧状态和状态变化的反映，它是反映电弧过程的最丰富的信息源。这一观点已为后来的各种应用研究所证实，现在已找到许多种有关焊接电弧过程的光谱信息，如连续电流条件下各种熔滴过渡的光谱信息，脉冲 MIG 焊熔滴过渡的光谱信息，弧焊区成像的光谱信息，监控电弧有害气体 N_2、H_2 等的光谱信息，测定水下等离子弧的光谱信息等。以上这些例子已足以说明上述观点的正确，它将继续鼓舞和指导人们去发现其他新的光谱信息，发展新的自动控制法，具有重要的指导意义。

3.4.2 电弧光谱信息的基本测控方法

从 3.4.1 节的基础理论知道，谱线发射率 ε_{mn}携带着焊接电弧的状态和过程的信息，因此，电弧光谱信息测控的基本原理：选定特征谱线(或称信号谱线)，对该谱线的发射率 ε_{mn}进行测定，利用上述方程组和实验条件对测定结果进行计算、分析和判断，判断出电弧内部的状态和过程的变化，将判断结果作为控制信号进行反馈，以调节控制电弧。其计算、分析和判断过程如下。

从式(3-38)可知 ε_{mn}是温度 T 和原子数密度 n_0的二元函数。因此，若同时测得某元素原子的两条谱线的 ε_1和 ε_2，则可求出 T 和该元素的 n_0。对其他元素也可以施以同样的操作，但此时，每一元素只测一条谱线就可以了，但是要注意所测得的各个 ε 必须是同点、同时测出的。然后，再利用沙哈方程、解离方程、准中性方程、状态方程联合求出离子数密度 n_i、电子数密度 n_e、分子数密度 n_{A2}和压力 p。由此，即可对电弧状态进行判定。以上只是判断出状态，是诊断的第一步。更重要的是要找出、发现关于过程和过程变化的信息，为此，还必须用测试仪器跟踪电弧，实时测出 ε 随时间的变化，即测出 $\varepsilon=f(t)$

曲线，根据此曲线的性质和实验条件以及对焊接过程的经验，就可分析、判断电弧过程中发生了何种现象，如有无熔滴过渡，有无短路、断弧，有无有害气体入侵，有无电极的烧损，有无药芯不连续等，由此发现有价值的光谱信息，为反馈控制奠定基础。

综合起来，电弧光谱信息的基本测控方法有下列3种。

方法一：从测定ε_{mn}的频率分布，即从测定$\varepsilon_{mn}=f(\nu)$入手(式中ν为光谱频率)，然后分析这一分布的性质，从中发现所需的光谱信息。例如，由此发现电弧中有害气体H_2的光谱信息。

方法二：从测定ε_{mn}的时间分布，即从测定$\varepsilon_{mn}=f(t)$入手(式中t为时间)，然后分析这一分布的性质，从中发现所需的光谱信息。例如，由此发现焊接熔滴过渡等焊接过程的光谱信息。

方法三：从测定ε_{mn}的空间分布，即从测定$\varepsilon_{mn}=f(x, y, z)$入手(式中$x$，$y$，$z$为电弧中空间点的坐标)，然后分析这一分布的性质，从中发现所需的光谱信息。例如，由此发现摄取熔池图像进行焊缝跟踪的光谱信息。

上述方法即为通过获取等离子体辐射的频域、时域、空域信息，用于焊接过程测控。天津大学电弧物理研究室在此基础上，提出了两种具体的基本测试方法：①以光谱分析仪为基础的测控方法；②以干涉滤光片(窄带滤光片)为基础的测控方法。目前，在其他研究和工业应用中，也以上述两种方法为主。方法一的信息量大，精确度高，但构造复杂，设备体积庞大，价格高，适于实验室研究用。方法二的体积小，结构简单，使用方便，适于在线测控用。

3.4.3 电弧物理光谱诊断系统[30]

3.4.1节和3.4.2节对焊接电弧光谱测控的理论和方法给予了阐述，但采用上述方法在工业应用中，往往存在计算工作量大、影响误差因素多、对使用者的理论要求高等不足。因此，本课题组利用上述基本理论和方法作为光谱诊断基础，进一步开发出可以实现自动诊断电弧等离子体的软硬件系统，为光谱诊断技术在等离子体上的应用提供了极大方便。本课题组采用数字光谱仪采集平台，基于测控理论基础，采用数学算法，开发了电弧光谱诊断系统。该电弧物理诊断系统可以自动读取和计算谱线的峰值、积分强度、半高宽等基本谱线参数，并在此基础上通过软件编程，基于NIST数据，建立焊接电弧中涉及元素的谱线数据库和参数库，通过调用开发的谱线数据库，对谱线进行谱线标定，开展物理计算，得到电子温度、电子密度等。系统支持批量计算，大大提高了效率。图3.13给出了系统的工作原理。可以看出，系统直接调入光谱仪同步采集系统的原始数据，进行谱线筛选、预处理、计算基本参数等，在此基础上完成电子温度和粒子密度的物理诊断。图3.14为谱线筛选和电子温度的物理诊断界面，同时显示原始谱线、筛选结果、计算结果。

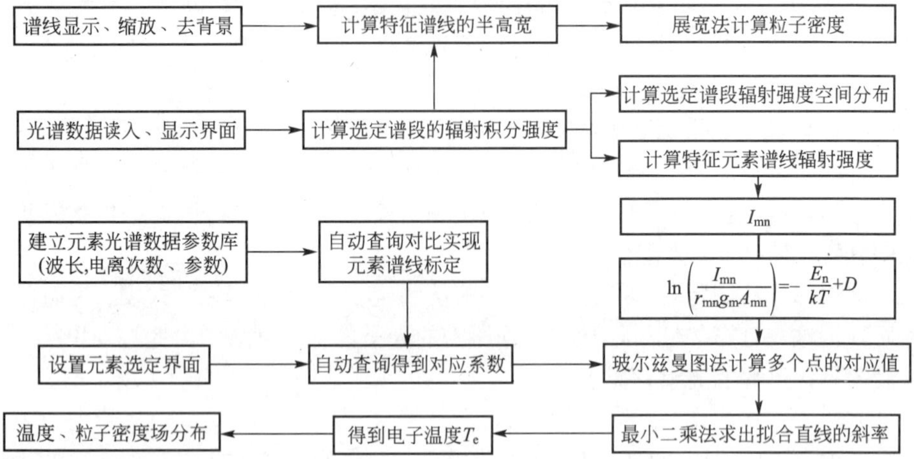

图 3.13　系统的工作原理

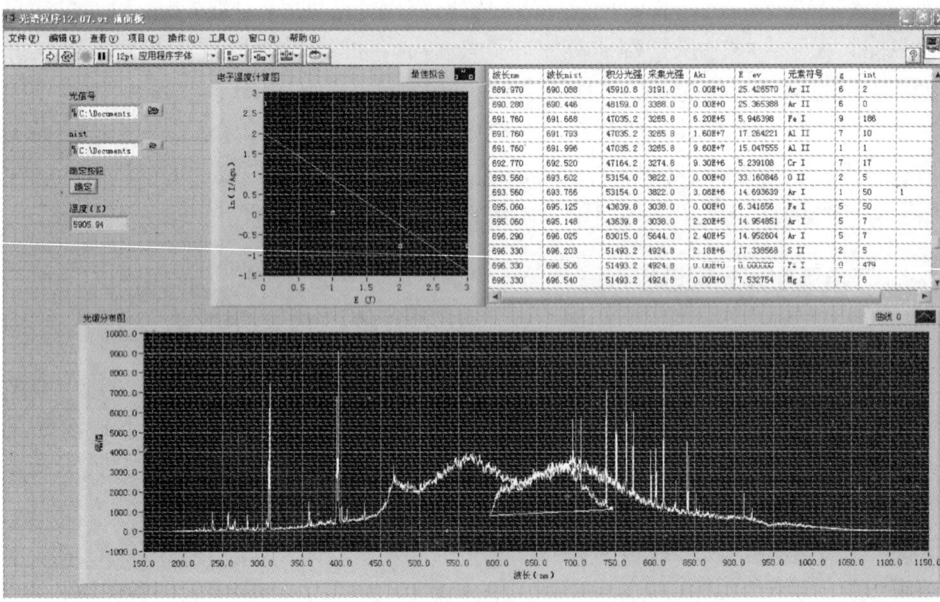

图 3.14　谱线筛选和电子温度的物理诊断界面

第4章 电弧光谱信息传感的方法和手段

在等离子体辐射的光谱分析方法中，获取可靠的光谱信息是首先要解决的问题，在光谱信息的传感过程中，由于研究方法和目的不同，研究者获取光谱信息的手段也不同。如用于在线检测和控制要求时，对响应速度要求比较高，这时仅需要特定谱段的辐射信息，研究者往往采用窄带滤光片匹配光电传感元件，直接获得特定谱段辐射的高速时域信息。但在电弧等离子体的光谱诊断过程中，更多情况下要求获取辐射的完整频域和空域信息，采取的主要手段是光谱仪，这是光谱测控技术应用的理论基础。因此，本章主要介绍电弧光谱获取的方法和手段，以及光谱仪的工作原理、选择和应用过程中的基本问题。

4.1 光谱仪的工作原理及组成

光谱仪是将复色光分离成光谱的光学仪器。光谱仪有多种类型。按照测量波长分，除在可见光波段使用的光谱仪外，还有红外光谱仪和紫外光谱仪。按色散元件的不同可分为棱镜光谱仪、光栅光谱仪和干涉光谱仪等。按探测方法分，有直接用肉眼观察的分光镜，有用感光片记录的摄谱仪，以及用光电或热电元件探测光谱的分光光度计等。有时也采用单色仪通过狭缝输出单色谱线，与其他分析仪器配合使用。目前，光谱仪在工业中的主要用途是进行成分测定。这种光谱仪与简单的采集发射源的光谱仪不同，需要一个激发源（电火花、电弧等离子体、激光等)作用于被测合金，利用激发产生的谱线与仪器内置的谱线库对比，来测定成分(也可手动标定)。这类光谱仪可分为原子发射光谱仪和原子吸收光谱仪。其中的原子发射光谱仪又可根据激发源的不同分为火花直读光谱仪、X射线荧光光谱仪、激光光谱仪等。如果被测物体无法制备成试样，需要将其制成粉剂，加入液体后测定液体试样中的成分[31]。

在焊接电弧等离子体测控中使用的光谱仪，主要用来采集电弧等离子体的发射光谱，光谱的分析工作依靠研究者在后续进行，没有成分分析的元素库和量化定标。了解光谱仪的工作原理对于电弧光谱的研究非常必要，它是正确采集和分析光谱的实验基础。在光谱仪的发展过程中，由于元件和测试技术的不断更新，经历了不同的阶段，具有不同的结构形式。按照结构功能不同，主要包括取光、色散、感光探测等模块。光谱仪一般由入射狭缝、准直镜、色散元件(光栅或棱镜)、聚焦光学系统和探测器等组成。在单色仪中还要加上出射狭缝，让整个光谱中特定谱段辐射照到单象元探测器上。单色仪中的入射和出射狭缝往往位置固定而宽度可调，通过旋转光栅来对整个光谱进行扫描。

当一束复合光线进入光谱仪的入射狭缝时，入射狭缝实际上就是取光通道，对外呈现一定的夹角，光源距离狭缝越远，获取的光源范围越大，反之亦然。通过狭缝获取的光，将由光学准直镜准直成平行光，平行光再通过光栅色散为不同波长的分散光。不同波长的分散光离开光栅时其出射的角度不同，然后再由聚焦光学系统将其成像于出射狭缝，狭缝后端通过探测器感应不同谱段的辐射强度，得到辐射源在不同波长上的光谱。上述组件中，光栅和探测器是两个非常重要的元件。

下面以工业上较多采用的便携式数字光纤光谱仪为例介绍其组成原理。

4.1.1 光纤和狭缝

光纤是光导纤维的简写，是利用光在玻璃或塑料制成的纤维中的全反射原理而制成的，由前香港中文大学校长高锟发明。当光从一种物质射向另一种物质时，在两种物质的交界面处会产生折射和反射。如果此时入射光的角度达到或超过某一角度时，折射光就会消失，入射光被全部反射回来，这就是光的全反射。光纤正是利用光的这种特性，使被传输的光经过多次全反射，而实现光在光纤中的传输。光纤具有频带宽、损耗低、抗干扰能力强的特性，因此在光的传输中具有重要意义。随着光纤制造水平的迅速提高、成本的下降，它已经成为通信、光谱分析等领域重要的光传输手段。采用光纤作为光谱仪的取光系统，可以很方便地搭建由光源、取样附件和光纤光谱仪组成的测量系统，成为一个发展方向。

在光纤式光谱仪中，光纤作为前端取光，将一定范围内被测光源的辐射收集并传输到光谱仪，被传输的光再经过狭缝选光，减少进入色散系统的入光量，获得符合要求的光谱。狭缝实物如图4.1所示，主要起到选择入射光的作用。入射狭缝可限制入射光斑的形状为线状或条状，经过光栅后在探测器上形成线状谱，也就是狭缝在探测器上的成像。另外，狭缝可以限制入射光的强度；狭缝越宽，入射光的总强度越大，信号越强，但在探测器上的成像越宽，造成分辨率较低；相反，狭缝越窄，探测器上的谱线越细，分辨率越高，但是亮度较弱。狭缝还可在一定程度上限制入射角度，去除杂散光。在光纤式数字光谱仪中，狭缝往往内置在光纤后端，实现入光量控制。值得注意的是，直读光谱仪在进行光谱测量时，光纤并不是必备部件，此时往往直接用狭缝取光。

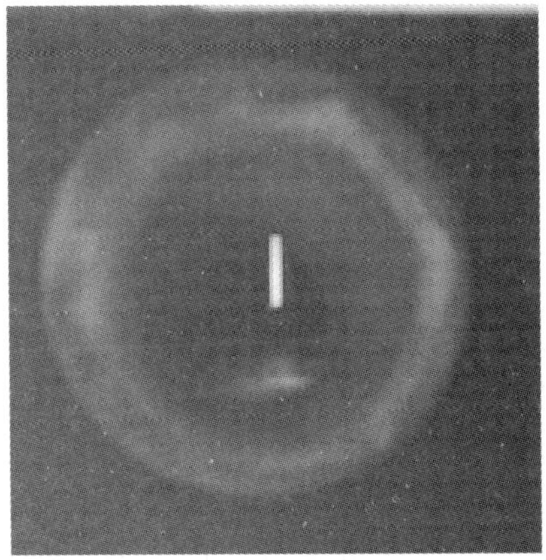

图4.1 狭缝照片

4.1.2 光栅

光的色散(或叫分光)是获得光谱信息的关键环节。对光进行色散的方法主要有光栅和棱镜两种。光栅与棱镜比较具有一系列优点，如光栅不受材料透过率的限制，光栅的分辨率比棱镜高等。因此，目前光谱仪大多采用光栅来实现色散。通过入射狭缝取光后，就需要利用光栅来进行色散。图4.2为普通衍射光栅的实物照片。

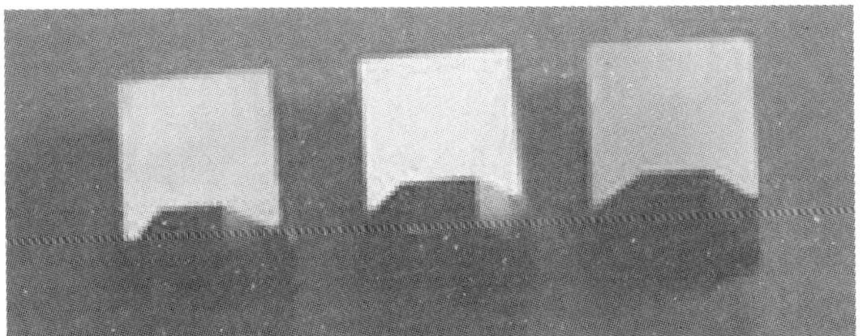

图4.2 普通衍射光栅的实物照片

一般说来，任何具有空间周期性衍屏的光学元件都可以称为光栅。制造光栅的方法有机械刻划、光电刻划、复制方法和全息照相刻划等。刻划光栅是用钻石刻刀在涂有金属的表面上机械刻划而成；复制光栅是用母光栅复制而成。典型刻划光栅和复制光栅的刻槽是三角形的。全息光栅是通过激光产生干涉图像，然后由激光干涉条纹进行光刻而成，全息光栅光谱范围广，杂散光低，可做到高光谱分辨率。光栅可以覆盖的波长范围取决于光栅的种类与起始波长(starting wavelength)。其中，衍射光栅的特性是对波长较长的光的色散效果比较大，因此，波长范围会随着起始波长的增大而减小。

如图 4.3 所示，光栅还可以按照光的衍射方式，分为透射式和反射式两种，其基本原理是一样的，都是利用光衍射产生的条纹来获得光谱信息的。但透射式光栅是利用透过光栅刻痕的光之间的衍射来达到分光目的的；反射式光栅则是利用反射槽反射出来的光之间的衍射来达到分光目的的。图 4.4 给出了反射式光栅得到光谱信息的工作原理。平行刻槽的间隔尺寸与波长相当，光栅表面涂有高反射率金属膜；光栅沟槽表面反射的光产生衍射和干涉。由于光的衍射作用，经过各个刻痕反射出来的光，沿不同方向衍射出去，每个刻槽衍射的光彼此间互相干涉，波长不同的光干涉的极大值出现的方向不同。对某波长，在大多数方向消失，只在一定的有限方向出现，这些方向确定了衍射级次，经过色散后形成光谱。这里，不对光栅每个刻槽的衍射和各刻槽之间多光束的干涉做详细的讨论，只给出光栅衍射后波长和衍射角的关系。

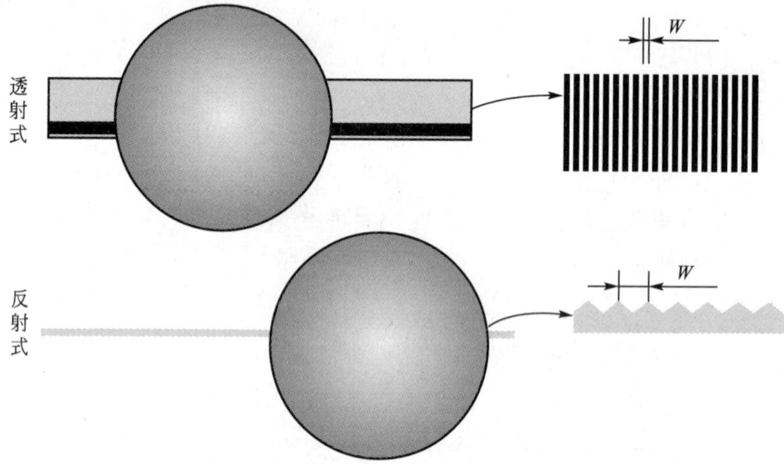

图 4.3　按照衍射方式进行光栅的分类

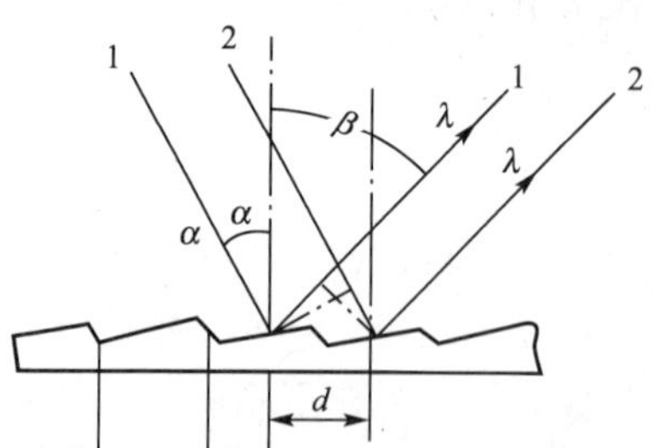

图 4.4　反射式光栅衍射原理图

$$d(\sin\alpha \pm \sin\beta) = m\lambda \quad (m\ 为正整数) \qquad (4-1)$$

式中，d 为相邻两刻线间的距离，称为光栅常数；α 为入射角，即入射光束和光栅法线夹角；β 为衍射角，即衍射光束和光栅法线夹角；如 α 与 β 在光栅法线同一侧时，式中取“+”号；如 α 与 β 在光栅法线异侧时，式中取“−”号；λ 为衍射光的波长；m 为干涉级或称光栅级次。

选择光栅主要考虑因素有闪耀波长、刻槽密度、光栅效率等。光栅分光后，同时产生多级光谱，这就使得光栅分光时能量分配分散。每级光谱能量很弱，尤其是零级光谱占去很大部分，但它是不产生色散的，无法利用来得到光谱。实际上，光栅刻槽的微观形状决定了每一级光谱中间的能量分配，在反射光栅中，可以控制刻槽平面和光栅平面之间的夹角，使每个刻槽平面就像一面镜子把光能高度集中到一个方向去，这种方法叫闪耀。我们定义这个衍射方向的波长为闪耀波长。因此，闪耀波长为光栅最大衍射效率点。选择光栅时应尽量选择闪耀波长在实际需要波长附近，这样才能得到最好的衍射强度。光栅效率是指衍射到给定级次的单色光与入射的单色光之间的比值，光栅效率愈高，信号损失愈小。为提高此效率，除提高光栅制作工艺外，还往往采用特殊镀膜来提高其反射效率。

光栅的分辨本领指的是它能分开相邻谱线的能力，称为分辨率，如图 4.5 所示。光栅刻槽密度直接关系到光谱分辨率，刻线多光谱分辨率高，刻线少光谱覆盖范围宽，可以根据需要在实验时灵活选择。当然，光栅分辨本领还同它的角色散率有关。但这并不是一回事，两者有不同的概念。如果波长 $\lambda+\Delta\lambda$ 的谱线刚好能与波长 λ 谱线分开，在这个光谱区域的分辨本领的定义用 $R=\lambda/\mathrm{d}\lambda$ 来表示，称之为理论分辨率。

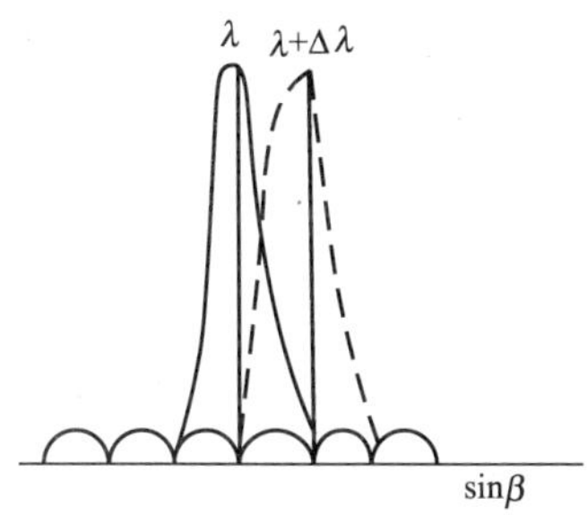

图 4.5 光栅的分辨率

分辨率可分为理论分辨率及实际分辨率。理论分辨率比实际分辨率大。理论分辨率的数值等于 $m\cdot N$。其中 m 为光栅级次，N 为光栅的总线槽数。光栅的总线槽数等于光栅的有效长度 L(mm)和线槽密度 n(线/mm)的乘积，可写为

$$R_{理论}=m\cdot N=m\cdot L\cdot n \tag{4-2}$$

由此可知，影响理论分辨率的因素是光栅级次、光栅有效长度、光栅的线槽密度以及光的入射角和衍射角。理论分辨率随这些因素增大而增大。

实际分辨率还要考虑到其他因素，例如光学系统的象散，仪器狭缝的实际宽度及色散能力，接收器的分辨能力等，因此 $R_{实际}$ 要比 $R_{理论}$ 小。实际分辨率的表示方法，可选择谱线组中相距最近的两条谱线的平均波长 λ 与其波长差 $\Delta\lambda$ 之比来表示。关于分辨率的问题我们还将在 4.2.2 节中如何选择光谱仪时进一步讨论。

4.1.3 探测器

最早的光谱仪中的探测器实际上是由感光胶片来完成的，然后再根据不同光谱位置的感光强度(明暗程度)，转换为光谱强度信息，因此又被称为摄谱仪。随着现代电子技术的发展，各种新型的电子感光元件，由于具有响应速度快、灵敏

度高的优点，逐渐取代感光胶片，在光谱信息测量中得到广泛应用。

较早的光谱仪探测器是单个感光元件，需要移动光栅来进行传感得到光谱信息。在用于测定样品化学成分的直读光谱仪中，光电倍增管是最主要的光电传感元件，它具有响应速度快、灵敏度高的优点。光电倍增管基于电子二次发射原理，它的积分灵敏度比光电管大很多，减小了放大器的线路。但光电倍增管对电压的要求比较高，在某种程度上限制了其应用。其工作原理如图 4.6 所示。

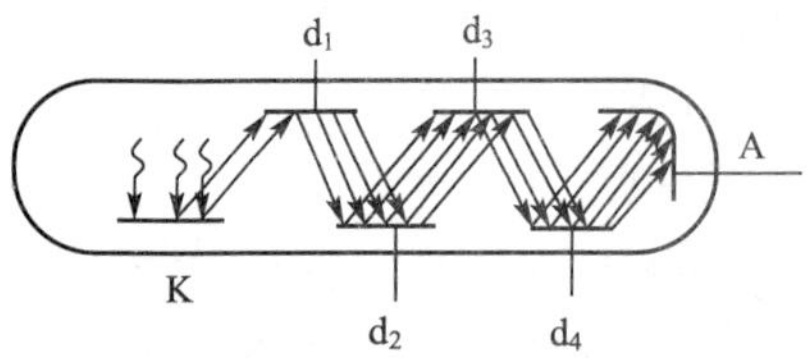

图 4.6　光电倍增管工作原理

射入光阴极 K 上的光束，促使电子由光阴极发出，轰击发射极 d_1，d_2，d_3，…直至集电极 A 发射出光电流 I_o，各个发射极受到电子轰击以后，放出更多的电子且继续轰击下一个发射极，发射极之间存在着一定的电压。光电倍增管的供电电压的稳定性对它的放大系数影响很大，电源电压变化 1%，则放电系数变化 n%，n 为光电倍增管的极数，即发射极的数量。为此，对直读光谱而言，电源稳定性是非常重要的。光电倍增管主要质量指标是放大倍数。包括放大系数的直线性、工作稳定性、结构尺寸等，光谱仪中的光电倍增管要求外形尺寸要小。可缩小整个光电光谱仪的体积。

除了光电倍增管外，还有光电二极管、光敏电阻、CCD、CMOS 等多种形式的感光元件。现代光谱仪中的探测器实际上是由各种光电传感器件集成的，入射到光谱仪中的光信号能量，要经过入射光纤或狭缝、光学镜片、光栅等，因此，入射光信号能量与照射到探测器各象元上的光能量之间的关系，取决于光谱仪前端光学平台的结构设计，主要影响因素有光栅的效率、入射光纤或狭缝的尺寸、光学镜片的性能、是否使用灵敏度增强透镜等。对于一个给定配置的光谱仪，能够测量六七十个级次的光辐射。根据集成式探测器种类不同，可以分为 CMOS、CCD、光电二极管等组成的多象元传感器。

在 20 世纪 90 年代，微电子领域中的多象元光学探测器迅猛发展，产生了 CCD 阵列、光电二极管阵列、CMOS 线性传感器等集成传感器。阵列式探测器如图 4.7 所示，可以对整个光谱进行快速扫描而不必移动光栅。

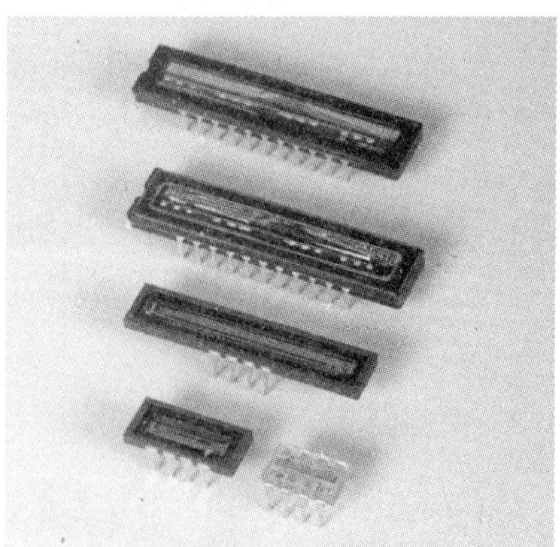

图 4.7　阵列式探测器

CCD 探测器的优点是象元数多、灵敏度高、响应速度快；缺点是信噪比低。

组成CCD阵列的各象元探测器中储存着电荷，当光子照射到其光敏面时电荷就会被释放。照射到该象元上的单位辐射度产生的电信号，被定义为探测器象元在某一特定波长的灵敏度。然后，再经过A/D转换卡，将模拟电信号转换为数字信号，实现光谱辐射强度的探测。这时也可定义其灵敏度为每毫焦耳入射光能量所产生的记数值。当然这里的辐射强度是相对辐射强度，对于绝对辐射强度的测量，还需进行定标实验。由于探测器具有自然积分的特性，具有非常大的动态范围，只受暗电流和A/D转换卡数据处理速度的限制。

光电二极管阵列是由多个二极管单元(像素)组成的线性阵列。当信号光照射到光电二极管上时，电子就会被激发并输出电信号。大部分光电二极管阵列都包括读出/积分放大器一体式的集成化信号处理电路。光电二极管的优点是在近红外区灵敏度高、响应速度快；缺点是象元数较少，在紫外波段没有响应。

CMOS线性成像传感器比CCD阵列传感器具有较低的电荷-电压转换效率，因此光灵敏度较低，但CMOS的内部电路中有钳位电路，可把噪声抑制到一个很低的水平，具有较高的信噪比。CMOS探测器的优点是信噪比高、紫外波段灵敏度高；缺点是读出速率低、灵敏度低、成本相对较高。

各种光电探测器在应用过程中，对不同波长光的电转换效应不同，往往需要采用一些特殊处理，采用镀膜来提高光电响应。如，采用未镀膜的CCD探测器，对波长小于350nm的光信号的响应很低；采用DUV镀膜可以增强探测器在150～350nm的响应，UV镀膜则可增强探测器在200～350nm的响应。在可见光范围内，UV镀膜的整体效率要高于DUV镀膜(图4.8)。DUV镀膜的弛豫时间很短(纳秒量级)，非常适合于微弱信号的快速传感，如激光感生荧光光谱的快触发上的应用。而UV镀膜弛豫时间要长得多(几百微秒)，在快响应场合使用受限。

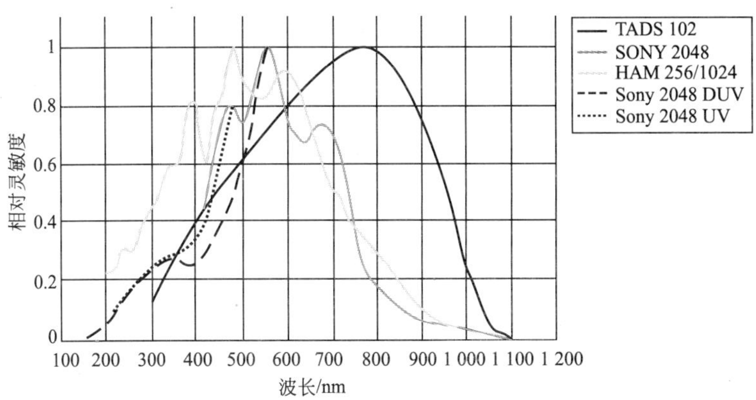

图4.8 探测器光谱灵敏度曲线

除了线性阵列探测器外，一些高端的光谱仪还采用了面阵探测器。采用面阵探测器，相较于线阵式光谱仪而言，面阵探测器的每个像素由多个探测器探测到的光累加平均得到的，具有更好的信噪比和更高的光学灵敏度，特别适合于在紫外区(200～350nm)和近红外区(900～1 160nm)等需要较高量子效率的应用领域。但是成本比线阵式探测器较高[32]。

4.2 光谱仪的选择

对于数字光谱仪而言，光谱学测量得到的是由光电转换后，不同波长位置对应的多个离散点的辐射强度值，如果以波长和强度分别为坐标，就构成了谱线的分布曲线，每个点的横坐标(X 轴)是波长，纵坐标(Y 轴)是在这个波长处的强度。因此，对于光谱仪而言，其性能评价主要包括可测量的波长范围，也就是在 X 轴上的可以测量的范围；波长分辨率，即在 X 轴上可以分辨到的最小信号变化；噪声等效功率和动态范围，它反映在 Y 轴上可以测量的辐射强度的范围和干扰；灵敏度与信噪比为在 Y 轴上可以分辨到信号变化的程度；杂散光与稳定性体现了信号的测量是否可靠以及是否可重现；采样速度和时序精度反映了可以采集完整的光谱数量以及精确确定采集光谱对应的时刻。

因此，光谱仪的选择需要从应用需要出发，其中波长范围、分辨率(精度)、灵敏度、采集速度、价格是几个主要因素。

4.2.1 波长范围

波长范围是光谱仪所能测量的波长区间。最常见的光纤光谱仪的波长范围是400～1 100nm，可探测可见光和部分近红外的光。使用新型探测器，可使波长范围拓展至 200～2 500nm，即覆盖紫外、可见和近红外波段。光栅的类型以及探测器的类型会影响波长范围。一般来说，宽的波长范围意味着低的波长分辨率，所以用户需要在波长范围和波长分辨率两个参数间做权衡。因此，与波长范围选择密切相关的两个参数是带宽和波长精度。如果同时需要宽的波长范围和高的波长分辨率，则需要组合使用多个光谱仪通道(多通道光谱仪)。

带宽是忽略光学像差、衍射、扫描方法、探测器像素宽度、狭缝高度和照明均匀性等，在给定波长，从光谱仪输出的波长宽度。它是倒线色散和狭缝宽度的乘积。例如，单色仪狭缝为 0.2mm，光栅倒线色散为 2.7nm/mm，则带宽为 $2.7\times0.2=0.54$nm。

波长精度是光谱仪确定波长的刻度等级，单位为 nm。通常波长精度随波长变化而变化。波长重复性是光谱仪设定一个波长后，改变设定，再返回原波长的能力。这体现了波长驱动机械和整个仪器的稳定性。

上述参数都是我们在配置光谱仪时需要考虑的波长因素。在具体为一台光谱仪系统选择最优化配置时，根据波长范围，来决定光谱仪相应的光栅型号非常重要。光栅的刻线数决定了所能测量的波长范围，波长范围取决于光栅的起始波长和光栅线对数。波长越长则色散效应越大，可选择的波长范围越小。目前一些光谱仪厂家的光纤光谱仪的光栅可由用户选定，选择时需要用户说明要使用的波长范围。光栅的可用光谱范围大于照射到探测器上的光谱范围，这是为了覆盖更宽的光谱范围，可选择具有不同光栅的双光路或多光路光谱仪。

如果光栅能够满足所要测量的波长的范围，则在选择探测器时也要考虑波长的影响。探测器型号不同，决定了在对应波长上对光谱信号强度的响应不同。各种探测器具有不同的灵敏度特性曲线。例如，对于紫外波段的光谱测量，为了提高探测器的响应，并防止其在传播过程中的衰减(短波长辐射衰减更大)，可选用CMOS探测器或者(深)紫外增强型CCD探测器。

4.2.2 光学分辨率

光谱仪的光学分辨率定义为其可以分开或者辨识的最小波长差。也就是说，光谱仪能够分辨两个足够接近谱线的能力。通常用分辨率 R 来表征分开两条临近谱线能力的度量，根据瑞利判据，R 值可由式(4-3)表示为

$$R=\lambda/\Delta\lambda \tag{4-3}$$

谱线的半高宽(FWHM)是光谱仪测量谱线的重要参数，半高宽的定义如图4.9所示，是指线谱强度达到最大值一半时，谱线在对应位置的展宽宽度。要把两条谱线分开，至少要把它们分别成像到探测器的两个相临象元上，保证其在物理上能够区分开。实际上，分辨率主要依赖于光栅的分辨本领、系统的有效焦长、设定的狭缝宽度、系统的光学像差以及其他参数等，有式(4-4)存在：

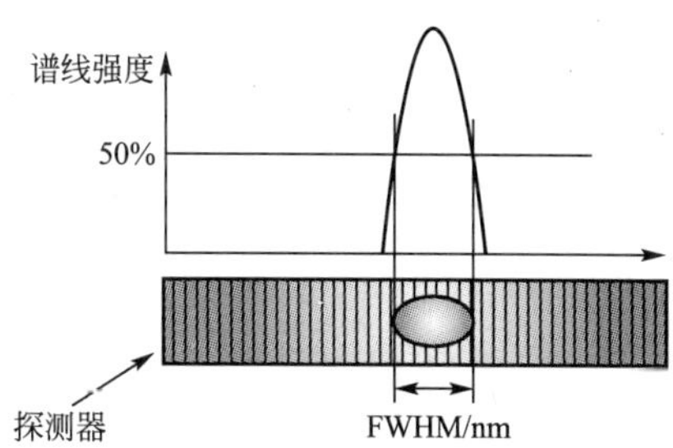

图4.9 线谱的半高宽度

$$R\propto M\cdot F/W \tag{4-4}$$

式中，M 为光栅线数；F 为谱仪焦距；W 为狭缝宽度。

下面，分别讨论以下各参数对光学分辨率的影响。

(1) 光栅决定了不同波长上光的色散能力，也就决定了其在探测器上可分开的程度，所以它对光谱仪的分辨率来说是一个非常重要的元件。光谱仪的倒线色散可通过式(4-5)计算得到，沿单色仪的焦平面改变距离 χ 引起波长 λ 的变

化，即

$$\Delta\lambda/\Delta\chi = d\cos\beta/nF \tag{4-5}$$

这里 d、β、F 分别是光栅刻槽的间距、衍射角和系统的有效焦距，n 为衍射级次。由式(4－5)可知，倒线色散不是常数，它随波长变化。在所用波长范围内，变化可能超过两倍。根据国家标准，在样本中，用 1 200l/mm 光栅色散的中间值(典型的为 435.8nm)时的倒线色散。光栅的线对数越高，色散效应随波长变化就会越显著，波长越长色散效应越大，因此在最长波长处会得到最高分辨率。

(2) 狭缝决定入光量，它的宽度决定进入到光谱仪的光束宽度。在特定波长处，如果狭缝过宽、入光量大，其成像到探测器阵列上时会覆盖几个象元，这时就会造成光学分辨率不够。如果要分开两条光谱线，就必须把它们色散到这个像尺寸处再增加象元。狭缝的尺寸有不同规格，可以根据使用需要选择。当入射光纤的芯径大于狭缝的宽度时，分辨率就要由狭缝的宽度(有效宽度)来决定。因此，固定入射狭缝宽度或入射光纤芯径是决定光谱仪光学分辨率的主要因素之一。

如果需要高光学分辨率，建议首先要选择窄狭缝、高线对数的光栅和高精度 CCD 探测器。如果检测时既需要较宽波长范围，又需要高分辨率，则多通道光谱仪是最佳的选择。多通道光谱仪，实际上是通过光纤取同点的光辐射，再通过“Y”字型或多通道光纤，将同点(理论上)的辐射信息传输到多个光谱通道，每个通道具有完整的光栅、探测器等光谱系统，不同通道只对对应谱段的光谱信息进行采集，这样就可以得到既需要较宽波长范围，又需要高分辨率的光谱。图 4.10给出了不同分辨率情况下对谱线的检出程度。如图 4.10 所示，当采用 1nm 的分辨率时，无法检出相邻的两根谱线，而采用 0.01nm 的分辨率，则可以很好检出谱线。对于数字光谱仪而言，其波长分辨率通过理想线状光谱的弥散而量化。具体地说，是通过测量线宽接近于 0 的线状光谱的实测半高全宽(FWHM，单位是 nm，参见图 4.9)来计算波长分辨率。例如，对于原子发射光

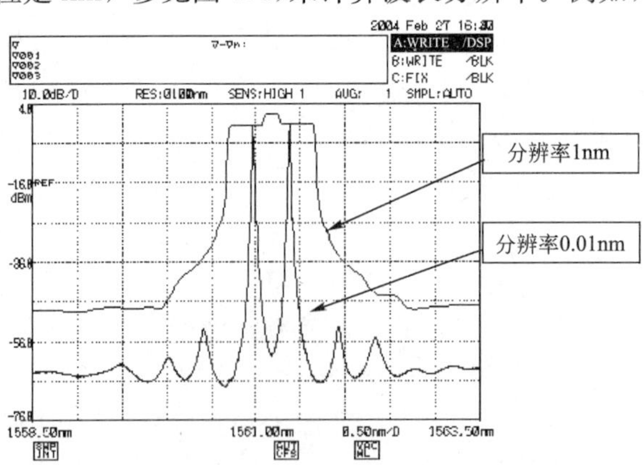

图 4.10 不同分辨率情况下对谱线的检出程度

谱真实线宽小于0.01nm的线谱，而实测半高全宽约为0.5nm，就认为光谱仪在这个波长处的波长分辨率约为0.5nm。

探测器也是影响光学分辨率的因素。目前大部分光谱仪使用的探测器为线阵的探测器，面阵探测器可以得到某个面上各点的辐射信息，在光谱仪上采用的较少，大多用于图像处理中，如数码相机等的感光元件。但一些精度要求高，或者对信号敏感度要求高的光谱仪，也采用面阵传感器。如北京工业大学在研究中采用的面阵探测器，其光谱仪的CCD探测器采用美国Princeton Instrument公司制造的PI-MAX增强型CCD接收器件，另有配套的ST-133光谱探测控制器[33]。CCD像素面阵为1100×330，单元像素尺寸为24pm×24pm。CCD光谱探测器配接在光谱仪出射端口，经过系统调试，影像光谱仪输出光谱影像的焦平面正好与CCD光谱探测器的像素面阵表面重合。该光谱测试系统用于等离子体辐射测量时，光谱数据采集处理速度高。由于采用了固态面阵CCD光谱探测器件，因此一次曝光，面阵CCD的横向像素阵列可以接收一段波长区间的光谱辐射数据，而且结合不同刻痕密度的衍射光栅进行使用，可得到宽谱段低波长分辨率，或者是窄谱段高波长分辨率的光谱，极大地发挥了影像光谱仪的优势。例如，采用1 509/mm光栅时，CCD一次曝光可以得到波长区间约为117nm宽的谱段的光谱辐射信息。这对于宏观了解辐射源的光谱结构、辐射强度分布极为有利，但对波长的分辨率较低，不利于分析谱线的精细结构，采用24 009/mm光栅时，CCD一次曝光可以得到5nm范围内的光谱辐射信息，与1 509/mm光栅相比，波长分辨率大大提高，这对于观测谱线的细致结构、计算谱线的半宽值和中心波长偏移量都非常便利。当采用12 009/mm光栅时，CCD一次可以得到13nm的光谱辐射信息，同时还可保持较高的分辨率。

4.2.3 灵敏度

说起灵敏度，重要的是要区分开是光度学中的灵敏度(光谱仪所能测到的最小信号强度是多少)还是化学计量中的灵敏度(光谱仪能够测量到的最小吸收率差)。光学灵敏度指的是光谱仪能够响应或者测量出的最弱光强，这与探测器本身对光的响应效率有关。光度计量灵敏度往往是在辐射较弱的场合下，为了提高对信号的检出率，需要考虑的问题，这时需要高灵敏度光谱仪。为了提高光度计量灵敏度，需要选择较宽的狭缝(100μm或者更宽)或者不安装狭缝，以提高入光量；对于光栅的选择，要求光色散小以提高灵敏度；对于探测器，往往要选择探测器灵敏度增强透镜，还可使用热电制冷型CCD探测器；采用长积分时间，并降低噪声和提高动态范围。上述方法都可有效地提高在弱光环境下的光度计量灵敏度，需要高信噪比的探测器。CMOS探测器拥有最高的信噪比。在探测器固定的情况下，可以通过增加狭缝宽度、更换低线对数光栅、加入灵敏度增强透镜、延长积分时间等手段来增加进入到探测器的光通量，或通过把多幅光谱图进行平均提高信噪比。在焊接等离子体的测量中，由于信号源具有较强的辐射，光学灵敏度不是主要问题。

化学计量灵敏度指的是光谱仪能够分辨出的最小化学差别，如浓度差别，它不是专门针对弱辐射源而言的，而是指探测辐射中的信号间的微弱差别，这需要探测器具备较好的信噪比，才足以区分幅值接近的谱线，若信噪比欠佳，则两个强度相近的谱线不能很好地区分，意味着化学计量灵敏度较差。

4.2.4 采集速度

采集速度也是光谱仪应用中的一个重要参数，对于快速动态变化的等离子体，我们往往需要了解其随时间变化的光谱特征，这时光谱仪的采集速度就显得很重要。光纤式数字光谱仪通过使用阵列探测器，不采用运动组件，可以高速获取数据。对于采集速度，目前在光纤式数字光谱仪中，主要取决于两个时间，一个是信号的积分采集时间，一个是数据的存储和传输时间。信号的积分采集时间决定于探测器本身的性能和响应速度，由于探测器具有自然积分的特性，因此具有非常大的动态范围，它只受暗电流和 A/D 转换卡数据处理速度的限制，它的速度决定了光谱仪采集速度能够达到的极限速度。目前，对于光纤式数字光谱仪而言，最小的采集积分时间可以达到 1ms 或更小，随着传感器的响应速度提高，这个时间会进一步减小。而数据的存储和传输时间，往往相对较长，成为现实使用中影响光谱仪采集速度的主要原因。对于探测器阵列，在每个采样时间的结尾，都会将所有像素光电转换产生的电荷同时传送到缓冲器中，然后经过 A/D 转换变成相应像素对应的 counts 计数值。如果只需要传输较少的像素，可以通过选择传输到计算机中的像素范围来大大缩短数据传输时间，这个传输时间可以通过软硬件方案进行优化。采集速度对于测试动态变化焊接电弧的瞬时特征具有重要意义，是光谱仪选择的重要指标之一。

当然，除了上述因素之外，价格也是选择光谱仪的一个因素之一，要结合自己感兴趣的研究谱段范围、精度要求、采集速度要求、辐射源的特性等，综合进行选择，放弃不是十分重要的指标，匹配适合研究需要的光谱仪。例如，可以减小谱段范围，在不增加价格的情况下，得到较高分辨率和精度的光谱仪。也可采用多通道匹配，满足更高使用要求。

4.3 光谱仪应用中的问题

经过选择配置后的光谱仪，在使用过程中，还有一些需要注意的具体问题。

如光谱仪的标定、检测的精度和误差控制、具体的检测方式等。

4.3.1 谱线标定的问题

对于光谱仪的标定主要包括两个方面，即谱线位置的标定和谱线强度的标定。如果光谱仪系统是自己开发的，那么实验室的标定就非常必要。如果是已经过厂家标定的光谱仪，在实验现场根据实验条件也往往需要进行再次标定。

谱线位置的标定是最基本的标定工作，也就是要采用标准光源，根据标准光源产生特定线谱的波长位置，来确定辐射谱线在频域上的可靠性。由光谱仪的工作原理可知，光谱仪实际上是将辐射源产生的光进行色散，经色散后的光采用相应的传感器进行传感。在这个过程中，色散的空间位置就非常重要，必须准确地标定。对于标准的光纤式数字光谱仪，尤其是固定式光谱仪而言，一般出厂时都要予以标定，并随设备附有标定资料，如果不是移动或改变了光谱仪中原件的固定位置，不会产生大的问题。使用过程中，如果不是特别的要求，不需要进行标定。但如果有特殊要求，在系列试验开始前，也可以进行实验室标定，防止使用环境因素对设备带来的飘移和误差，标定结果用于对实验光谱数据的修订。对于多通道的光谱仪，在不同通道可能会存在小的误差，此时也需要进行标定，标定结果要保证光谱仪谱线检测精度在最小精度允许范围之内。

标定的方法是针对需要观测的谱线范围，选用适当的标准光源对光谱仪进行标定。标准光源属于冷光源，其特征谱线展宽、中心波长的位移很小，无杂线干扰，信噪比高，便于标定光谱仪。下面，以文献［33］中的标定过程为例，给以具体说明。文中主要观测的谱线包括氢特征谱线和氩特征谱线，因此选用了标准氢灯和氩灯作为标准光源。例如，观测 TIG 电弧中的氢谱线之前，用标准氢灯的 H1656.272nm 来标定，如图 4.11(a)所示。观测氩特征谱线时，根据所观测波段选择氩标准灯的相应谱线来标定，如观测 424～428nm 波段的氩线时，选用氩标准灯的 Ar Ⅰ 425.936nm 线来标定，如图 4.11(b)所示。以 Ar Ⅰ 425.936nm 线为例，其标定方法为理论波长为 425.936nm，实测波长为 426.049nm，则其校正量为 426.049－425.936＝0.113nm。其他谱线的标定方法与此相同。

一般情况下，光谱仪公司会有标准光源供用户选用作为标定依据，可以采用单气体的标准光源，也可以采用两种气体的标准光源，并且将光源集成，可以置入计算机内安装，配有自带标定软件和标准光纤接头，方便与光谱仪连接进行标定。图 4.12 给出了某公司氖灯标准光源的谱线图，采用标准光源不仅可以对谱线的波长位置进行标定，而且其相对强度数据也可以作为强度标定的依据。

关于辐射强度的标定是一个较复杂的问题。在焊接电弧辐射光谱分析过程中，一般不需要获取绝对辐射强度的数值。因此，此时的标定是一个相对辐射强

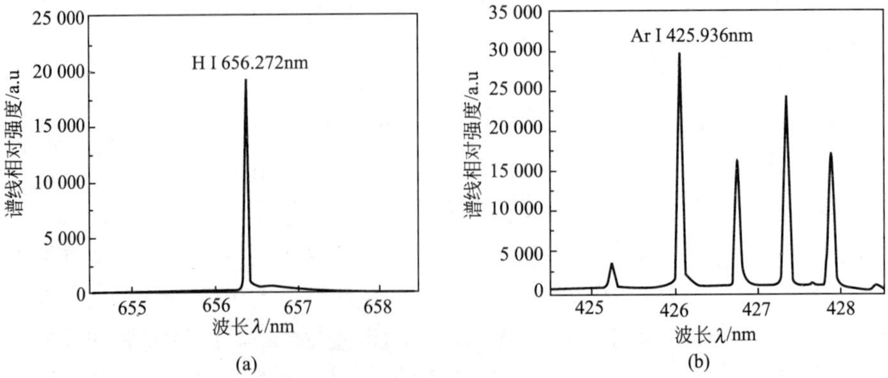

图 4.11　标准光源校正光谱仪

(a) 标准氢灯；(b) 标准氩灯

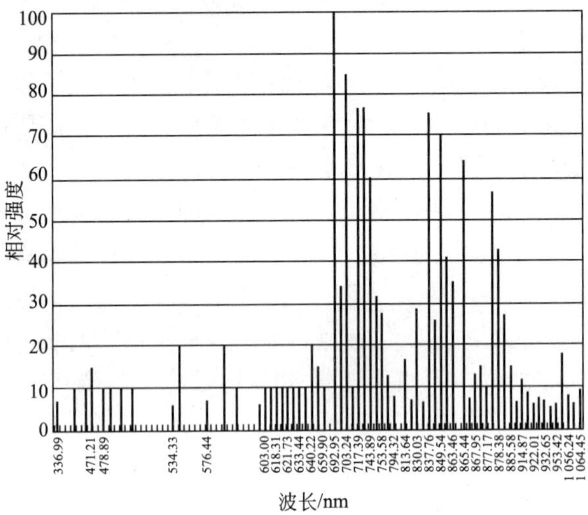

图 4.12　氖灯标准光源的谱线图

度的标定。相对辐射强度的标定也存在一些问题，如，不同谱段的光，其在传播过程中的衰减差别很大，如紫外区的辐射在空气中传播的衰减要比红外辐射大；光谱仪传感元件对不同谱段辐射光的响应不同。上述问题在光谱仪的选择时要提出要求，比如对紫外区的辐射要采取增强。这一点在电子温度计算等物理计算中是很重要的。另外，还需要提一下光谱仪对辐射强度的线性度问题，一般情况下对于工作在饱和区的数据是不能采用的。关于辐射强度的标定可以根据需要采用标准辐射强度光源标定。对于不同的试验条件下，有时要对背景光做一些处理，去除背景光。由于电弧辐射很强，在没有背光等强光的情况下，影响不大，可以采用光谱仪自带的功能采集环境光谱在试验中去掉背景。

4.3.2 光谱测量时的精度和误差

在采用光谱信息进行等离子体诊断的过程中，会由于各种原因带来误差，影响诊断的精度。实际上，等离子体的光谱分析被称为“诊断”而非“测量”，正是由于这种非直接的检测方法会产生比较大的误差，而决非精确的“测量”。光谱诊断误差主要来自两个方面：①光谱数据采集过程中引起的误差；②物理计算过程中产生的误差。数据采集过程中的误差主要与光谱仪使用有关，如光谱仪的精度、谱线轮廓、传感器的响应、模数转换精度等。而物理计算过程中的误差与等离子体状态的判定(是否 LTE)、诊断方法的选择(采用玻尔兹曼图法时，能级的选择)、计算参数的可靠性(跃迁概率等)、自吸收系数的考虑等有关。

1. 光谱采集时引起的误差

由光谱仪标定的要求可知，在进行光谱分析时，谱线的准确识别和合理选取非常重要。尽管光谱仪经过标准光源标定后，精度能够保证使用要求。但由于各方面原因，实测谱线位置和理论谱线位置还有一定的偏差。造成这些偏差的原因有光谱仪校准、偏移和谱线自身变形等。由物理原因造成的谱线位置偏移是无法避免的，但为了提高测量精度，应尽量减少仪器造成的误差，在实验过程中随时校正。宋永伦对光谱诊断过程中误差来源进行了分析[8]，认为辐射量测量环节的误差主要来源于电弧波动、谱线轮廓宽度、模拟量到数字量的转换、标定误差等。

确切来讲，电弧波动引起的误差是由于信号源本身的波动引起的，是真实信号，只有我们将其作为稳定信号源进行分析，不考虑时域特征时，才可将其视为噪声引起的误差。谱线轮廓的宽度与光谱仪本身的精度和分辨率有关，同时与被测量信号源的空间位置有关，例如，电弧中心和边缘处谱线的轮廓存在差别。谱线轮廓的误差在采用展宽法诊断粒子密度等场合非常重要。模拟量到数字量的转化过程的误差取决于 A/D 转换的精度，位数越高，精度越高，但传输速度会减慢。

光谱仪的工作方式也会对误差产生影响。光谱仪 CCD 传感器的热噪声会带来偏差，但一般可以忽略。在前面已经讨论过，光谱仪入口狭缝的宽度决定了信号的强度和分辨率，对谱线的轮廓有比较大的影响。对于弱信号，增加狭缝宽度可以提高信号强度。但当入口狭缝超过一定数值时，谱线的强度不再随入口狭缝的增大而增加。与此同时，由于入射光色散产生谱线的叠加，会造成谱线宽度增加，在相同 CCD 像素的情况下，使分辨率降低。谱线宽度增加带来的直接后果，就是影响 Stark 展宽等利用谱线轮廓法计算的结果。因此，应选取合适的入口狭缝宽度，来保证测得的谱线轮廓的可靠性。

关于光谱仪使用的另一个引起误差的主要问题就是谱线强度的测量。对不同波长的光，CCD 传感器的信号强度响应不同。这就导致谱线真实的强度经过信号传感后产生误差。特别是在采用 Boltzmann 计算等离子体激发温度时，由于谱线波长相差较远而引起测量结果的误差就更为显著。因此，关于谱线强度的标定就很重要。

2. 物理计算中产生的误差

物理计算过程中的误差与等离子体状态的判定(是否 LTE)、诊断方法的选择(采用玻尔兹曼图法时，能级的选择)、计算参数的可靠性(跃迁概率等)、自吸收系数的考虑等有关。等离子体的状态决定了诊断方法的可靠性，只有等离子体处于局域热力学平衡状态或者热力学平衡状态，在第 3 章中介绍的方法才能可靠使用，否则计算的前提条件就不存在。在采用具体的诊断方法时，也要考虑到等离子体的自身状态。如在采用 Stark 展宽计算电子密度时，由于电子密度是随温度变化的慢函数，在计算中忽略温度对电子密度的影响。但如果将其用于激光+TIG 电弧复合焊接中，由于激光的加入，会对等离子体的温度产生较大的影响。这样，就会影响电子密度计算结果的精确性[34]。另外，在进行计算时，往往认为等离子体是处于光学薄状态，不考虑等离子体对辐射的自吸收作用，这在 TIG 电弧等可被认定为光学薄的等离子体的诊断过程中是有效的。对于 MIG 电弧，以及激光与 TIG 复合电弧，要考虑等离子体中粒子密度的变化，以及其引起的吸收效应，重新判定和讨论光学薄的存在条件。

在物理计算过程中，还应该注意到各参数选择对计算结果的影响。如在采用玻尔兹曼图法进行计算时，应尽量选择能级差较大的同类元素线谱，来提高计算准确性。另外，在选择和获取跃迁概率的参数时，其数据的可靠性对计算结果的误差会影响较大。关于谱线和参数的选择，在第 2 章已经介绍，这里重申一下选取可靠强谱线和独立谱线的原则。另外，影响谱线强度的因素还有如下方面。

(1) 谱线强度与激发电位和电离电位的关系是负指数关系。激发电位和电离电位愈高，谱线强度愈小；第一共振线的激发电位低，其强度往往最大。

(2) 跃迁概率与激发态原子的寿命成反比，与谱线强度成正比。

(3) 统计权重与谱线强度成正比。

(4) 温度升高，谱线强度增大；若温度太高，原子电离，离子线强度增加，原子线的强度降低；因此，每条谱线有合适的温度适用范围，在该温度范围内，该谱线的强度才有意义[33,34]。

4.3.3 检测距离、角度、位置的影响

电弧辐射时，其辐射经过传播，进入光谱仪采集之前，会产生衰减、散射、吸收等。衰减和光谱仪与被采集辐射源的距离的平方成反比，距离越长，光辐射在空气中衰减越大。短波长的衰减更严重(尤其是紫外区)。因此，在光谱测量时，一定要保证测量距离，这样才能使结果具有可对比性。另外，焊接过程中，烟尘、等离子体本身都会对辐射造成散射和吸收，前端光学系统造成光辐射的损失，都影响采集结果的准确性。

除此之外，测量角度和位置也是影响光谱采集结果的主要因素。如果光谱仪前端采用光纤导引光，一定要注意光纤的角度和位置，由于光谱仪通过光纤传导光束时，光纤可以传导在一定张开角度内的辐射光谱，不同检测角度和位置，进入光纤的光不同，决定了最终辐射强度。因此，在进行光谱测量时，一般最好有专业的光学平台和定位系统，才能保证结果的可靠性，图4.13为课题组进行光谱测量时采用的光学定位系统。

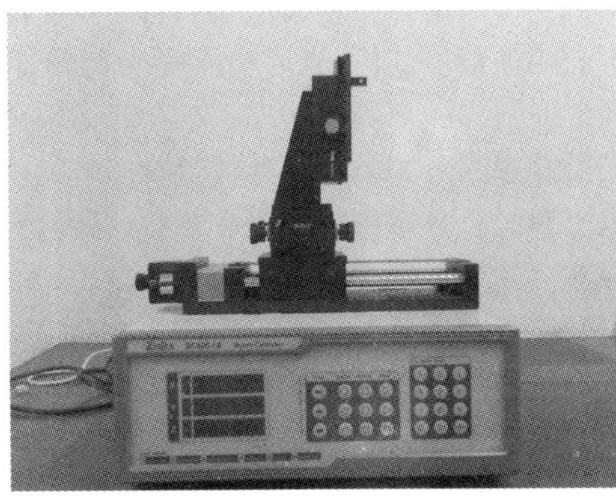

图4.13 光学定位和控制移动装置

在大多数光谱采集中，将等离子体看作一个辐射源来采集。此时获得稳定的辐射就很重要。可以采用透镜来使等离子体的发射光谱均匀、稳定地进入光谱仪狭缝，避免电弧的抖动引起的测量误差，使得光谱信息反映整个等离子体发射光谱的平均结果。对等离子体在空间上取平均辐射的方法，是以研究频域分布为主要目标，忽略了空域和时域信息的不平衡。例如，TIG弧的金属等离子体主要存在于试板表面附近，采用平均检测的方法就会使其在总体辐射中减弱，这就在一定程度上带来了光谱信号的“失真”。

4.3.4 辐射饱和与过弱的问题

在光谱仪使用过程中，还存在辐射饱和与过弱的问题。一般而言，由于焊接过程中电弧等离子具有很强的辐射，如果直接采集其本身的辐射，不会存在过弱的问题，这时候就需要主要考虑饱和的问题。光谱仪的探测器在对等离子体辐射进行响应时，尽量要求其工作在探测器的线性工作区间(或者经过校正工作在线性区间)，但当辐射强度达到探测器所能感应的饱和值时，其通过A/D转化器输出的数字信号也就达到了饱和值，就无法检测线谱辐射的真实强度。因此，在检

测过程中要根据研究感兴趣的谱段，来调整试验条件参数，如光谱积分时间、采集距离、取光路径等，来使其光谱既具有较大强度，又不至于饱和。

在有些情况下，光谱分析方法中，往往不是直接获取光谱信息，而是通过二次成像、狭缝取光等方式；或者在激光焊接中，较弱工艺参数下的小孔上部等离子体的检测中，这些情况下得到的辐射光谱往往较弱，没有很好的信号强度，这时，我们就需要将等离子体视为弱辐射源，通过采用延长积分时间、增加狭缝尺寸提高入光量等方法来增强检测到的光谱信息。

4.3.5 噪声等效功率和动态范围问题

当信号的值与噪声的值相当时，从噪声中分辨信号就会非常困难。一般用与噪声相当的信号的值(光谱辐照度或光谱辐亮度)来表征一个光谱仪所能够测量的最弱的光强。噪声等效功率越小，光谱仪可测量的信号越弱。狭缝的宽度、光栅的类型、探测器的类型等参数都会影响噪声等效功率。因为这些参数也会影响波长范围和波长分辨率，用户需要在这些指标间做出取舍。对探测器制冷有助于减小探测器的热噪声，优化探测器检测弱光的能力。

动态范围描述一个光谱仪所能够测量到的最强的信号与最弱的信号的比值。最强的信号为光谱仪在信号不饱和情况下，所能测量的最大信号值，最弱的信号用上述的噪声等效功率衡量。动态范围主要受制于探测器的类型。传统上，动态范围是影响测量方便性的一个很关键的指标，但目前大部分光纤光谱仪都可以通过调整积分时间的方式等效地扩大动态范围，因此，动态范围一般不会对用户的测量带来困扰。

在光谱仪使用时，还要考虑实际光谱仪与理想光谱仪的区别。实际光谱仪内部存在杂散光等干扰。杂散光会影响信号的准确性，并对测量弱信号带来麻烦。特殊设计的低杂散光光路能够降低光路中的杂散光。另外，光谱仪的光路和探测器都不可避免地随着环境而变化，例如，环境温度的变化会导致光谱仪波长(X轴)的漂移。对光路和探测器做特殊处理能够增强光谱仪的长期稳定性。然而，这些特殊处理会增加光谱仪的硬件成本。这些都是光谱仪选择和使用时需要考虑的问题。

4.4 辐射空域和同步时域信息的采集方法

在上述几节中，主要讨论了关于等离子体光谱采集过程中频域分析中存在的主要问题和方法。这是分析光谱的主要方法和手段。但在很多情况下，还需要了解辐射等离子体的时域和空域信息，这时就需要在光谱仪采集基础上，采用一些相应的方法和手段，获取时域和空域信息。

4.4.1 辐射空域信息的采集方法

获取辐射空域信息的最理想方法是采用尽可能多通道的光谱仪(MDA)，将其布置在空间点位上，实行各空间点同步采集。但上述方法设备昂贵，且多通道光谱仪的通道数量有限，采集点最小位置受光纤头尺寸的限制，所以获取完整的连续空间分布受到很大限制，在实际上并不太可行。因此，研究者提出了不同的采集方法，简单有效地获取空域信息。

1. 成像后狭缝取光法

成像后利用狭缝取光，从而对空间辐射的特定位置的等离子体辐射光谱信息进行采集，实现电弧等离体的空域信息采集，是采用较多的一种方法。如图4.14所示，电弧辐射经过反射镜组和成像透镜组，将电弧的像放大，在成像屏上成像，然后在成像位置，利用狭缝取光，只允许特定空间位置的光经过狭缝进入光谱仪，再依次移动狭缝扫描电弧的像，就可以获得不同位置的光谱信息[35]。

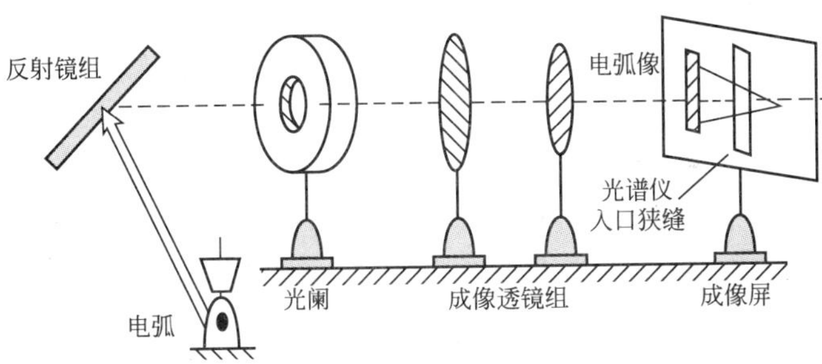

图4.14 光学成像系统结构

图4.15给出了这种光谱采集系统的装置示意图。该系统的光谱采集系统是通过步进电动机，使光电倍增管扫描光栅展开的光谱，获得其光谱信息，与目前采用的阵列式探测器相比，其同步性和采集速度都不足。由图4.15可知，该系统还可以在某种意义上实现电信号和光谱信号的同时采集。

成像后利用狭缝取光法，其优点在于通过光学系统可以获得比原始电弧放大的像，因此可以提高空间分辨率；它的另外一个优点在于，通过光学系统成像，可以使光谱仪在距离电弧较远的位置工作，这样可以有效防护电弧的热辐射和烟尘等对光谱系统带来的危害。这种方法存在的主要不足在于，电弧辐射经过光学系统后，会出现吸收、色散等现象，而这种光损失对于不同的波长是不一样的，因此，最终采集到的光谱信息会与电弧自身辐射的光谱信息存在偏差。

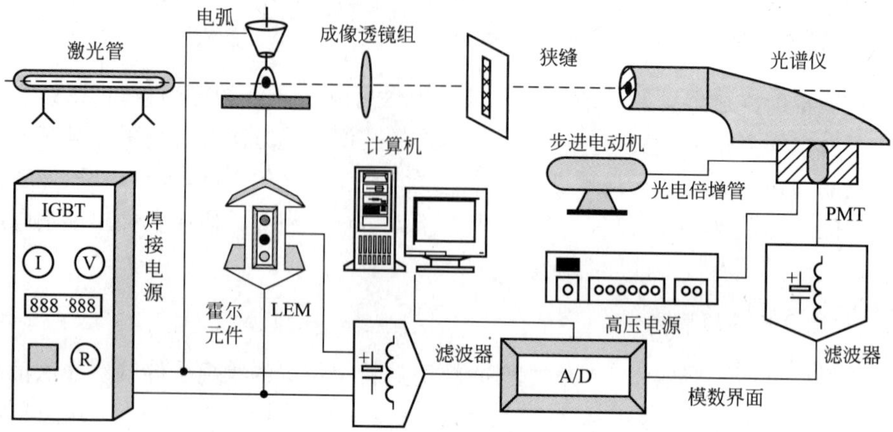

图 4.15　焊接电弧等离子体的通用光谱测量装置

2. 中空探针法

本课题组在实现等离子体辐射空域信息的采集研究中，采用中空探针法进行了等离子体特定点的辐射采集[36]。如图 4.16 所示，中空探针内径为 1.0mm，探针与后部细管长度为 400mm，探针距电弧中心为 80mm；采用荷兰 Advantes 公司的 Avaspec-2048FT-2 光纤式光谱分析仪，分辨率为 0.3nm。中空探针取光原理如图 4.16 所示。中空探针仅允许与探针内径大小基本一致测试点(1 与 1′范围内)的弧光辐射通过，而超出此尺寸的 2 与 2′点，其辐射不会通过取光通道。这种取光方法与传统的狭缝取光相比，空间定位更精确，且前端没有采用光学成像系统，减少了光学系统对辐射造成的损失。通过设定的 X、Y 轴双向调节系统，可调整探针与等离子体的相对位置，实现空间不同点的辐射采集。在试验过程中，探针可以在自动光学位移平台上匀速沿水平方向横向扫描，“经过”电弧等离子体，光谱仪高速连续采集辐射信息，然后通过调节 Y 轴位置，逐层扫描等离子体，获得辐射的空间分布。取光后的定点辐射，通过同点安装的“Y”字型光纤，传输到光谱仪。

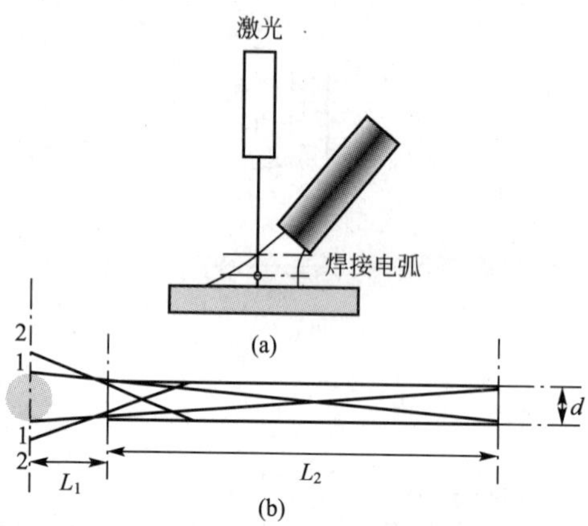

图 4.16　探针法取光原理示意图

采用中空探针横向扫描的方法，在对时域信息没有要求的场合下，降低时间分辨率，便捷、有效、无损失地获取等离子体辐射的空域和频域分布。这种取光方法与传统的成像后再狭缝取光相比，空间定位更精确，不仅有 Y 轴信息，也有 X 轴辐射信息。且前端没有成像系统，减少了光学系统对弧光造成的辐射损失，更接近电弧辐射本质。另外，中空探针仅允许约 1.0mm 范围内的辐射光通过，所以造成的热辐射很小，有效屏蔽了其对光谱仪的影响。而且很好地解决了光谱仪饱和的问题。

4.4.2 光谱时域信息采集及多信息同步时域采集方法

1. 光谱时域信息采集

光谱的时域信息对于光谱的动态变化研究很重要，单纯的光谱时域信息采集目前并不困难。如果我们选择感兴趣的某个谱段，采用光电传感元件，获取这个谱段的辐射强度变化信息，就可提供最简单的时域辐射信息；这种方法已经在焊接质量的在线检测上得到广泛应用。一些光谱仪也可同时采集多个不同谱段的时域信息，这样可以得到焊接过程在不同谱段的时域特征信号。

但上述方法无法提供全谱的时域变化信息，人们往往关心不同时刻光谱在 200～1 100nm 的全谱信息的变化。由此可知，时域信息的采集的关键问题在于：①采集到的光谱信息能够保持各个谱段的同步(也就是各个谱段的信息是同一时刻获得的)；②能够持续高速采集光谱信息。

对于全谱信息各个谱段的同步问题，传统的摄谱仪，由于瞬时曝光，不存在各个谱段的同步问题；而对于光电倍增管，如果采用出射狭缝，利用快速移动的感光元件来采集不同谱段光谱，就存在上述问题。而目前广泛采用的线阵或面阵探测器，各个谱段基本同时曝光，也解决了上述问题。

对于持续高速采集光谱信息的问题，传统的摄谱仪由于拍摄速度的问题，很难满足要求。光电倍增管的响应速度很快，灵敏度也高，但它在瞬时仅能感应特定谱线(谱段)的信息，难以实现全谱的高速连续采集。采用阵列式的探测器，光纤式数字光谱仪就可以实现全谱的时域信息全谱连续高速采集，目前一些小型光纤式数字光谱仪的全谱采集速度已经可以达到 1 000 幅/s。可以通过连续采集全谱信息，得到上述全谱信息随时间的变化。但这种方法存在的缺点主要在于连续采集过程中由于采集时间间隔无法严格确定，很难确定某一全谱信息对应的准确瞬时。

因此，关于光谱时域信息采集，还要解决的一个关键问题是多信息的同步。采集到的光谱，蕴含大量的信息，如何将其与焊接过程某一瞬时对应并分析这些时域信息，实现多信息融合成为难点，只有建立光谱信息与电信号、高速摄像(影)的同步，才能借助这些直观的信息，来对采集到的光谱信息进行可靠的时域分析。下面介绍两种多信息同步获取方法。

2. 多信息同步法1

天津大学在实现脉冲GMAW焊熔滴过渡的研究中，由于要对其控制效果进行验证，开发了熔滴过渡的光谱信号、电信号、高速摄影的同步系统。其多信息同步系统的高速摄影装置如图4.17所示[37]。

图4.17 多信息同步系统的高速摄影装置

由于系统要保证信号间的完全同步，采用了在高速摄像上标记的方法，来匹配各个信号的同步。这样高速摄影胶片图像与计算机所采得的信号在一个同步媒介紧密联系在一起。该媒介必须同时在输送到胶片上和计算机里。采用脉冲打点信号作媒介信号。该系统利用时标信号在高速摄影胶片边沿打下印记，同时该时标信号和电弧的其他信号一道采集在计算机中。通过时标这一媒体，把电弧信息与熔滴过渡图像进行对应，防止胶片速度不稳定等很多因素的影响。

与其他信号同步的实现依靠多通道信号采样系统。一般采用计算机A/D卡。严格来说，由于计算机在某一特定时刻只能进行一路数据采集，多通道采集只是一种交替采集过程，因此，理论上是不能同时多路采集的，但是，如果是采样间隔特别小的高速采集，可以认为是同时采样。

图4.18为多信息同步高速摄影信号波形及其对应关系示意图。图形上部为高速摄影胶片及其所打的时标和同步时标，图形的下部自下至上依次为计算机所采集到的焊接电流、电弧电压、电弧熔滴过渡光谱信号及其同步时标信号。采用该同步采集系统采集到的多信息融合，可以对光谱方法控制熔滴过渡的效果进行验证，如图4.19所示。每一个特征光谱脉冲信号，对应于一个熔滴的过渡。

虽然图4.18所示的同步方法实现了光辐射强度与其他信号的多信息同步，但是其所采集的所谓光谱信息仅是某一特定谱段的光谱辐射强度的积分值，而非光谱分布的全谱信息，所以不是真正意义上的光谱信息同步。

3. 多信息同步法2

正是由于认识和考虑到上述同步方法无法获取全谱信息的局限性，因此本课题组开发了真正意义上的焊接电弧辐射全谱与其他信号的多信息同步采集系统（图4.20）[38]。该系统可以实现光谱全谱（200～1 100nm）、电压、电流、高速摄

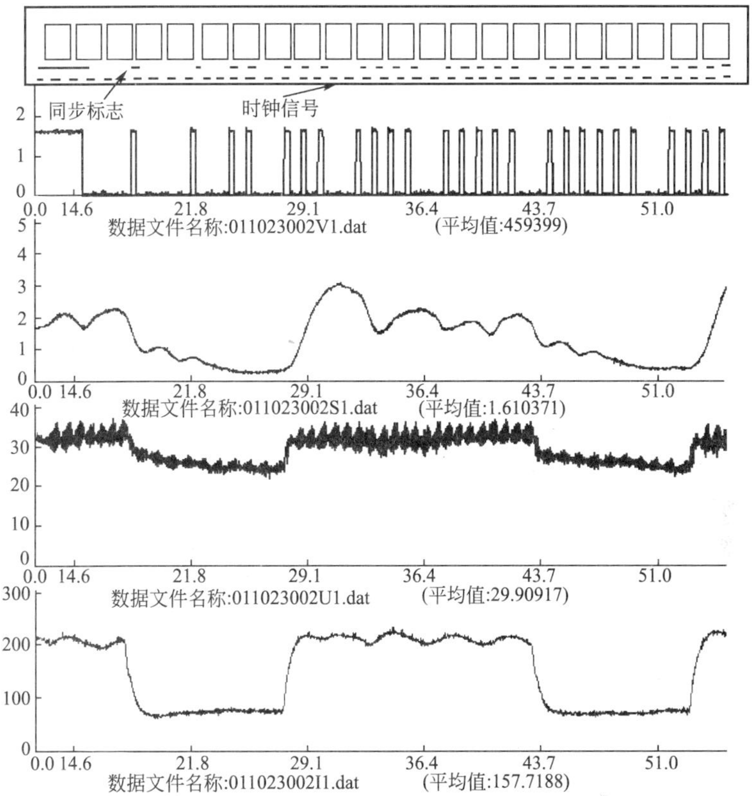

图 4.18　多信息同步高速摄影信号波形及其对应关系示意图

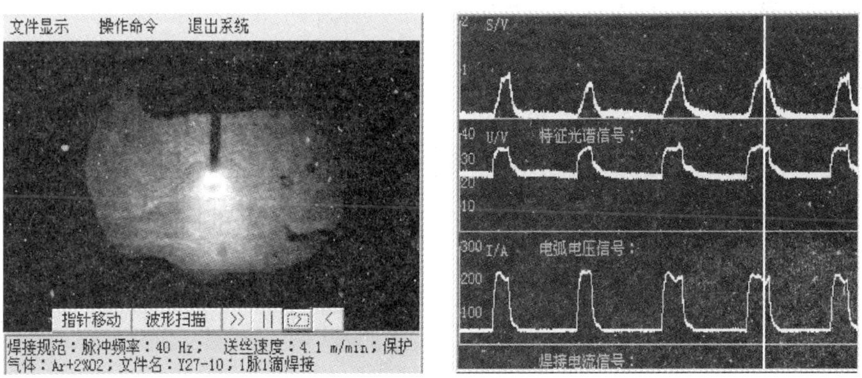

图 4.19　对光谱方法控制熔滴过渡的效果进行验证

像的同步采集，信息量丰富。

如图 4.20 所示，焊接电弧全谱同步多信息采集系统由高速采集卡发出同步触发信号，触发高速摄像、光谱仪、电信号同步采集。与图 4.18 所示的采集系统不同，本系统采用高速摄像代替高速摄影，大大提高了实验效率，从根本上解决了由于高速摄影中胶片机械传动可能带来的同步问题。另外系统采用的光谱仪可以实现瞬时全谱信息的采集(2ms)，可以获取同步全谱信息。

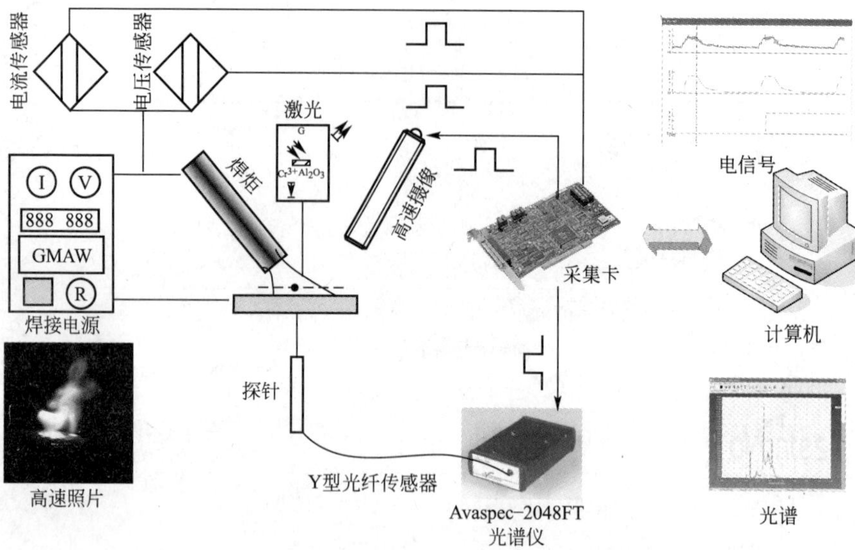

图 4.20 焊接电弧辐射全谱与其他信号的多信息同步采集系统

虽然光谱仪可以实现 1～2ms 瞬时光谱信息的高速采集，但由于数据存储和传输的原因，连续采集时光谱的传输时间影响连续采集的速度，并且每桢全光谱由于传输引起的间隔时间也不是严格一致，这给高精度的同步带来了困难。因此本课题组采用了光谱仪的触发采集模式，通过脉冲同步信号时序触发光谱仪，同时对脉冲信号回采，利用其作为标尺，实现严格意义上的全谱多信息同步。图 4.21 为全谱同步信息的触发信号时序。

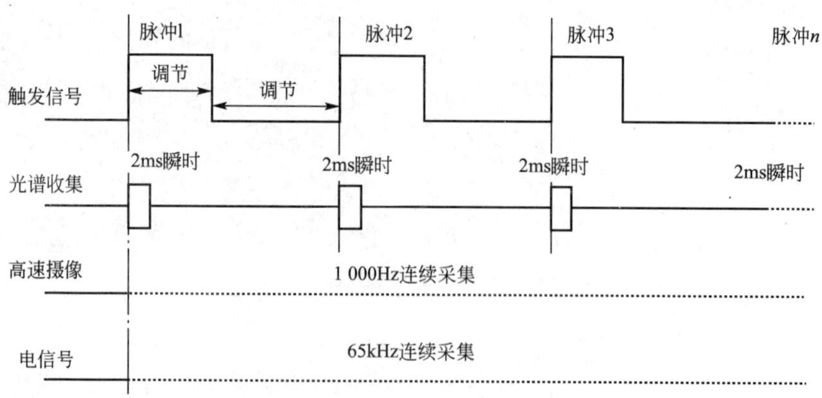

图 4.21 全谱同步信息的触发信号时序

通过全谱同步信息采集到的多信息信号，通过比对软件，将其同步信息提取并显示，就可得到某瞬时的光谱全谱与其他信号的融合分析。图 4.22 为系统显示的某瞬时的光谱信号与电压、电流信号。

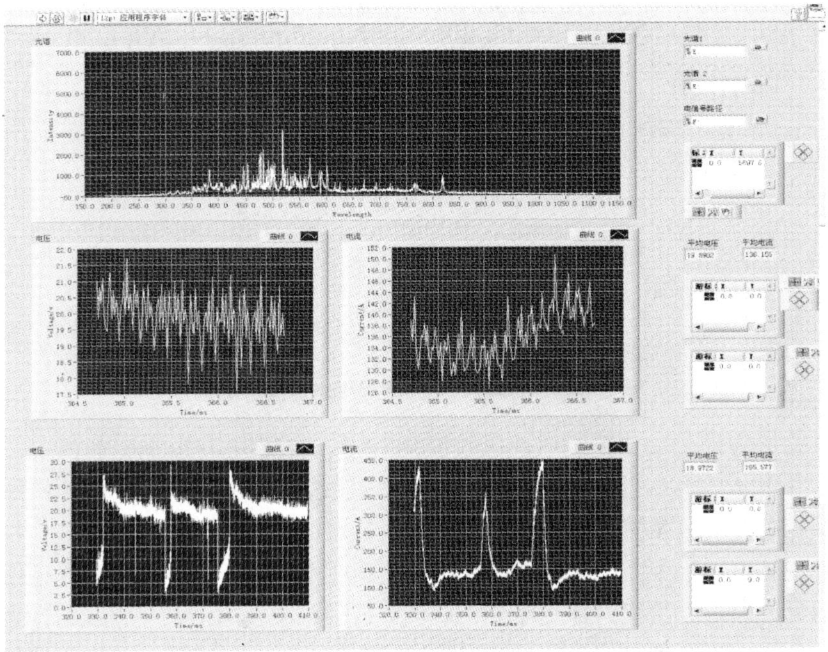

图 4.22 某瞬时的光谱信号与电压、电流信号

4.4.3 发射光谱层析法重建等离子体场[39,40]

发射光谱层析法重建等离子体场，实际上就是由等离子体的面辐射积分得到空间体辐射的分布场的过程，它是空间辐射分布的进一步延伸。本课题组采用中空探针法，横向扫描 TIG 焊电弧等离子体，采用 Abel 逆变换，得到其空间的体分布，正是上述方法的应用[39]。详细内容参见第 5 章。

这里给大家介绍万维[40]等开展的相关研究，其实验装置简图如图 4.23 所示，实验装置由光纤准直传感头、光谱仪、计算机、旋转平台、水平平移机构、垂直平移机构及由步机电动机为主体的驱动及控制机构所构成。

待重建的三维电弧等离子体场放置于旋转平台中央位置，它在空间各个方向都会存在辐射，光纤准直传感头与旋转平台平行，并可由步进电动机驱动装置驱动在某一水平及垂直方向做等间距扫描，且其扫描速度可调节。

在层析扫描时，首先要确定重建三维等离子体场的空间范围，因为采用的弧长仅为 1.4cm，故在垂直方向确定 7 个重建截面，相邻两截面的垂直距离为

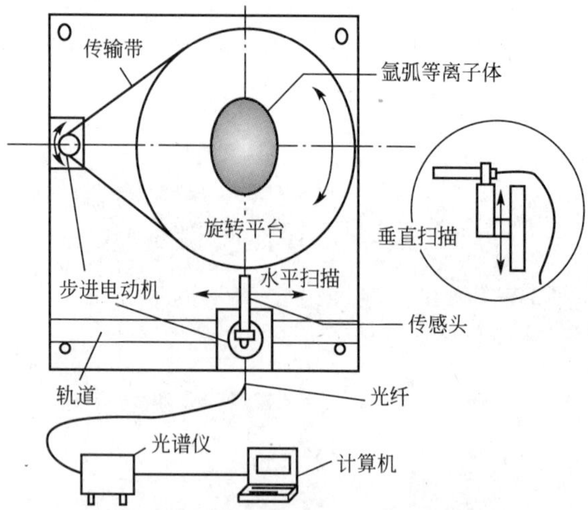

图 4.23　电弧等离子体场层析重建实验装置

2mm。水平方向的重建范围取决于电弧的直径，在所有 7 个重建截面中，最大直径在 15mm 左右。然后确定水平方向扫描点数，实验中每隔 0.5mm 扫描一个点，根据各截面电弧直径确定扫描点数。按确定的重建范围开始扫描。先扫第一个截面，扫描过程中，电弧等离子体辐射光通过准直管经光纤传送到光谱仪的入口狭缝处，经过光谱仪内部光路分光后，可得到各波长的沿某一直线的谱强度数据。这些数据通过接口传送到计算机中进行存储，做一次水平扫描即可获得平行束层析某一方向的全部投影值。随后在控制机构的控制下，主步机电动机通过齿形带带动旋转平台转过一个角度，重复第二个方向的水平扫描。在控制机构的作用下，光纤准直传感头沿纵向平移一微小距离即 2mm(可调节)。再重复以上步骤，获得第二个截面两个方向的辐射谱强度值。然后，再纵向平移，扫第三个截面，最终完成整个待重建三维等离子场的谱强度数据采集工作。

上述实验装置和方法与本课题组采用的方法基本相同。但其采用了旋转平台，采集两个以及多个方向上的光谱信息，采用的数学变换方法也不同，这对于非对称体的空间体辐射分布诊断更有意义。

第5章 钨极惰性气体保护焊电弧光谱及其典型应用

钨极惰性气体保护焊(Tungsten inert gas shielding arc welding，TIG)电弧作为一个辐射体，其辐射具有电弧稳定、参数波动小等特点，在关于电弧等离子体辐射理论和应用研究中，成为主要的研究对象之一。本章将首先阐述TIG电弧辐射的基本分布规律，并从焊接辐射与焊接参数的关系入手，介绍电弧辐射光谱的特点及其在TIG焊接过程测控上的典型应用。

5.1 TIG焊电弧辐射分布规律

焊接电弧等离子体的辐射分布规律，包括其在不同波长下的辐射特征线谱和连续谱的分布情况(频域分布)，在不同空间位置上电弧辐射的分布情况(空域分布)，焊接过程中辐射变化的波动情况(时域分布)。频域分布实际上就是指其辐射光谱的连续辐射和特征线谱的分布。下面就根据近年来各国研究者和作者的课题组近年来的研究，讨论一下TIG焊辐射的分布规律。由于我国基本采用Ar作为钨极气体保护焊的保护气体，因此，本章讨论的TIG焊电弧光谱，如无特别说明，均为采用Ar作为保护气体。

5.1.1 TIG焊电弧辐射频域分布

TIG焊电弧辐射的频率分布，即辐射的光谱谱线分布，与焊接过程的参数、被焊材料种类以及电弧辐射所在的空间位置等存在很大关系。图 5.1 是宋永伦[8]等在早期实验中采用摄谱法获取的 16Mn 钢和 Ti 在不同参数下的光谱分布图像，可以看出不同材料的谱线差别较大。由于受设备条件和试验效率的限制，其测定的谱线范围较窄(主要集中在可见光范围内)，并且确定的特征辐射谱线强度和波长都需要在后期处理中重新确定，影响因素多且试验信息量较少。

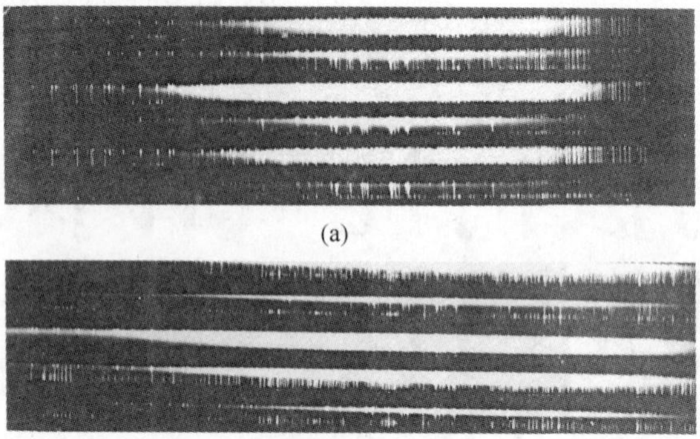

(a)

(b)

图 5.1　从摄谱仪得到的焊接电弧光谱的分布

(a) 不同规范下 16Mn 钢的 TIG 电弧光谱；(b) 不同规范下 Ti 的 TIG 电弧光谱

由图 5.1 可知，不同的焊接参数和焊接材料，以及电极所处的极性(直流正接、直流反接)，其相应产生的辐射谱线差别很大。对于其中焊接过程参数和空间辐射的影响和分布规律，将在本章后面节次单独进行讨论。这里主要讨论一下正常焊接条件下，TIG 电弧作为一个辐射整体，其光谱谱线的分布情况。在辐射光谱的频域分析(谱线)之前，必须首先明确其对应的焊接条件；而不同研究资料中所标定的谱线数据有较大差别，一个很重要的原因在于试验条件的不同。

过去关于 TIG 焊光谱频域分布的研究数据资料很分散，往往只对感兴趣的某特定区段的线谱进行标定，而难以提供完整的辐射资料。因此，作者课题组将 TIG 焊电弧作为一个辐射源，采用 Avaspec - 2048FT - 2 光纤式数字光谱仪，以 A3 钢和 Al 板作为实验材料，对其 TIG 焊焊接电弧整体辐射在 200～1 100nm 间(包括紫外区、可见光区、红外区)的光谱分布信息进行采集，并标定主要强谱线，对其频域分布进行了详细分析[41]。

1. 钢直流正接 TIG 焊电弧辐射光谱

图 5.2 给出了 A3 钢 TIG 焊电弧光谱在 230～1 000nm 的分布，可以看到，在 200～650nm 谱段，TIG 焊电弧辐射为连续谱之上存在线谱辐射，并且连续谱辐射的强度也存在差别，在可见光区具有较强的连续谱。而在 650～1 100nm 谱段，连续辐射较弱，更多的是辐射强度较大的线谱。

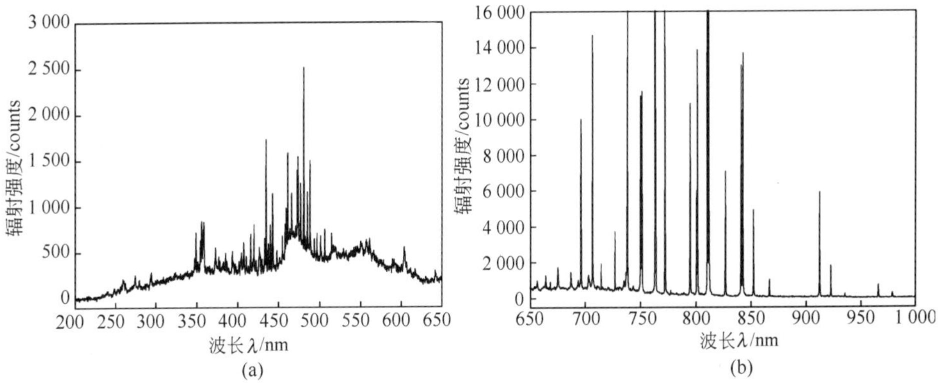

图 5.2　A3 钢 TIG 焊电弧光谱的分布

(a) 200～650nm；(b) 650～1000nm

参照美国国家标准局数据库(NIST)对线谱进行标定[42]，不同谱段的特征线谱如图 5.3 所示。由图 5.3 可知，不同元素谱线分布谱段不同，特征元素谱线有 Ar I、Ar II、Fe I、Fe II、Mn I、Mn II 等。线谱集中区域主要有 250～300nm 段的大量 Fe II 谱线，430～520nm 段的 Ar II、Fe I、Fe II 谱线，700～900nm 谱段的大量 Ar I 谱线。根据上述谱线分布特征，可以选取特征谱段，对特征谱段下的辐射强度积分，获取不同谱段电弧辐射与焊接参数变化的关系。

图 5.3(a)为 230～330nm 谱段的特征谱线，存在的谱线主要有 Fe I、Fe II、Mn I、Mn II 等。图 5.3(b)为 330～390nm 谱段的特征线谱，此区段的辐射主要为 Fe I 线谱辐射。在这里要特别说明一下紫外区的辐射信息，研究表明其与 TIG 焊过程信息，尤其是熔池状态的信息密切相关，对于其状态的变化信号非常敏感，可以被用来进行焊接过程的监测[43]。图 5.3(c)为 390～440nm 的特征线谱，此段的线谱仍以 Fe I 为主，但在 407.2nm 处，出现了一定强度的 Ar II 线谱。在图 5.3(d)的 430～500nm 谱段，为 Ar II 谱线聚集区，在 460～490nm 出现辐射峰值，这一谱段的连续辐射也比其他谱段相对强，可能与线谱的聚集存在较大关系，另外，Ar II 谱线的产生需要较高的电弧温度，说明 TIG 焊电弧的温度比较高。在 500～650nm 谱段(图 5.3(e))，除了 603.2nm 出现 Ar I 线谱外，以连续辐射为主。650～1 000nm 谱段(图 5.3(f)、(g))，主要为辐射很强的 Ar I 线谱。大量 Ar I 谱线的出现，与保护气流量和电弧温度有关。

当然，谱线的频域分布还与工艺参数和测试点的空间位置存在很大关系，例如，不同电流参数下，由于蒸发进入电弧的金属蒸气浓度和种类不同，会引起线谱分布的差别，这是在 5.2 节中要讨论的内容，这里采集的谱线为在 80A 电流下正常焊接过程稳定电弧的整体辐射全谱分布。

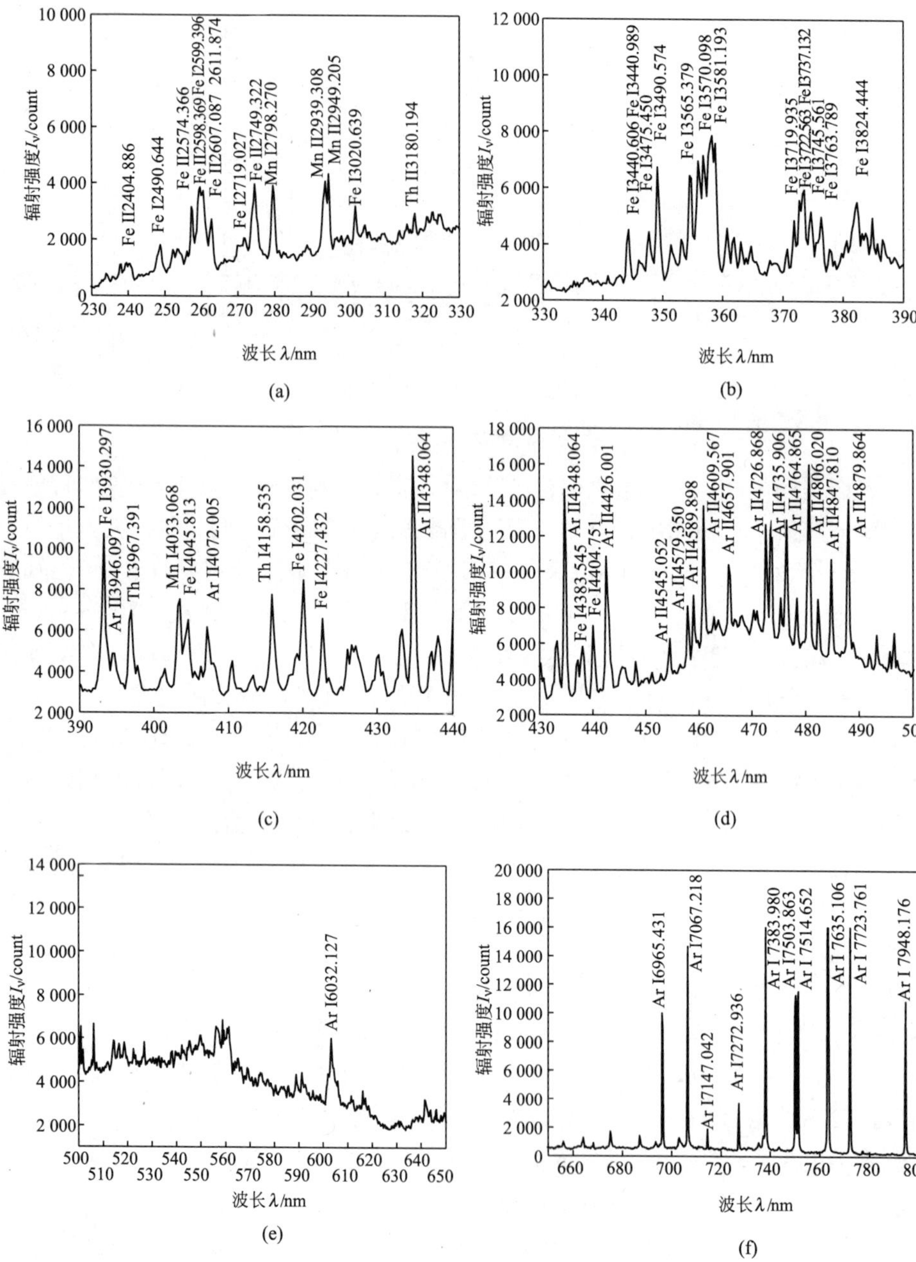

图 5.3　钢 TIG 焊光谱在 230～1 000nm 的线谱标定

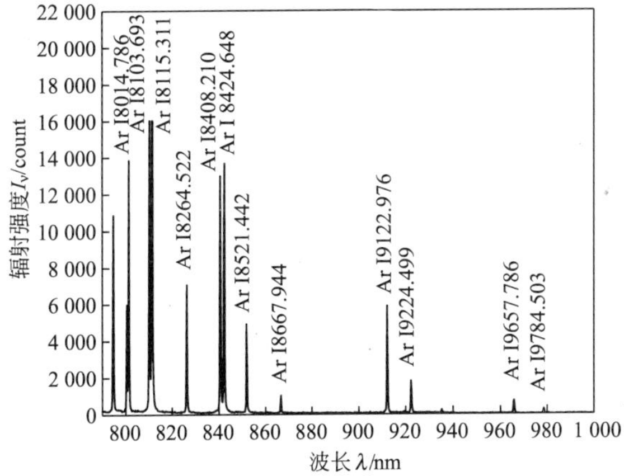

(g)

图 5.3　钢 TIG 焊光谱在 230～1 000nm 的线谱标定(续)

(a) 230～330nm；(b) 330～390nm；(c) 390～440nm；(d) 430～500nm；(e) 500～650nm；(f) 650～800nm；(g) 800～1 000nm

2. 铝直流反接 TIG 焊电弧辐射光谱

为了对不同试验材料的光谱的频域分布进行对比分析，讨论其对 TIG 焊光谱分布的影响。采用直流反接，对铝板的特征谱线进行采集和分析。图 5.4 给出了铝 TIG 焊光谱的基本分布规律，通过铝的 TIG 焊电弧光谱分布，可以看出其辐射特征与钢 TIG 焊电弧光谱存在较大差别。另外还有一点需要指出，在此处实验中铝 TIG 焊电弧是采用直流反接方法产生的电弧，而图 5.3 中 A3 钢的电弧

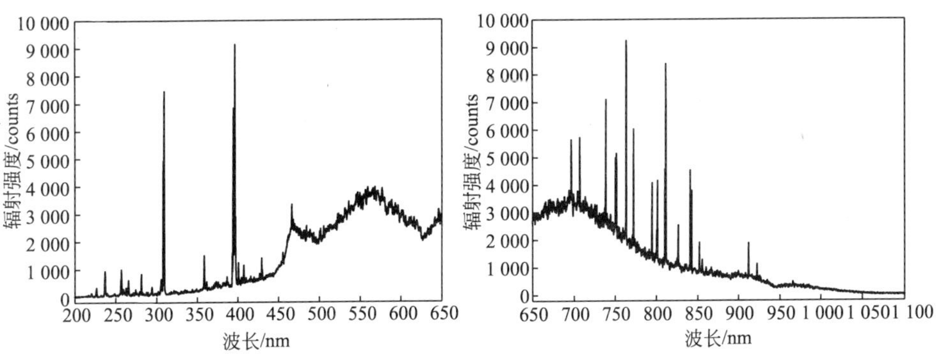

(a)　(b)

图 5.4　铝 TIG 焊光谱的基本分布规律(直流反接)

(a) 200～650nm；(b) 650～1 100nm

采用的是直流正接的方式。可看到，电极的不同连接方法造成光谱频域分布的明显不同，主要表现在连续辐射强度的明显不同，其中以 500～750nm 间的辐射更明显。采用直流反接的铝 TIG 焊电弧光谱具有较强的连续辐射，而采用直流正接的钢 TIG 焊电弧光谱的连续辐射较弱。对比实验表明，这种现象与所采用试板材料的关系不大，更多与电极的极性有关。采用直流反接时工件接阴极，电子从试板流向钨极，电流密度小，但分布区间大，电弧温度受熔池温度限制较低，产生的复合辐射和韧致辐射强度大，灰体辐射也会随辐射体积(电流分布区间)变化而增大。因此形成较强的连续谱；而对应的线谱强度受温度限制却较小。

根据谱线特点，选择以下几个特征谱段为研究区段：250～300nm、330～440nm、450 ～ 500nm、520 ～ 600nm、650 ～ 720nm、750 ～ 830nm、900 ～ 1 000nm。对铝 TIG 焊产生的线谱进行了标定，其主要线谱如图 5.5 所示。存在于铝 TIG 焊中主要的线谱有 Al I 和 Ar I 谱线。其中，Ar I 谱线与钢 TIG 焊时的谱线基本相同，但其线谱辐射强度和数量相对较低。

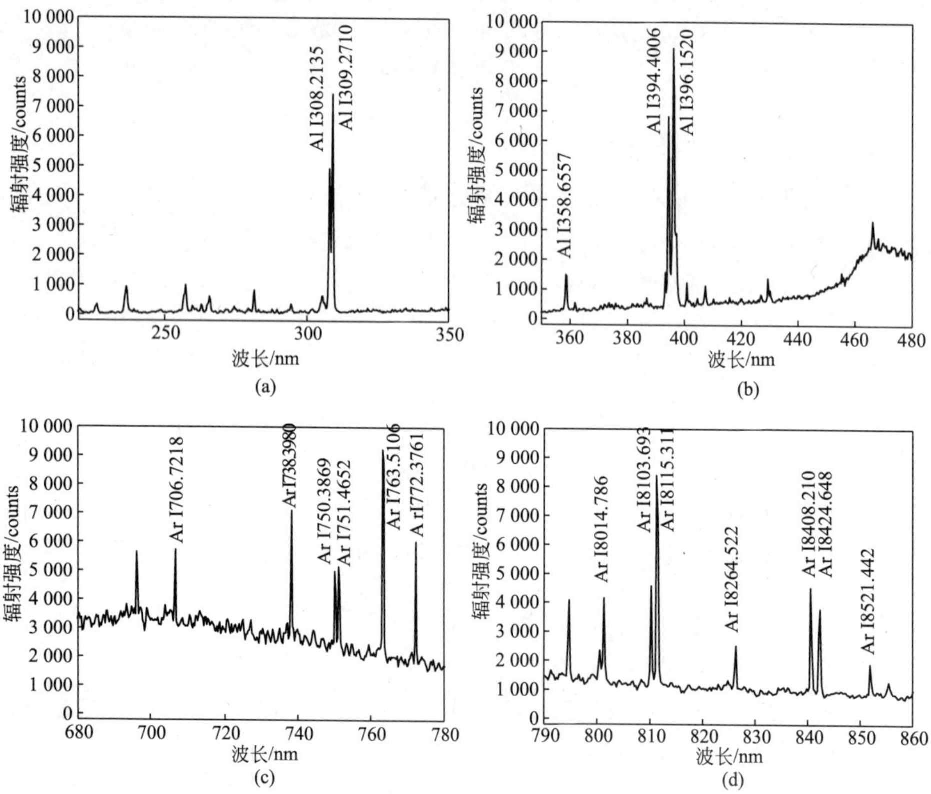

图 5.5　铝 TIG 焊各谱段光谱线谱的标定(直流反接)

为了说明这种连续辐射的差异是由于电弧的极性不同引起的，对 Al 的直流正接 TIG 弧辐射进行了采集，其辐射光谱分布如图 5.6 和图 5.7 所示，可以看到在同样采用直流正接的情况下，其连续辐射与钢直流正接的 TIG 焊相似，只是在 200～700nm 波段的线谱辐射不同，在 700～1 100nm 的谱线基本相同，为 Ar I 的线谱。图 5.7 为其在 380～650nm 间线谱的标定，可以看到，没有发现明显的金属谱线，还是以 Ar I 谱线为主，但辐射强度较弱。没有发现强的 Al I 谱线，说明采用直流正接进入等离子体的金属蒸气较少，这与铝合金散热快、没有阴极雾化作用有关，因此，很难使得金属有效熔化，形成熔池和焊缝。

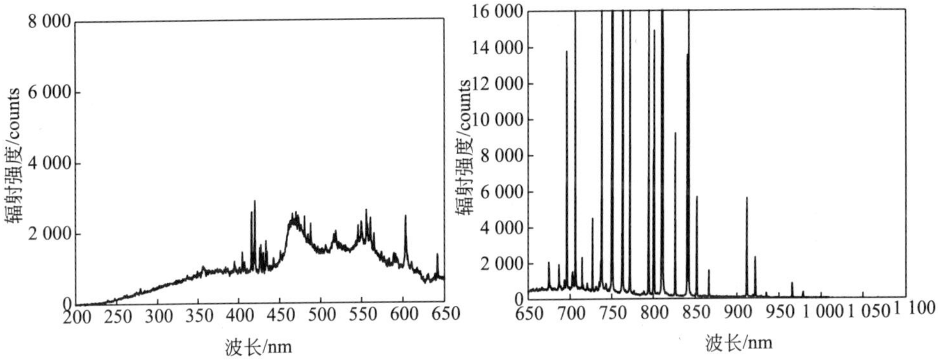

图 5.6 铝 TIG 焊光谱的分布(直流正接)

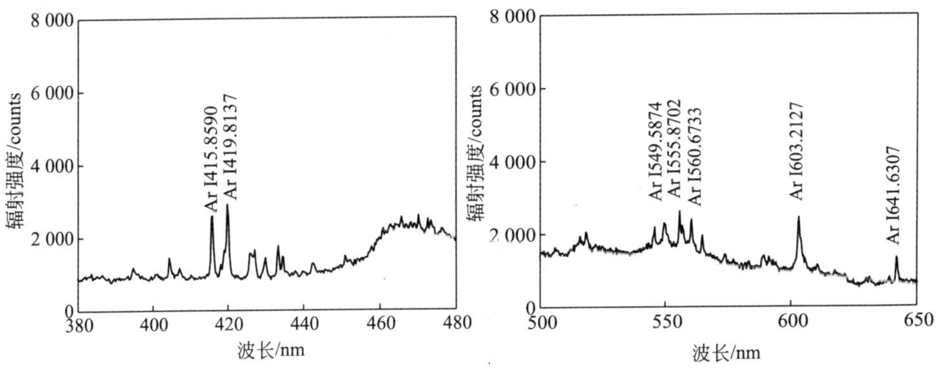

图 5.7 铝 TIG 焊 380～650nm 间线谱的标定(直流正接)

通过上述关于 TIG 焊光谱频域的分析，可以知道其与被焊材料种类、保护气体种类、电源的极性等因素有关，当然也与焊接参数有关(具体在 5.2 节讨论)。实际上，光谱的分布还与采集的辐射的空间位置有很大关系，在很多情况下是将电弧看作一个辐射点，采集其整体辐射的光谱；但其空间不同位置的辐射光谱并不相同，具有各自分布特征，下面来进一步讨论其空域的分布。

5.1.2 TIG焊辐射光谱的空域分布

图 5.8 所示为早期电弧光谱在空域上分布的一个实例[44]。电弧辐射空域分布的获取方法主要采用成像后取点的方法。从图 5.8 可以看出，在空域上 TIG 电弧谱线在空间各点的分布是不均匀的，从熔池向上至钨极之间表现出差异性，接近钨极 Ar 谱线强度增强。但上述实验数据是仅集中在 420～440nm 很小范围内的少数谱线的数据，而且对空间层面分布的研究也较粗略。

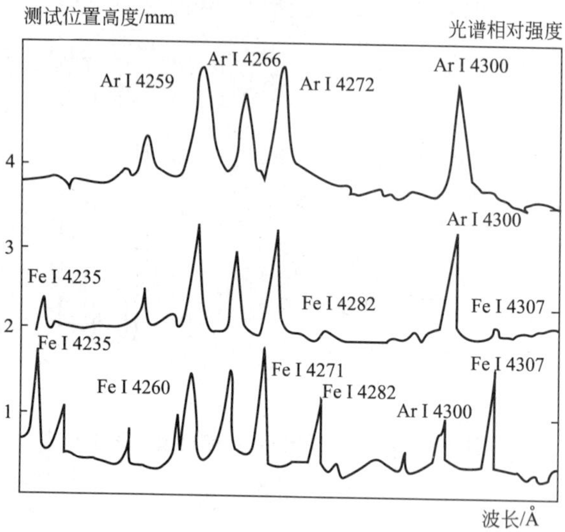

图 5.8 TIG 电弧光谱的空域分布(早期实验)

因此，本课题组开展相关试验研究：引燃钢直流正接 TIG 电弧，其弧长为 4mm，并待其稳定后；采用课题组提出的中空探针方法，利用光学位移平台，由上至下多个层面的辐射，进行了逐点连续扫描采集，得到空间各个点的辐射分布。实验得到各个层面各个测试点在 200～1 100nm 间的全谱分布[39,45]。图 5.9 所示为本课题组得到的焊接电弧中心位置，TIG 焊电弧(4mm 弧长，80A 电流)在不同高度层面上的光谱分布信息。

由图 5.9 可以看出，不同层面上光谱辐射特征存在着较大差异。从连续辐射来看，随着离钨极距离的减少，其辐射强度明显增高，而在被焊试板表面附近的连续辐射明显减少，电弧上部超出钨极后辐射明显减少。由电弧辐射的基础理论可知，连续辐射主要由复合辐射和韧致辐射组成，其与等离子体的温度和体积相关，说明在钨极附近具有较高的温度，而在试板表面的温度较低。从线谱辐射来看(谱线的标定参见频域分布)，在 250～400nm 间的金属元素的谱线(如 Fe 谱线)，主要集中在熔池表面附近，由熔池表面向上延伸明显减弱，在熔池表面 Fe

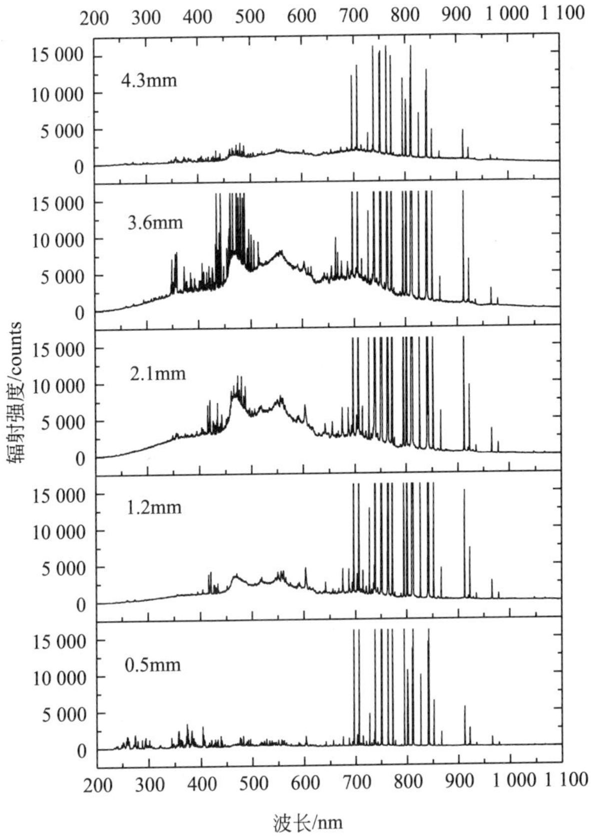

图 5.9 TIG 电弧光谱的空域分布

谱线多且较强，在弧柱上方几乎不存在。当然，这种分布还与电流、保护气体流量等因素有关，电流越大，保护气流量越小，进入电弧中的金属蒸气越多，电弧中上部的金属谱线也就越强。而 Ar 谱线根据电离程度，其分布在不同谱段有所差别，但总体呈现上强下弱，在熔池附近较弱。在 450～500nm 的 Ar II 谱线聚集区，只有在电弧上部距离钨极附近(3.6mm)，才有明显增强的线谱，而在其他几个层面(0.5mm、1.2mm、2.1mm)，其线谱辐射不明显，但在 2.1mm 和 1.2mm 间出现较明显的连续辐射，这种辐射主要由复合和韧致辐射组成。而在 700～900nm 谱段的 Ar I 聚集区辐射，在不同层面的辐射强度都很强，但总体随着距离钨极距离的减少而增加。在采集到的电弧上部(超出弧长 4.3mm)辐射信息，电弧辐射明显减弱。另外，还在电弧上层面的 900nm 附近谱线观察到较明显的吸收谱。

为了进一步研究 TIG 弧辐射的空间分布特点，结合频域分布分析结果，选定 6 个特征谱段，对在选定谱段内的辐射强度进行积分，计算在各选定谱段内辐射积分强度在不同层面的分布。如图 5.10 所示，给出了 362.2～363.6nm、415～417nm、799.6～801.6nm、911～913nm 4 个谱段在 6 个层面上的辐射分布（由于其中另外两个谱段：403～405nm、921.5～923nm 的辐射信息分布规律基本相同，在此处略去）。为了更直观地了解这种分布，根据测定的辐射光谱强度，相应给出了每个谱段辐射分布的灰度图。

由图 5.10 可知，在 362.2～363.6nm、415～417nm(Fe I)谱段，电弧宽度方向上，其辐射更多地集中在电弧中心区域，而在电弧外侧的辐射迅速减弱。而在 799.6～801.6nm、911～913nm(Ar I)谱段，电弧宽度方向上，其辐射更均匀地分布于电弧。在电弧高度方向上，电弧中上部辐射最强，在接近钨极和试板时，辐射均减弱。而在层面 5(钨极附近层面)，还可以观察到由于钨极阻挡了电弧辐射，使电弧辐射体积减小，造成了这个层面在中心位置辐射强度的降低。

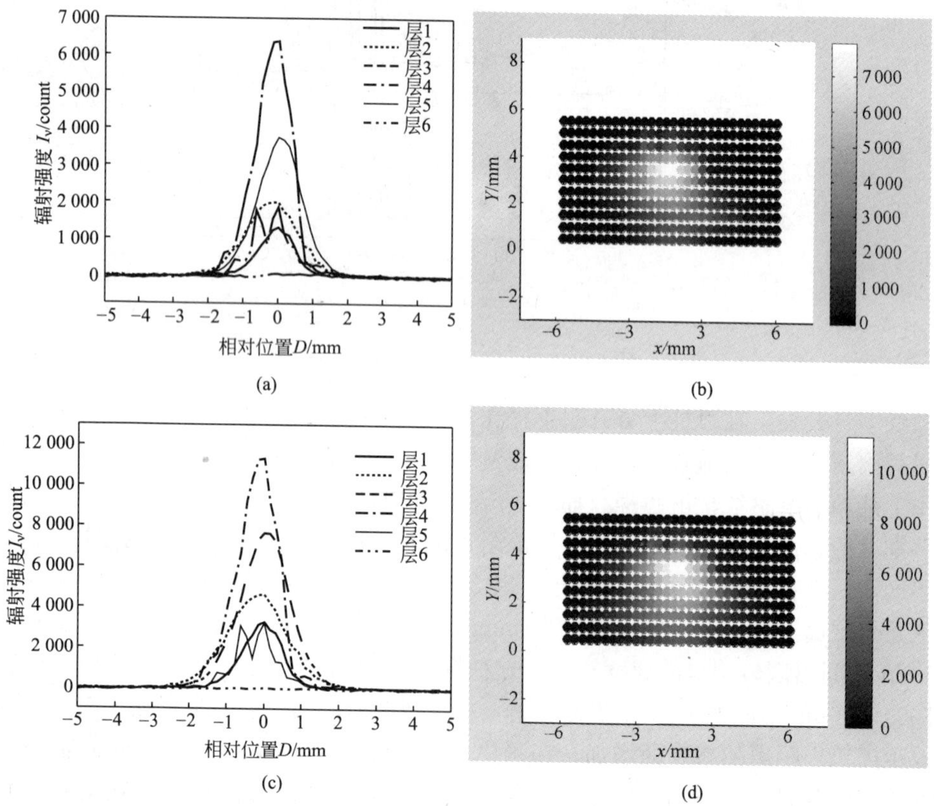

图 5.10　不同波段不同层面电弧光谱辐射强度图和电弧灰度图

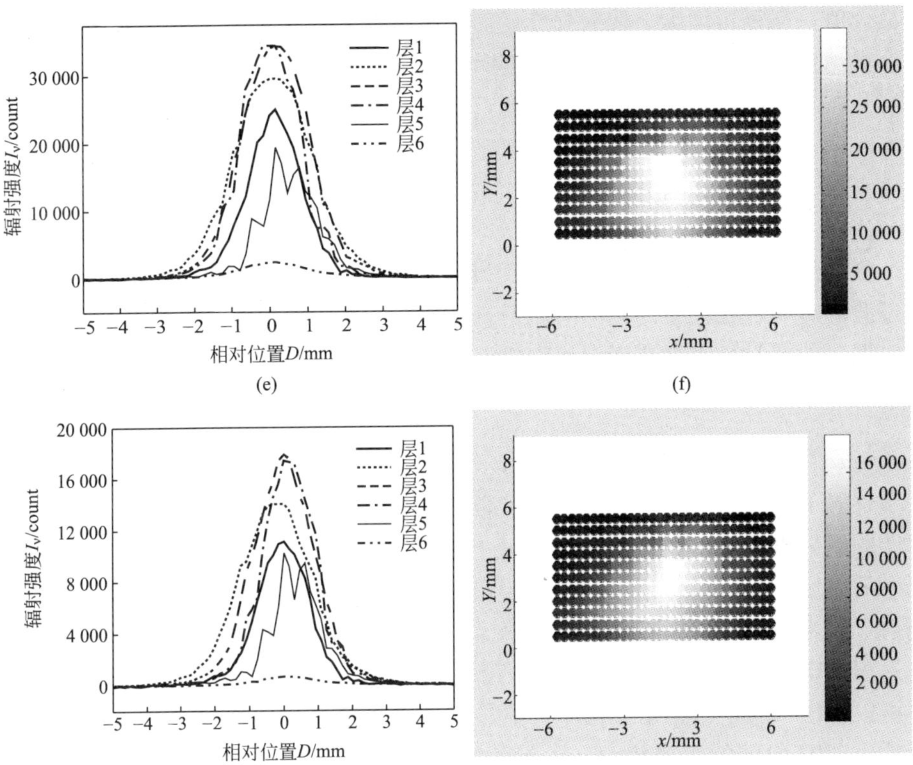

(g) (h)

图 5.10 不同波段不同层面电弧光谱辐射强度图和电弧灰度图（续）

(a) 362.2～363.6nm 波段不同层面辐射强度；(b) 362.2～363.6nm 波段电弧灰度图；

(c) 415～417nm 波段不同层面辐射强度；(d) 415～417nm 波段电弧灰度图；

(e) 799.6～801.6nm 波段不同层面辐射强度；(f) 799.6～801.6nm 波段电弧灰度图；

(g) 911～913nm 波段不同层面辐射强度；(h) 911～913nm 波段电弧灰度图

将6个层面上的电弧光谱辐射强度在上述6个谱段进行Abel逆变换，得到图5.11所示不同波段电弧辐射强度与半径的关系，也就是在空间上沿电弧径向的各点辐射。

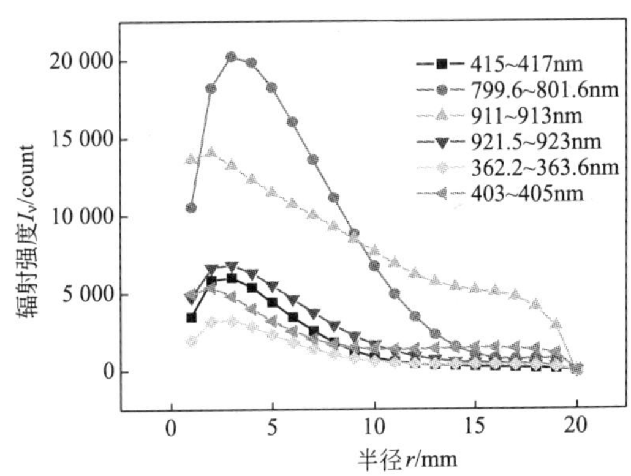

图 5.11 不同波段电弧辐射强度与半径的关系

从图5.11上可以看出，电弧辐射强度在层面中心不是最大，随着半径的增加，辐射强度在较小的范围内也随之增加，达到最大值，半径再增大，辐射强度反而减小，直至接近于零。这种分布与第 3 章中，采用标准温度诊断等离子体温度时的结果对比，说明等离子体的辐射分布与温度分布的关系，虽然中心区温度高，但辐射并不是最强。图中显示在 799.6～801.6nm 波段，电弧辐射明显高于其他波段辐射，在此波段以 Ar I 谱线为主。

5.1.3 TIG 焊辐射光谱的时域分布

正常焊接情况下，TIG 焊由于采用非熔化极，弧长稳定不变，而且没有熔滴过渡的影响，其辐射的光谱时域信息基本保持稳定不变，并未引起研究者的关注。但在外部干扰因素或者引弧阶段，其辐射信息会随时间发生变化，因此，下面主要讨论上述两种条件下的辐射光谱的时域信息。

1. 干扰因素下的时域分布

外界干扰因素会使得光谱辐射发生变化，产生相应的时域信号。图 5.12 为本课题组采集的焊接电弧光谱在时域上分布的实例[46]。为了对比分析焊接过程辐射的时域分布，在焊接过程的前半段(图 5.12 中 0～8s)为稳定焊接状态下的辐射，后半段为受到外界干扰的不稳定焊接过程的电弧辐射。对整个 TIG 焊焊接过程的辐射信息进行采集。采集了 8 个不同谱段的辐射时域信息。从图 5.12 中可以看出，稳定的正常焊接条件下，TIG 电弧谱线强度在时域上是定常分布，反映出 TIG 电弧的稳定性。这与 MIG 焊电弧谱线强度在时域上的分布呈现出显著的脉动性明显不同(将在第 6 章中讨论)。但如果焊接过程不正常或者有外部干

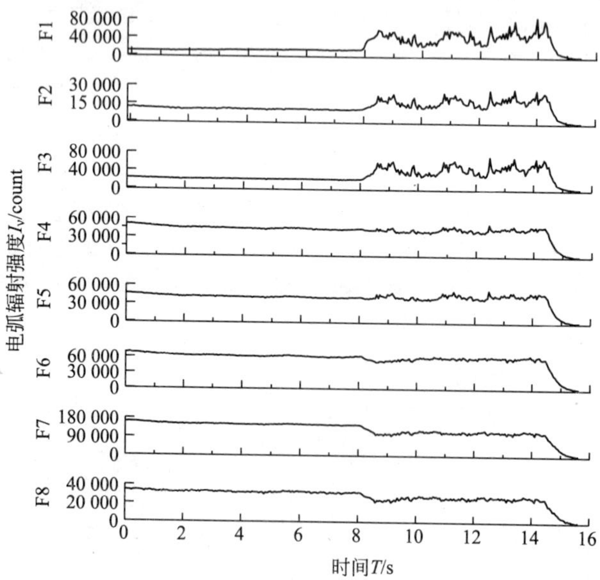

图 5.12　TIG 焊电弧辐射时域分布

扰因素，其辐射过程的时域信息就不稳定，可以利用这种信号特征对 TIG 焊的焊接过程进行监测(详见 5.4 节内容)。

2. 引弧阶段辐射的时域特征

宋永伦、石田男所在课题组对 TIG 焊引弧阶段的辐射进行了研究[33]，采用如图 5.13 所示的光谱信息采集装置，通过同步触发器触发光谱仪和示波器，完成光谱信号和电信号的采集，并将采集信号传输进入计算机，进行处理和分析。

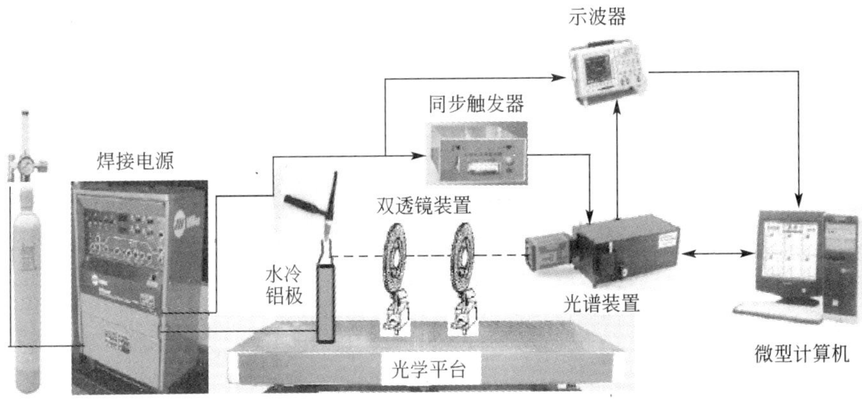

图 5.13 TIG 焊电弧光谱诊断系统示意图

由于 TIG 焊正常焊接过程中的电弧非常稳定，其光谱辐射信息也很稳定。但在引弧阶段，是等离子体建立阶段，由不平衡向平衡过程的变化，所以其等离子体并不稳定。如图 5.14 所示，电弧等离子体逐渐形成并稳定。其光谱信息在不同瞬时具有明显的特征。

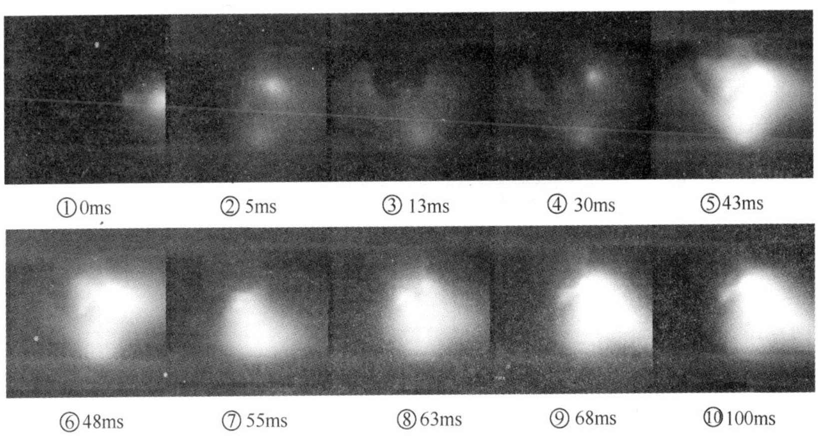

图 5.14 TIG 焊接触引弧过程的高速摄像

图 5.15 给出了引弧不同时刻钢 TIG 焊时光谱的分布特征。由图 5.15(a)可知，在引弧初始的 5ms 左右，Fe 原子谱线出现，但强度较低，且电弧空间几乎没有 Ar 元素谱线。可以理解为，此阶段电弧两电极间主要依靠金属 Fe 元素提供电子形成放电条件。随着引弧过程推进(图 5.15(b)、(c)，即 10ms、20ms 左右)，金属 Fe 元素谱线得到进一步发展(Fe II 谱线出现)，原子谱线也在粒子碰撞与能量传递作用下开始出现。电弧稳定后(图 5.15(d)，即 100ms 左右)，Ar 原子谱线和 Ar 粒子谱线占据了光谱图像的主要部分。可以认为，此时 Ar 元素已经取代 Fe 元素成为新的主体电离元素。由上所述，低碳钢板 TIG 焊引弧过程中也存在着类似的物理特征，即电弧空间主体电离元素的变换现象。

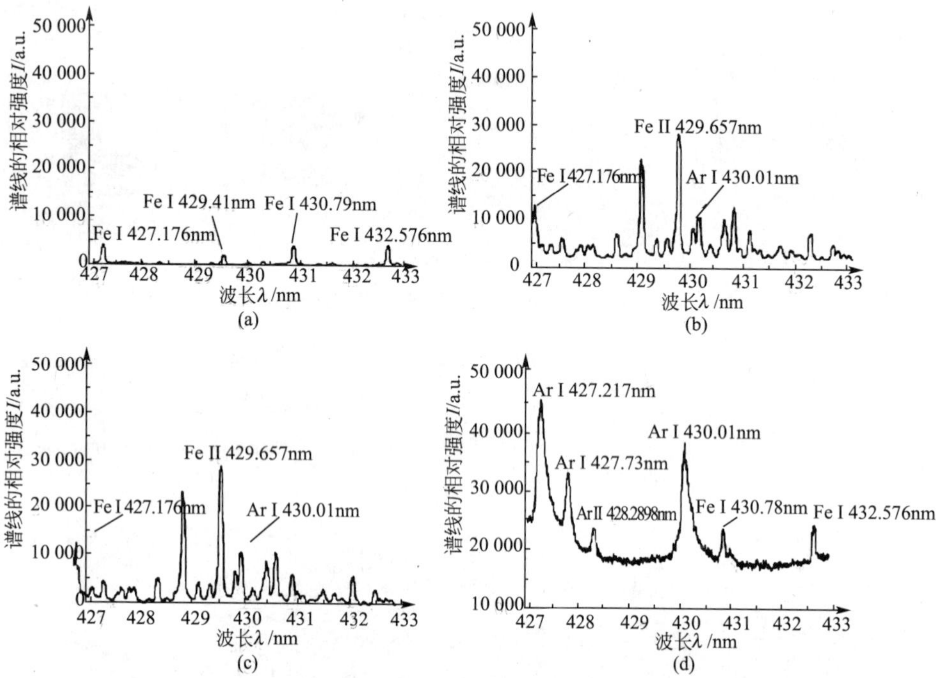

图 5.15 低碳钢 TIG 焊接触引弧阶段不同时刻的光谱

图 5.16 为采用光谱诊断方法，计算得到接触引弧阶段电子密度变化的曲线。从图 5.16 可知：电子密度在前 5ms 内呈上升趋势，随后有所回落。15～40ms 内电子密度变化不大，但比引弧初始时刻小，可理解为此阶段金属粒子与气体粒子进行着能量的交换，这一过渡时期使得能量加速消耗，而新的贡献电子的媒介还未完全出现。电子密度在 40～50ms 内有很大的飞跃，可以理解为氩已经作为新的电子贡献元素出现，并取代金属元素而占据主导地位。55ms 至电弧稳定后(100ms)，电子密度变化不大，可以认为主体电离元素的变换过程

基本完成。

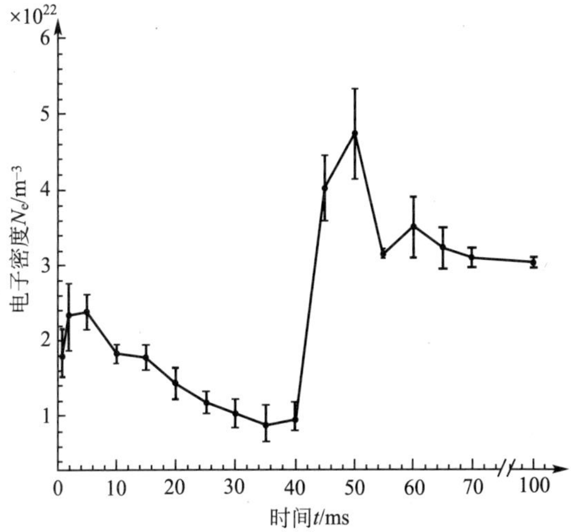

图 5.16 TIG 焊接触引弧阶段电子密度变化的曲线

5.2 TIG 焊电弧辐射与焊接参数的关系

随着现代焊接技术的发展，焊接机器人等高效化生产手段得到广泛的应用，研究者对于自动化所带来的焊接质量检测与控制越来越重视。焊接电弧光谱由于其自身信息量大、信噪比高、介入性小、测控精度高的优点，在一些场合得到成功应用；如利用电弧弧光信息测控 TIG 焊电弧的弧长，精度可达到 0.2V，与传统的弧压测控方法相比具有明显的优势。电弧光谱的其他主要应用领域包括电弧防护、用光谱法测定电弧的温度场、应用于图像传感和焊缝跟踪方面、气体成分及浓度测定与控制[47~49]。

上述领域研究与电弧光谱自身辐射特点具有密切联系，而焊接参数是焊接过程中影响电弧光谱辐射的主要因素之一；因此对于不同焊接参数下，电弧辐射光谱及其变化特点的研究就非常重要。过去研究者也就特定应用领域中，焊接参数与电弧辐射的关系进行相关研究，如在 TIG 焊弧长测控方面，研究 1～5mm 弧长变化对应的电弧光谱变化[50]。但很少有研究系统地分析焊接参数变化与电弧光谱辐射特征的关系，而且研究的参数基本在正常焊接规范内，变化范围相对较小。在实际焊接过程中，各种干扰因素的存在会造成焊接参数异常，而焊接过程质量往往受到异常参数的影响，有必要对焊接参数在较大范围变化时的光谱辐射特征进行研究，为焊接质量在线检测提供理论基础。

5.2.1 不同参数下的TIG电弧辐射

测定电弧辐射与焊接参数间的关系，对于理解电弧辐射特点以及其在焊接过程测控上的应用非常重要。本课题组分别采用试板钢和铝，开展了TIG焊电弧辐射与焊接参数关系的研究[41]。图5.17为采集系统的示意图，光纤式数字光谱仪采集光谱信息，光纤双通道输入，可以对200～1 100nm波段范围的光谱进行采集，分辨率达0.3nm，盔甲包装的“Y”字型光纤保证了光谱信号的同步同点采集；除可以实现光谱谱段的频域采集外，还可实现8个特征谱段积分强度的同步采集，便于信号的融合和特征信号的提取。焊接电源使用时代的WS-400TIG焊机，纯氩保护，钨极为钍钨极。母材分别为A3钢和工业纯铝板。焊接过程分别在不同弧长(弧长由1mm到8mm变化)、电流(焊钢时直流正接40～100A，焊铝时直流反接10～30A)、气流量(由10L/min到1L/min变化)下进行采集。

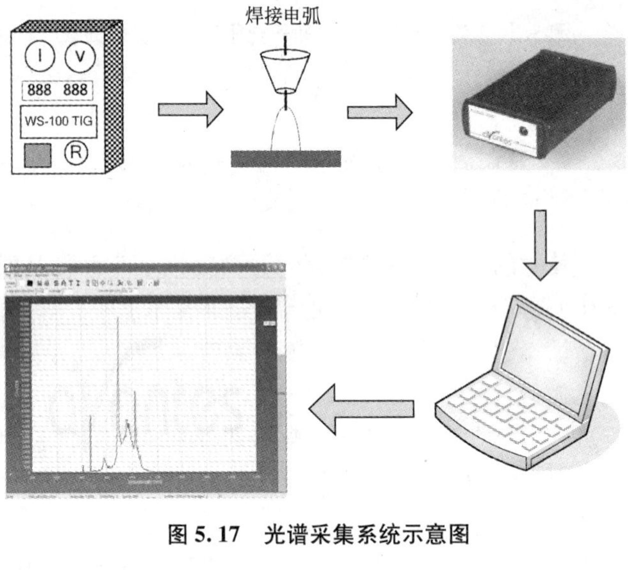

图5.17 光谱采集系统示意图

1. 钢试板在各参数下TIG焊电弧光谱

1) 不同弧长下的电弧辐射

本课题组采用图5.17所示试验装置，通过依次改变弧长，测定弧长由1mm变化到8mm时，电弧光谱分布的变化。并通过积分方法，获取250～400nm、515～540nm、670～690nm、690～700nm、780～850nm、880～1000nm区段光谱辐射积分强度，研究不同谱段对弧长变化的响应，结果如图5.18所示。由图5.18可知，在1～5mm弧长范围内，不同谱段的电弧辐射随弧长增加而增加，但不同谱段表现的特性不同。在 515～540nm、670～690nm、690～700nm、880～1 000nm 等线谱较少区域，1～3mm 弧长表现出很好的线性；在 3～5mm 区段，880～1 000nm 线性度最好，其他几个谱段表现出指数上升的趋势，但仍可认为具有较好线性度。而在有大量线谱存在的 250～400nm 和 780～850nm 区段，其线性度明显不如其他几个谱段。在 250～400nm 谱段，由于存在大量金属谱线，很容易受到外界干扰因素影响(如试板表面热状态)，所以会出现波动，不太适合弧长的传感。在 780～850nm 存在大量 Ar I 谱线，其辐射明显表现出指数增加趋势，弧长与此谱段辐射的对数呈线性关系。在上述弧长的研究与 Li P.J. 等的研究基本吻合[50]，但在 Li P.J. 等的研究中提出 696.5nm 谱段对弧长具有最好的线性关系(对应图 5.18 中的 690～700nm 谱段)，在实验中并没有明显表现出优于其他非线谱聚集区的线性特征。本课题的研究与以整体弧光辐射强度为弧长测控基础的研究结果存在较大差异。

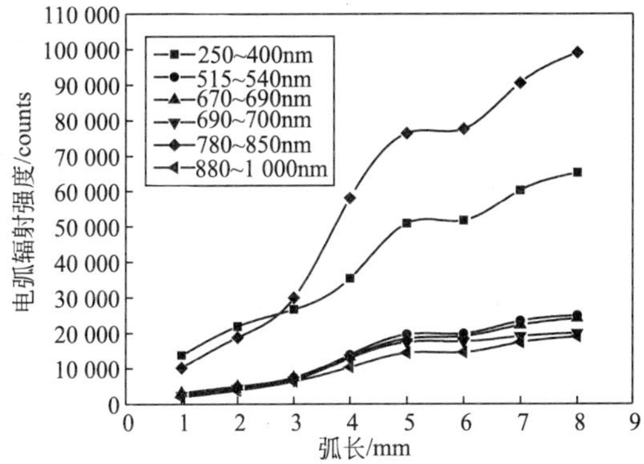

图 5.18 钢 TIG 焊弧长与辐射强度的关系

而在 5mm 以上过去研究者较少涉及的弧长区域，却发现光谱辐射随弧长的变化规律发生较明显改变。在 5～6mm 弧长变化阶段，辐射强度没有明显增加，在不同试验条件下的试验表明，在弧长变化过程中存在一个这样的阶段(虽然变化对应的弧长不完全一致，但一般集中在弧长 6mm 左右)，辐射强度没有随弧长变化明显改变，对电弧的观察表明，短弧长时的蝶形电弧逐渐变化为钟罩形，可能电弧的挺度会在一定弧长发生跳变，从而导致在光谱辐射特征上的反应。随着弧长的继续增长，在 6～8mm 间，电弧辐射的增加与弧长变化又表现出线性关系，但在此阶段的斜率明显小于1～5mm 阶段的变化特征。

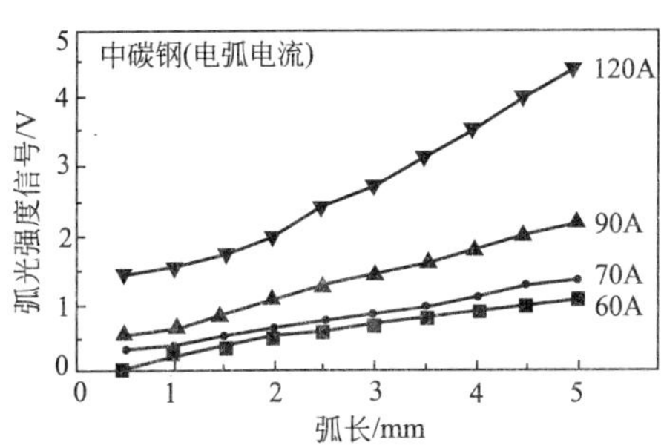

图 5.19 弧光辐射总强度与弧长的关系

图 5.19 为研究者将弧光总强度通过光电管将光强转换为电压信号(V)，得到的弧光总强度与弧长之间的关系。LI P.J. 等[50]通过进一步研究，对这种关系进行了定量线性描述，认为弧光总强度与电弧长度存在以下关系：

$$B = M_1 IL + M_2 L + M_3 + \cdots \tag{5-1}$$

式中，B 为弧光总强度(V)；I 为电弧电流(A)；L 为弧长(mm)；M_1、M_2、M_3 分别为常数，在常用 TIG 焊条件下，$M_1=0.010\,33$、$M_2=-0.483\,4$、$M_3=0.165\,14$。

2) 焊接电流与电弧辐射的关系

在弧长和其他参数保持不变的情况下，本课题组通过改变电流，测定在不同电流下，电弧辐射分布特征。将特征谱段(250～300nm、400～500nm、620～680nm、740～780nm、790～850nm、880～1 000nm)辐射强度的变化表示在图 5.20 中。从图 5.20 中可以看出，随焊接电流的增加，电弧辐射强度呈现增加趋势，在不同谱段的表现存在明显差异。在 880～1 000nm 谱段，随焊接电流的增加，辐射强度增加表现出很好的线性；在 620～680nm、740～780nm、790～850nm 谱段，线性度不如 880～1 000nm 谱段好。电流增大到一定值，辐射强度的增加幅度减少，这可能与散热损失增大造成电弧辐射无法线性增加有关。在 250～300nm、400～500nm 区段，由于金属谱线的影响，谱线波动幅度较大，很容易受干扰因素的影响，所以没有表现出很好的线性。

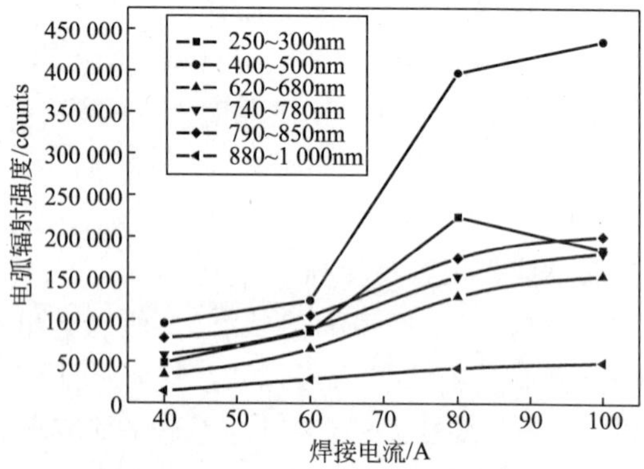

图 5.20　钢 TIG 焊电流与辐射强度的关系

3) 气流量与焊接电弧辐射的关系

气流量也是 TIG 焊接的一个重要参数。本课题组开展了不同气流量下焊接电弧辐射光谱变化的研究。采用了气流量由 10L/min 到 1L/min 变化，每次向下调节 2L/min 测量光谱分布的变化。同样将不同气流量下的光谱信息分布进行对比，分析对应特征谱段(250～300nm、300～340nm、440～500nm、520～560nm、880～1 000nm、762～765nm)辐射强度。

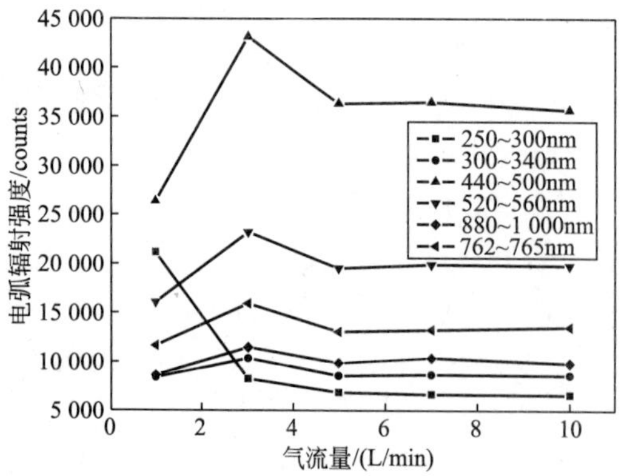

图 5.21　钢 TIG 焊气流量与辐射强度的关系

不同气流量下辐射强度的变化表示在图 5.21 中。由图 5.21 可知，在气流量较大时，能够满足 TIG 焊保护的需要，辐射光谱强度差别不大，仅在 700～900nm 谱段氩对应的谱线位置，可以通过谱线看出随气流量减小，谱线逐渐降低，因此特别选择 Ar I 谱线峰值所在谱段 762～765nm 进行采集。但当气流量较低时，如降到 5L/min 以下，保护气流量不能满足电弧稳定的需要，电弧光谱就会出现明显的变化，在 5L/min 到 3L/min 变化区段，电弧辐射强度在不同区段均增加；而在气流量继续减少，到 1L/min 时电弧的稳定性受到很大影响，此时除了 250～300nm 对应的 Fe II 谱线聚集区明显增强外，其他谱段辐射都减小。这与一些研究者的研究认为气流量变化对光谱影响不大的结果存在差别。

2. 铝试板在各参数下 TIG 焊电弧光谱

为了进一步探讨辐射与焊接参数间的关系，本课题组进一步采用直流反接 TIG 焊，对 Al 板焊接时的电弧辐射与焊接参数进行了研究，分析其辐射光谱的变化规律，为理解 TIG 焊的辐射规律提供实验依据。

1）焊接弧长与电弧辐射的关系

图 5.22 给出随弧长变化，不同谱段电弧光谱的变化规律。从图 5.22 中可以看出，在直流反接焊铝的情况下，随电弧弧长的增加，不同谱段电弧辐射强度会有所增加，但与钢 TIG 焊相比，变化幅度和规律性明显减少，很难用其弧光辐射强度来进行弧长的测控。

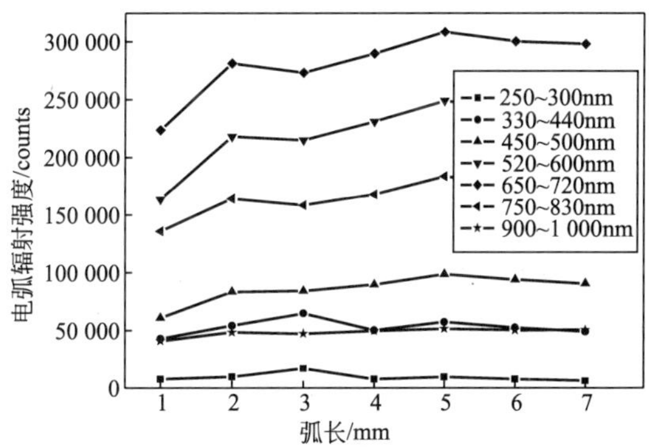

图 5.22 铝 TIG 焊弧与辐射强度的关系

2）焊接电流与电弧辐射的关系

图 5.23 给出了不同电流下，铝 TIG 焊电弧光谱在不同谱段的变化规律。随焊接电流增加，不同谱段的光谱辐射强度均增强，但在不同谱段的表现不一致，在 900～1 000nm 表现出很好的线性度，在 450～500nm、520～600nm、650～720nm、750～830nm 均表现出指数增加趋势，而在 250～300nm、330～440nm 存在较多 Al 金属谱线的区域，辐射表现出波动特点。

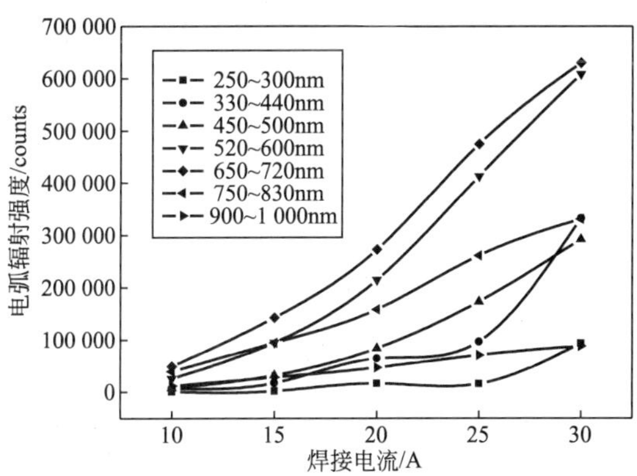

图 5.23 铝 TIG 焊电流与辐射强度的关系

3）气流量与焊接电弧辐射的关系

不同气流量下电弧光谱变化规律与钢 TIG 焊基本类似(图 5.24)，但在450～500nm、520～600nm Ar II 聚集的谱段，电弧光谱的分布表现出不同的变化规律，可能气流量过大时，由于气流的“冷却”作用，不利于Ar II 谱线的生成。在其他谱段辐射基本保持不变，气流量小于4L/min 时，不能满足保护要求，不同谱段电弧的辐射强度出现增强；气流量 1L/min 时没有出现明显的电弧不稳定现象，不存在钢 TIG 焊时的电弧辐射明显下降区段。

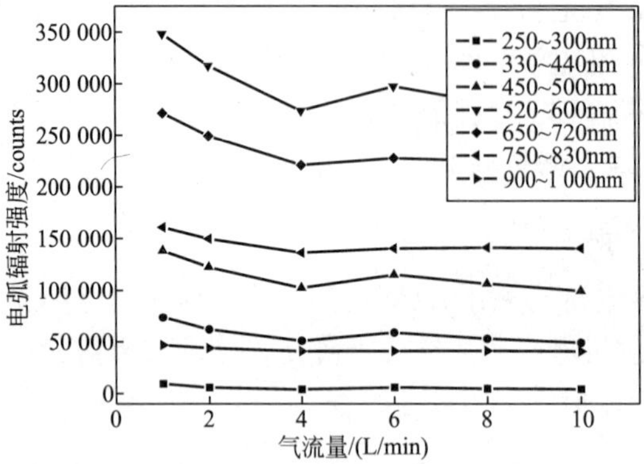

图 5.24　铝 TIG 焊气流量与辐射强度的关系

综上所述，关于不同参数下电弧辐射规律的研究表明，钢 TIG 焊电弧光谱随弧长变化在各谱段响应不同，在 1～5mm 弧长变化时，线谱较少的区段线性反映弧长的变化，在 Ar I线谱聚集区，弧长与辐射的对数呈线性关系；在 250～400nm 谱段，无法保证线性关系。在 5mm 弧长以上，会出现辐射强度没有明显增加的小区段，随后电弧辐射与弧长变化又表现出线性关系。随弧长的增加，铝 TIG 焊电弧光谱不同谱段辐射强度会有所增加，但规律性较差，不适合用来进行弧长测控。

钢和铝的 TIG 焊电弧光谱辐射随电流的增加而增加；在波长较短的谱段，规律性不明显。880～1 000nm 谱段表现出线性关系，其他特征谱段表现出指数增加趋势。随气流量的变化，在气流量较大时影响不大，但气流量较小(约 4L/min 以下)，影响到对电弧的保护时，不同谱段的辐射特征发生明显变化。

通过本课题组的试验研究基本可以确立上述参数与辐射之间的关系。这与其他研究者的结果基本吻合，但要真正将其应用于弧长的测控等领域，还需要对上述联系有更深入的认识，讨论其联系的物理关系。

5.2.2　电弧辐射与参数关系的理论基础

TIG 电弧具有弧长稳定、干扰因素小、焊接过程电参数稳定的特点，通过试验研究可知，其电弧辐射与焊接参数存在关系；Li P.J. 等对其进行了研究[51]，讨论了 TIG 焊电弧辐射强度与焊接参数之间的关系的理论基础。

从理论来讲，依据第 2 章提到的普朗克定律和克希霍夫定律(Planck's Radiation Law and Kirchhoff's Law)，电弧的连续辐射(热辐射)可以表征为

$$\varepsilon_{\nu}=k'(\nu)B_{\nu}=k'(v)\frac{2h\nu^{3}}{c^{2}\left(e^{\frac{h\nu}{K\cdot T_{e}}}-1\right)} \tag{5-2}$$

式中，B_{ν}为谱强度；$k'(\nu)$为与频率相关的吸收系数。

而对于线谱而言，在第 2 章中也已经讨论过，见式(5-3)。

$$\varepsilon_{mn}=\frac{1}{4\pi}A_{mn}n_{m}h\nu_{mn}=\frac{1}{4\pi}A_{mn}h\nu_{mn}\frac{g_{m}}{Z(T)}n_{0}\exp\left(-\frac{E_{m}}{KT}\right) \tag{5-3}$$

式(5-3)反映了线谱辐射强度是与气氛中离子浓度和温度相关的参数。对于 TIG 焊而言，上述因素在正常焊接过程中非常稳定，可以认为它与连续辐射存在基本相同的规律。因此，如果$\frac{h\nu}{K_{m}T}$远小于 1，那么式(5-2)可表征为

$$\varepsilon_{\nu}\approx k'(\nu)\cdot 2\frac{\nu^{2}}{c^{2}}kT_{e} \tag{5-4}$$

忽略各项影响，即

$$\varepsilon_{\nu}=k'(\nu)\cdot 2\frac{\nu^{2}}{c^{2}}kT \tag{5-5}$$

假设所有的热损失由热传导引起，那么对于弧柱的任意区域，存在式(5-5)：

$$\sigma\cdot E^{2}+\frac{\frac{1}{r}\mathrm{d}\left(\frac{r\lambda\mathrm{d}T}{\mathrm{d}r}\right)}{\mathrm{d}r}=0 \tag{5-6}$$

对于弧柱而言，可以认为其导电区集中存在于电弧的中心区域，外围区域通过的电流很小，因此可得到电流密度：

$$j_{r}=I/(R)^{2} \tag{5-7}$$

依据欧姆定律的微分形式：

$$j_{r}=\sigma\cdot E \tag{5-8}$$

将式(5-8)代入式(5-6)，可得

$$j_{r}\cdot E=-\frac{\frac{1}{r}\mathrm{d}\left(\frac{r\lambda\mathrm{d}T}{\mathrm{d}r}\right)}{\mathrm{d}r} \tag{5-9}$$

对式(5-9)两端积分，设电弧外围半径 R 处的温度为 T_{0}，可得

$$T=\frac{IE}{4\pi\lambda}\left(1-\frac{r^{2}}{R^{2}}\right)+T_{0} \tag{5-10}$$

将得到的温度方程代入式(5-4)，可得到半径 $r<R$ 处流过电流区域的辐射：

$$\varepsilon_{c\nu}=k'(\nu)\cdot 2\frac{\nu^{2}}{c^{2}}k\left(\frac{IE}{4\pi\lambda}\left(1-\frac{r^{2}}{R^{2}}\right)+T_{0}\right) \tag{5-11}$$

当半径 $r>R$ 时，式(5-6)可表示为

$$\lambda \mathrm{d}T = -\frac{IE}{2\pi\lambda}\mathrm{d}r \tag{5-12}$$

则有

$$T = T_0 - \frac{IE}{2\pi\lambda}\ln\frac{r}{R} \tag{5-13}$$

因此，对于半径 $r>R$ 时，其辐射为

$$\varepsilon_{nc\nu} = k'(\nu)\cdot 2k\frac{\nu^2}{c^2}\left(T_0 - \frac{IE}{2\pi\lambda}\ln\frac{r}{R}\right) \tag{5-14}$$

由于 TIG 弧具有光学薄的特性，因此等离子体本身对辐射的吸收可以看作零。为推导方便，忽略电弧沿径向的温度梯度。对发射系数 ε_ν 积分，可得到整个弧柱在特定谱段内的辐射能量。

$$\begin{aligned} B_{i\nu} &= \iiint \varepsilon_\nu \mathrm{d}v = \int_0^R 2\pi r\cdot L\cdot \varepsilon_{c\nu}\mathrm{d}r + \int_R^{R_L} 2\pi r\cdot L\cdot \varepsilon_{nc\nu}\mathrm{d}r \\ &= L\int_0^R 2\pi r\cdot \varepsilon_{c\nu}\mathrm{d}r + \int_R^{R_L} 2\pi r\cdot L\cdot \varepsilon_{nc\nu}\mathrm{d}r \end{aligned} \tag{5-15}$$

式中，R_L 为电弧等离子体辐射的半径，在半径大于 R_L 的区域，可以认为其辐射为零。由式(5-15)的积分上限，可以确定 R_L：

$$R_L = R\cdot e^{\frac{2\pi\lambda T_0}{IE}} \tag{5-16}$$

由此

$$B_{i\nu} = k'(\nu)\cdot\frac{k\nu^2}{c^2}\cdot L\cdot R^2\cdot\frac{IE}{2\lambda}\left(e^{\frac{4\pi\lambda T_0}{IE}} - \frac{1}{2}\right) \tag{5-17}$$

考虑到熔池和电极区域产生的辐射对等离子体辐射的整体贡献，引入修正项，则

$$B_{i\nu} = k'(\nu)\cdot\frac{k\nu^2}{c^2}\cdot L\cdot\frac{1}{\pi j}\cdot\frac{IE}{2\lambda}\left(e^{\frac{4\pi\lambda T_0}{IE}} - \frac{1}{2}\right) + C_1\cdot I^g + C_2 \tag{5-18}$$

式中，j 为电流密度。电流较小时，电流密度基本不变，电流大于临界值时，电流密度会有所增加，其关系式见式(5-19)。

$$j = j_c,\quad I\leqslant I^*;\quad j = j_c + a^{I-150},\quad I\geqslant I^* \tag{5-19}$$

由此，式(5-18)给出了一个较完整的电弧辐射与焊接参数之间的关系式，它对于理解电弧的辐射有重要意义。为了进一步将上述理论应用于 TIG 弧长的测控，Li P. J. 对上述公式进行了试验研究，确定各系数的值。

对于 TIG 焊的正常焊接过程而言，焊接电弧非常稳定，可以认为弧柱导电区和等离子体的发光区为常数，电位梯度也可以被假定为常数，因此式(5-18)可以简化为

$$B_{i\nu} = G_1 L I^2\left(e^{\frac{G_2}{I}} - \frac{1}{2}\right) + G_3 I^2 + G_4 \tag{5-20}$$

通过开展特定条件下的试验，可以得到式(5-21)、式(5-22)：

$$V_{signal}=0.000\,01\cdot L\cdot I^2\left(e^{\frac{5}{I}}-\frac{1}{2}\right)+0.000\,075I^2+0.000\,1 \tag{5-21}$$

$$V_{signal}=0.000\,13\cdot L\cdot I^2\left(e^{\frac{5}{I}}-\frac{1}{2}\right)+0.000\,05I^2+0.3 \tag{5-22}$$

上述公式描述了焊接过程中，电弧辐射与弧长和电流之间的关系，对于特定电流下，电弧辐射与弧长成正比关系，可以据此对电弧弧长进行检测和控制。但上述理论计算式是以整体辐射为研究对象，对于特定谱线或者谱段的辐射，上述公式也基本适用，但前提条件是其辐射的强度符合式(5-11)的连续辐射基本规律。上述理论未考虑线谱辐射本身与离子浓度等因素的关系。因此，对于特定谱段和谱线的辐射，要根据辐射特点，在此基础上进行修正和改进。

5.3 TIG电弧辐射在弧长控制上的应用

熟悉了TIG电弧辐射的基本规律，再来讨论一下其光谱在弧长控制上的典型应用。电弧等离子体的体积对辐射强度的影响很大，人们对于弧光强度与电弧长度之间存在的关系已经有了一些认识，但直到20世纪80年代后期，研究工作者才逐渐将测量弧光强度与弧长之间的定量关系作为研究对象，并利用这种关系来控制弧长。随后，在总光强方法基础上，发展了TIG焊弧长的光谱测控，已成为较成功的应用方向。本节将阐述其弧长控制应用的原理和方法。而对于MIG焊而言，由于焊接过程中金属蒸气、电参数变化的影响，目前还无法通过辐射光谱来控制弧长。

研究者开发的弧光传感弧长控制系统如图5.25所示[52]。弧光传感器将弧光强度转换成电压信号，经过采样与放大处理，送到控制器进行比较、分析、判断，向焊枪调节机构输出调节方向和调节量的指令，焊枪运动机构执行调节，电弧长度发生变化，弧光强度也发生相应变化，弧光传感器再将检测到的变化后的

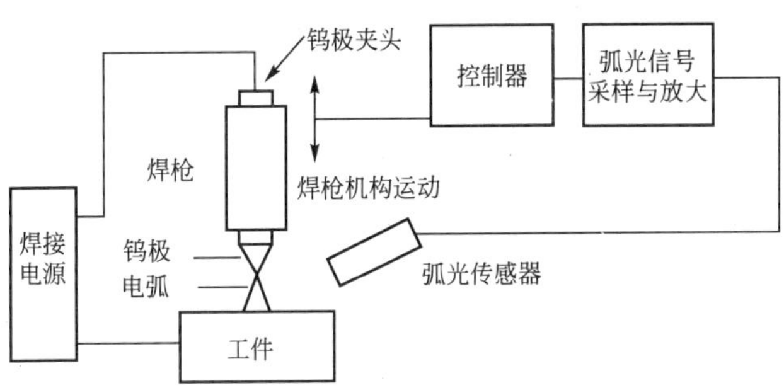

图5.25 弧光传感弧长控制系统示意图

弧光强度信号送去进行采样、放大处理，然后再输送给控制器，通过焊枪运动机构，对焊枪高度再进行调节，这样形成一个闭环控制系统，直至弧长被控制在所要求的长度为止。

弧光传感器是弧光传感弧长控制系统的关键部分，其任务是进行光电转换，并能较准确地检测出弧长信号。光电传感器可以实现光电转换任务，但为了能检测到准确的弧长信号，取得较满意的控制效果，除了一般传感器应考虑的问题以外，还要特别考虑解决好以下几个问题。

1. 弧光传感器有效工作区间的保证

正如第 4 章中介绍的，所有光电转换器件都有有效的线性工作段和达到饱和的非线性区间。只有当光信号强度作用在线性工作段时，传感器的光电转换才能得到理想的结果。焊接电弧光的强度很高，而且焊接电流调节范围较宽(由十几安到几百安)，弧光强度的动态变化范围较大，用于焊接过程弧长控制的弧光传感器必须解决光电转换器件始终工作在线性区间的问题。研究者通过设计制造了自动灵敏度控制系统，既解决了光敏晶体管接受强光的减弱问题，又解决了光强的自动调节问题。在弧光强度的动态变化范围，使弧光传感器总处于线性工作段，保证了弧光传感的灵敏度。

2. 弧光传感器的空间安放位置

由于弧光辐射面较大，光强也较高，对弧光传感器的安放位置要求并不十分严格。经过大量试验表明，传感器端头与电弧之间的距离在 100～300mm 之间，传感器轴线与工件之间的夹角在 15°～45°间都能得到满意的检测效果。

3. 弧光传感器的冷却与保护

由于弧光传感器不能离开电弧太远，焊接过程的烟尘及高温辐射都可能干扰传感器的检测效果。需要特殊设计的喷气保护式弧光传感器，来有效地排除这些干扰。可以采用焊枪内的保护气，将其引出流经传感器的光电转换器，起冷却和保护作用，同时排除烟尘对光强信号的干扰。

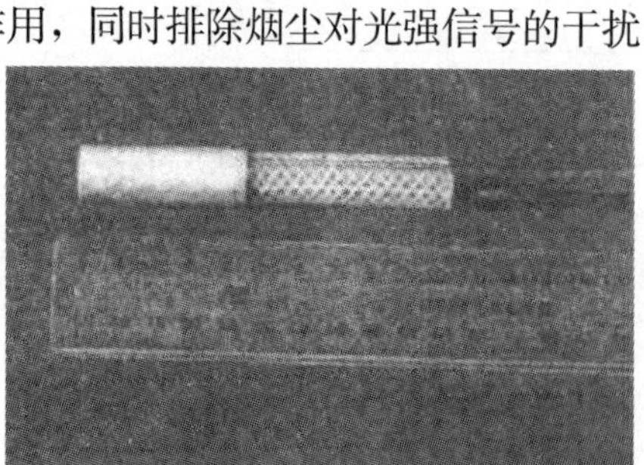

图 5.26　弧长传感器外形照片

研究者采用通用的光敏器件和微型电子器件[52]，将由弧光光电传感器和灵敏度自动调节电路制作成紧凑结构，便于在线安装。如图 5.26 所示，传感器直径为 15mm，长度为 50mm，安装方便、性能可靠、成本较低。采用这种电弧总光强传感方法来检测弧长，可得到弧长与电弧总光强的统计关系，如图 5.27 所示，弧光信号的分散度比弧压信号的分散度小。

上述传感系统以 TIG 电弧的辐射总光强为信号源。而根据弧光的光谱分析知道，弧光是由许多不同元素的谱线构成的，不同元素的谱线强度并不都与弧长有固定的比例关系，因此选取电弧的总光强来检测与控制弧长，仍不是最佳的方法。而采用特定谱段的辐射光谱信息，可以得到更好的信号品质和控制效果。光谱分析结果证明，氩原子谱线强度与 TIG 焊接电弧的弧长有更理想的比例关系，如果采用氩原子谱线中较强的单一原子谱线强度来检测与控制弧长，则可得到更理想的结果。实验也证明，采用了可通过单一原子谱线的滤光片，使弧光经过滤光后再进入传感器，则可获得更稳定和更精确的弧长信号。图 5.28 所示为采用单一氩原子谱线滤光片后，得到的氩原子谱线强度与弧长的统计关系。与图 5.27 相比，弧光信号的分散度进一步减小，信号的稳定性和精确度也进一步提高。利用这种氩原子谱线强度传感器控制的弧长静态精度可达到±0.1mm，动态精度可达到±0.2mm，完全可以满足高精度弧长控制的要求[50]。

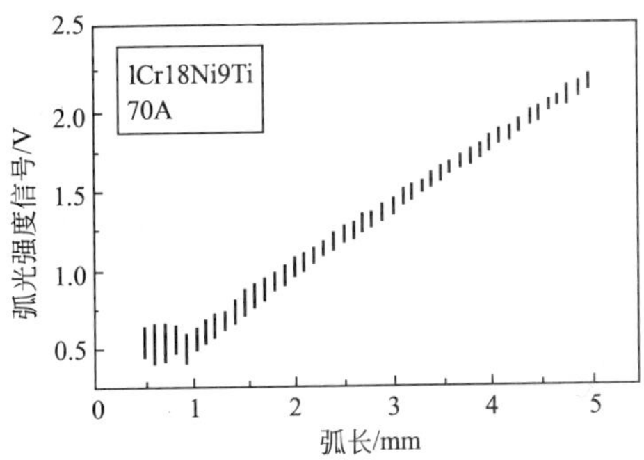

图 5.27　弧长与电弧总光强的统计关系

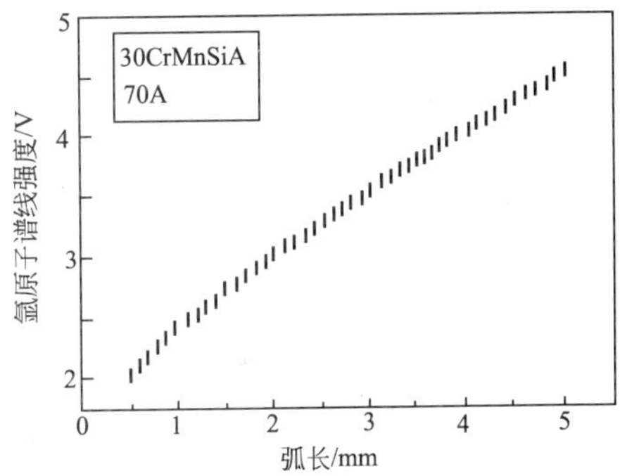

图 5.28　氩原子谱线强度与弧长的统计关系

5.2.1 节的分析表明，无论采用 Ar 原子线谱辐射，还是采用连续谱辐射，只要其中没有金属蒸气的波动干扰，都可以获得较好的弧长与光谱强度的线性关系。而采用 Ar 原子线谱作为弧长控制时，由于其信号总体强度强、信噪比高，信号品质要比连续谱好。但是，采用 Ar 原子线谱也存在问题，要防止气体流量波动、外界干扰等对 Ar 气氛浓度的影响，这些因素会对弧长的光谱信号带来干扰，从而产生错误传感。

5.4　电弧光谱在 TIG 焊质量检测上的应用

从理论上讲，电弧辐射光谱与电弧特性、焊接参数、焊接材料等有很大关系，不同条件下辐射光谱存在很大差异，正如前面提到的，影响辐射光谱的因素很多，不同参数下(如电压、电流、保护气流量、焊接速度等)电弧的辐射存在明显不同，但一般情况下，如果焊接规范处于正常焊接条件下，特定元素线谱的位置不会发生明显改变，而主要影响其辐射强度的变化。关于不同参数下 TIG 焊电弧辐射规律的变化，在 5.2 节中已予以讨论，由此可知，焊接方法、焊接材料、母材是等离子体辐射光谱最重要的几种影响因素。它们的变化会造成特征线谱和辐射分布规律的明显不同。因此电弧光谱被用于 TIG 焊质量在线检测[53]。目前采用较成功的是电子温度法和特征谱线法。

5.4.1 电子温度法在 TIG 焊质量检测上的应用

电子温度反映了电弧的状态，焊接过程中，外界干扰因素以及焊接参数本身的变化，都会带来电弧状态的变化，从而引起电子温度的变化，因此，可以采用电子温度来诊断 TIG 焊的焊接质量。电子温度法是通过选定谱线，快速计算得到焊接过程的电子温度。其基本原理已在第 3 章介绍。

电子温度诊断焊接质量，其最主要的优点在于具有很好的信噪比，焊接过程中焊接参数、金属蒸气、保护气氛浓度等可能会引起某一谱线辐射强度值的变化，但简单采用某一谱段来诊断焊接质量，会存在一些“噪声”和信号的误判识。例如，对于 Fe 元素的线谱谱段，偶然因素造成金属蒸气蒸发量不同，可能带来噪声信号。而采用电子温度法进行诊断，通过选定谱线辐射强度比值，或者采用玻尔兹曼图法，可以获得具有高信噪比的诊断信号。因此在国内外被研究者广泛采用[54,55]，并将其初步尝试在工业上应用。

图 5.29 为采用电子温度法检测焊接过程的测量系统以及其测定的正常焊接过程的电子温度信号[54]。由图 5.29 可知，除了在起弧阶段，电子温度值较高

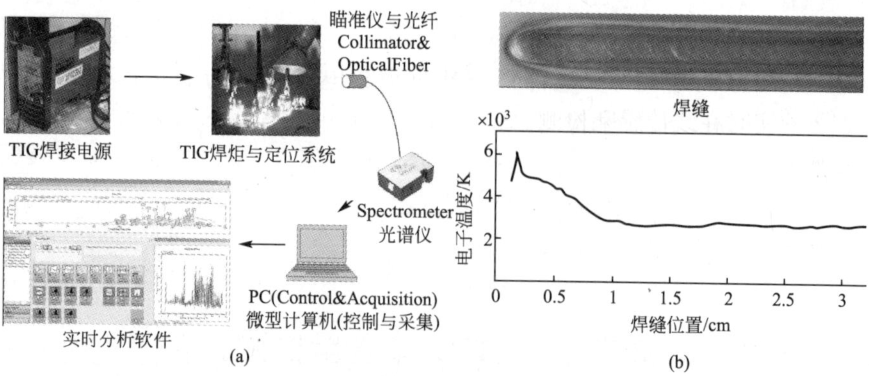

图 5.29 电子温度测量系统及正常焊接过程的电子温度信号

(a) 电子温度测量系统；(b) 正常焊道和电子温度信号

外，正常焊接过程的电子温度非常平稳。图 5.30 为利用电子温度检测焊接过程缺陷的信号和焊道照片。由图 5.30 可以看出，对于存在缺陷的焊道，无论采用 Fe I 计算出的电子温度，还是采用 Ar II 计算出的电子温度，都可以对缺陷进行很好的检测，但其信号特征有所不同。另外，不同产生缺陷的因素，只要造成电子温度的变化，都可以获得很好的特征信号。

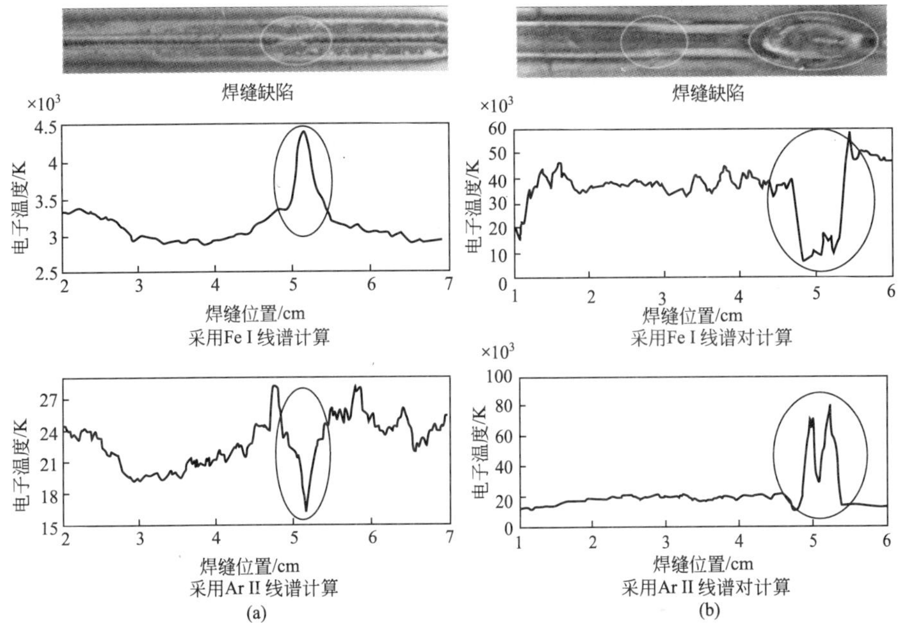

图 5.30 电子温度检测焊接过程缺陷的信号和焊道照片

研究者还进一步通过开展应用研究[55]，建立适用于焊接过程在线检测的传感测试系统。如图 5.31 所示，检测传感系统通过紧凑小巧的光谱传感装置，将其固定在 TIG 焊枪的侧向，传感整个 TIG 弧的辐射信息，通过传感特定谱线信息，利用在线检测系统，快速计算焊接过程中电子温度的变化信号，实现了 TIG 缺陷的实时在线传感和检测。

5.4.2 特征谱线法在 TIG 焊质量检测上的应用

虽然电子温度法能够很好地检测出 TIG 焊的缺陷，具有信噪比高、缺陷检测准确的优点。但这种方法的主要不足在于，对于产生缺陷的可能原因无法提供可靠的信息，这大大减弱了光谱具有丰富焊接过程信息的优点。因此，本课题组提出了利用特征元素谱线检测 TIG 焊质量的方法[56]，通过分析电弧气氛中存在元素的特征谱线，利用多个谱线(谱段)信号的变化，融合检测焊接质量，这种方法不仅可以检测焊接过程缺陷，还可以对产生缺陷的原因进行有效分析。

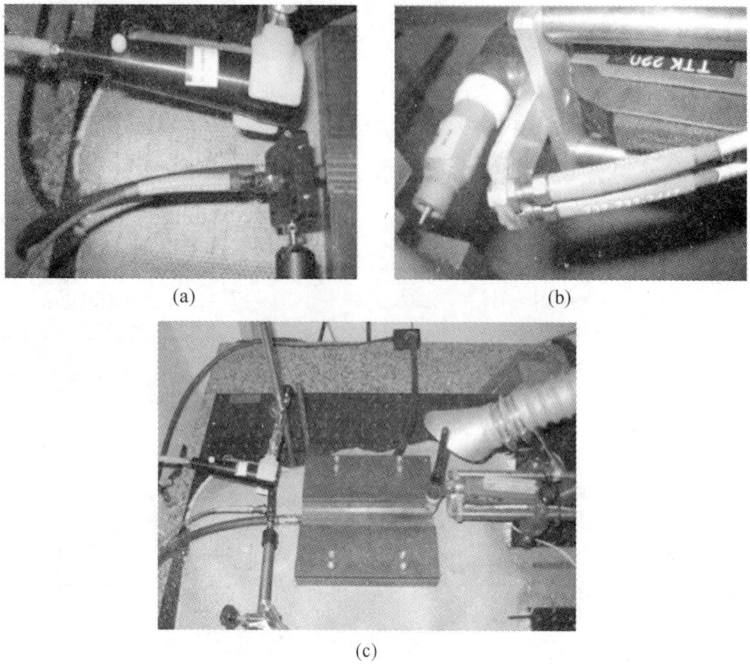

图 5.31　基于光谱计算电子温度法的 TIG 焊缺陷在线检测装置

结合 5.1.1 节的试验，对钢 TIG 焊的辐射光谱频域的分布进行进一步分析，并基于此进行特征元素谱线的筛选。由图 5.3 可知，390～440nm 的特征线谱以 Fe I 为主，但在 407.2nm 处，出现了一定强度的 Ar II 线谱；430～500nm 为 Ar II 谱线聚集区，在 460～490nm 出现辐射峰值；500～650nm 谱段，除了在 603.2nm 出现 Ar I 线谱外，以连续辐射为主；650～1 000nm 谱段，主要为辐射很强的 Ar I 线谱。下面，开展特征元素谱线的筛选工作。

1. 特征元素谱线筛选[57]

首先，分析一下产生焊接过程缺陷的干扰因素，以及其对电弧辐射光谱的影响。正常焊接过程中电弧气氛存在的主要特征元素有 Ar 和 Fe，当受到外部干扰因素影响时，会造成 N、O 等元素的侵入。要想利用线谱对焊接质量进行判识，首先要对特征元素产生的谱线进行筛选，筛选的基本原则如下。

(1) 特征谱线应具有足够的强度。

(2) 特征谱线不会受到其他元素谱线的“干扰”。

对于 Fe 和 Ar 而言，存在明显的特征线谱区。Fe II 谱线聚集区出现在 300nm 以下的紫外辐射区域，Fe I 谱线聚集出现在 350～450nm 谱段。对于 Ar 谱线而言，750～830nm 间存在 Ar I 谱线聚集区，在 TIG 焊中没有熔滴过渡的影响，此谱段受 Fe 谱线影响很小，可作为 Ar 的特征谱线区。在 460～490nm 谱段存在 Ar II 线谱聚集区。上述特征线谱聚集区，线谱具有足够强度，且很少有其他谱线干扰，可作为特征元素的特征谱段。

对焊接过程进行检测，目的是检测由于外界干扰带来的焊接质量问题，这些干扰除了会带来 Ar、Fe 等焊接过程本身特征元素谱线辐射的变化外，还会有新的特征元素侵入电弧。如，在电弧保护气氛受到外界侧吹风干扰时，会造成 N、O 等有害气体元素的侵入，通过对这些元素谱线进行检测，可直接判断干扰因素。对于 N、O 而言，其谱线分布在 Ar I 聚集区。N、O 各存在两个明显的谱线聚集区，分别在 N 744.3～N 746.8nm、N 868.1～N 868.3nm 波段和 O 777.2～O 777.5nm、O 844.6～O 844.7nm 波段，考虑到此谱段 Ar 谱线分布情况，为了避免其在焊接信号检测中互相干扰，根据线谱相对独立和具有足够强度的原则，选取 O 777.2～O 777.5nm 和 N 868.1～N 868.3nm 作为二元素特征谱段。

为了进一步分析干扰因素的特征谱段，本课题组通过系列工艺试验，来探讨典型干扰因素对辐射光谱的影响。图 5.32、图 5.33 给出了在不同干扰因素下，钢 TIG 焊时光谱信号的频域分布特点。为了详细分析各区段，按照各区段的特征，将不同试验条件下的对应特征谱段进行对比，分析的特征谱段包括 220～300nm、300～430nm、430～520nm、530～680nm、700～900nm、900～1 000nm。

图 5.32 给出了锈板干扰因素下焊接电弧光谱分布的特征。从图 5.32 上不同谱段的分析可以看出，在 220～300nm 区段，有锈板的辐射明显高于正常焊接状态下，此处以 Fe II 谱线为主，存在 Fe II 谱线的聚集区间有 238～241nm 间的 Fe II 238.203(1 000)、Fe II 238.86289(200)、Fe II 239.56254(700)、Fe II 239.92413(200)、Fe II 240.48858(500)；259～262nm 间的 Fe II 2598.3692(400)、Fe II 2599.3956(700)、Fe II 2607.0871(300)、Fe II 2611.8736(400)、Fe II 2613.8243(200)；273～277nm 间的 Fc II 2739.5474(400)、Fe II 2749.3216(400)、Fe II 2755.7365(500)。而在此区间的 Fe I 谱线却没有明显的辐射，如在 Fe I 2483.2708(1 000)线谱附近没有明显的谱线峰值。300～430nm 谱段，辐射强度没有明显差别，特征元素的线谱分布较杂乱；在 430～520nm 谱段，正常焊接状态下的谱线高于有锈板的谱线，这里主要存在一些 Ar II 谱线，但谱线强度不是太强；在 530～680nm 谱段，正常焊接状态下的谱线高于有锈板的谱线，但差别不大(通过纵坐标数值对比)；在 700～900nm 谱段，存在大量的 Ar I 谱线，强度较大的线谱有 Ar I 7 635.106(700)、Ar I 8014.786(700)、Ar I 8115.311(1 000)，存在的主要谱线聚集区在 750～820nm 间，在线谱位置呈现相似的分布，图 5.32(f)的谱线放大表明，在线谱位置正常焊接状态的谱线强度高于有锈板；在

900nm～1 000nm 谱段，线谱较少，除在 Ar I 9122.967(1 000)、Ar I 9224.499(400)、Ar I 9657.786(700)的线谱外，以连续辐射为主，差别不大。

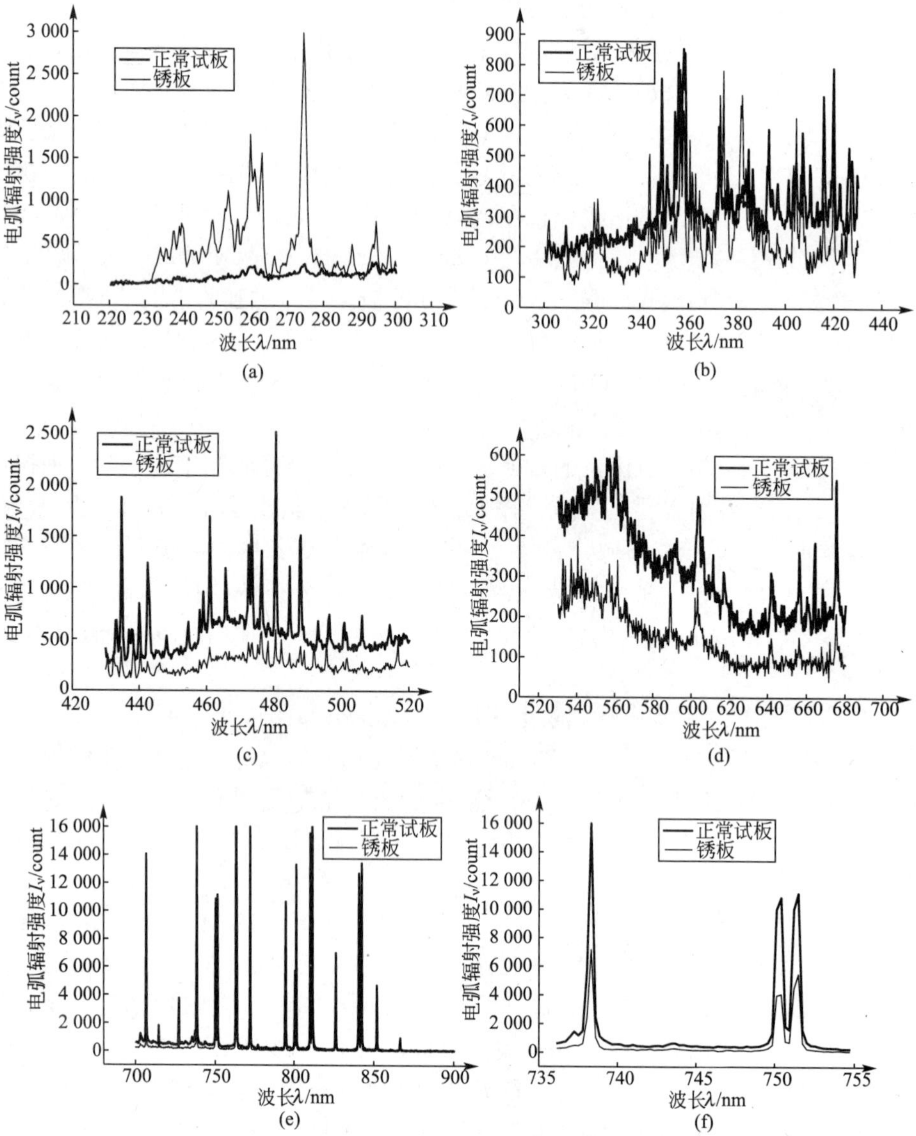

图 5.32 锈板干扰因素下焊接电弧光谱分布的特征

(a) 220～300nm；(b) 300～430nm；(c) 430～520nm；(d) 530～680nm；(e) 700～900nm；(f) 700～900nm 间谱线放大

图 5.33 给出了不同气流量下焊接电弧光谱分布特征。从图 5.33 的谱线图可以看出：在 220～300nm 区段，气流量较小时(1L/min)，辐射明显高于保护气

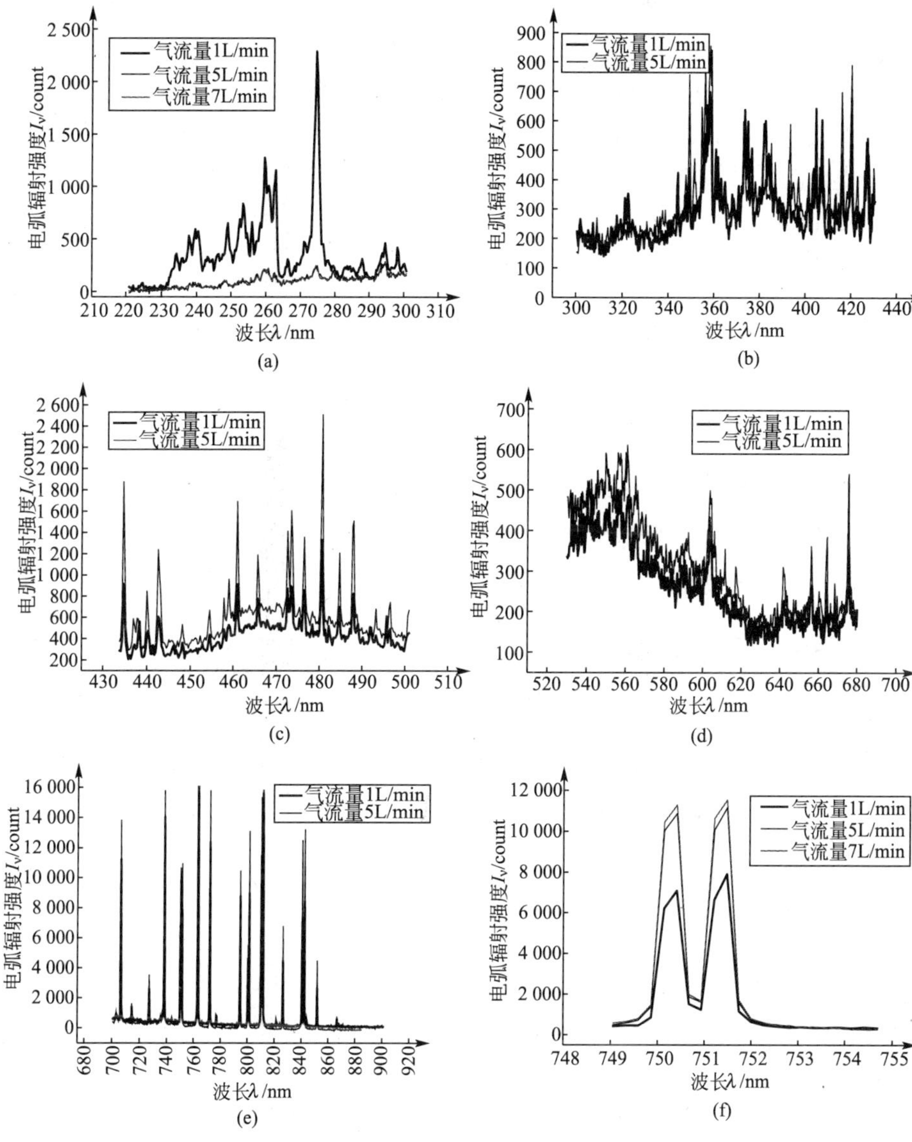

图 5.33 不同气流量下焊接电弧光谱分布特征

(a) 220～300nm；(b) 300～430nm；(c) 430～520nm；

(d) 530～680nm；(e) 700～900nm；(f) 700～900nm 间谱线放大

流量较大的正常焊接状态，而气流量为 5L/min 和 7L/min 的谱线基本接近；在 300～430nm 谱段，辐射没有明显差别；在 430～520nm 谱段，保护气流量较大的正常焊接状态下的谱线高于保护气流量较小的谱线，这里主要存在一些 Ar II 谱线；在 530～680nm 谱段，正常焊接状态下的谱线略高于气流量小的谱线，但差别不大(通过纵坐标数值对比)；在 700～900nm 谱段，存在大量的氩谱线，在线谱位置呈现相似的分布，图 5.33(f)谱线放大表明，可通过谱线明显看出随气流量减小，谱线逐渐降低。而这种在正常焊接参数范围内的气流量参数变化，并不会引起明显的电弧等离子体的电子温度下降，所以很难检测出来，而在特征谱线方法中，却可以从 Ar I 特征谱线的辐射强度变化中反映出来。

通过上述谱线的筛选工作，确定表 5－1 中 6 个谱段作为特征元素的检测谱段，其中 F6 为对比谱段。

表 5－1　特征元素检测谱段　　(单位：nm)

F1	F2	F3	F4	F5	F6
250～300	450～490	750～830	776.6～777.6	867.5～868.5	900～1 000

2. 特征谱线法检测焊接缺陷

运用表 5－1 确定的检测谱段，对预设了干扰因素的焊接过程进行检测。图 5.34～图 5.36 给出了 3 个检测实例。图 5.34(a)为引入侧吹风干扰因素时的

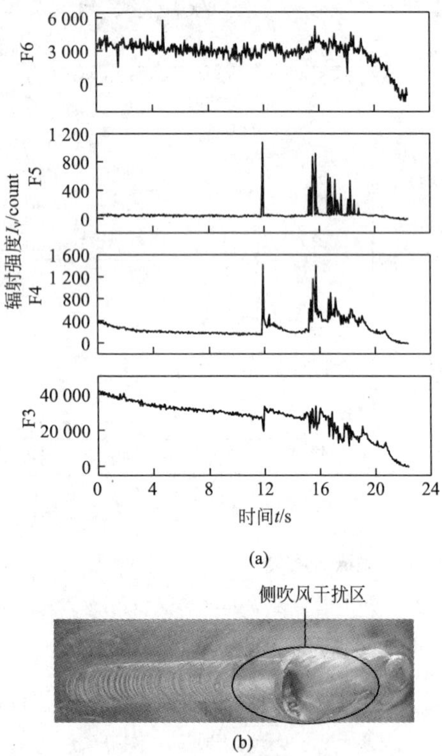

图 5.34　侧吹风干扰因素

(a) 电弧光谱信号；(b) 焊道照片

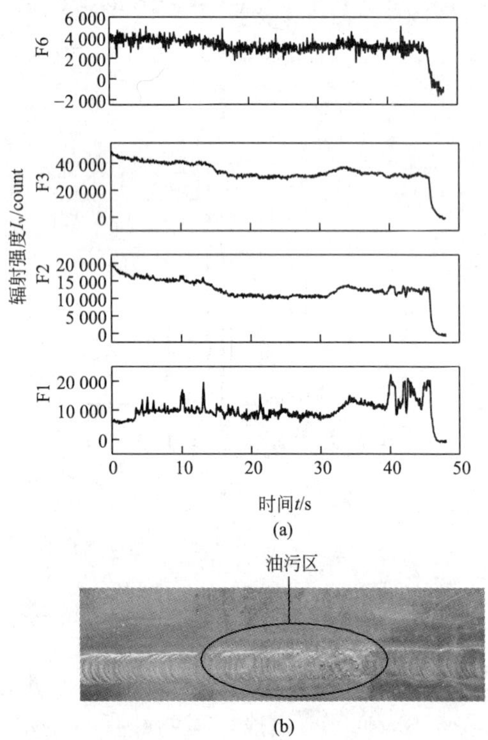

图 5.35　焊件表面存在油污

(a) 电弧光谱信号；(b) 焊道照片

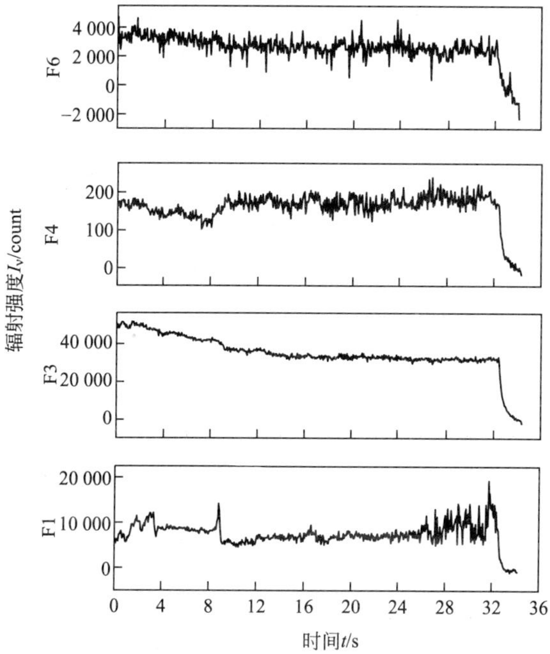

(a)

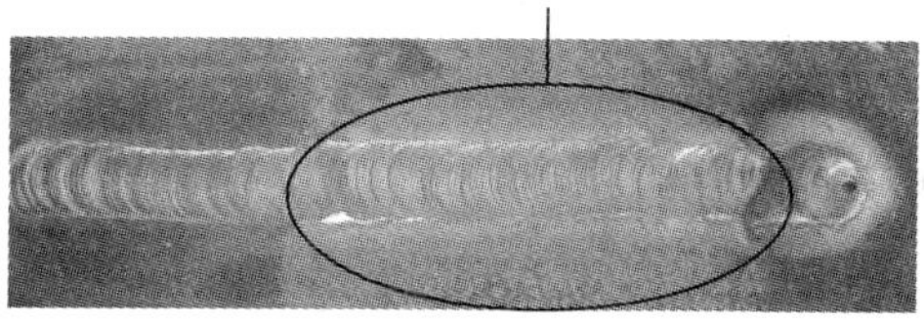

(b)

图 5.36 焊件表面存在锈

(a) 电弧光谱信号；(b) 焊道照片

光谱信号。在正常焊接过程进行一段时间后，人为引入侧吹风，包括一次短时侧吹和一次连续侧吹，破坏电弧气氛。侧吹风造成焊道质量问题(图 5.34(b))。对应图 5.34(a)、(b)可看出，F3 谱段(Ar I)辐射强度在 12s 处和 15～19s 两个区域均有辐射减小信号发生，F4(O I)、F5(N I)对应谱段辐射强度均有明显增强信号。上述特征信号的出现，是由于电弧气氛中保护气体遭到破坏，空气侵入电弧造成的。而在选择的 F6 对比谱段中(900～1 000nm)，没有明显特征信号。利用上述特征信号可对保护气变化造成的焊道质量问题进行检测。

图 5.35 为焊件表面局部存在油污时的电弧光谱信号和焊道照片。从图 5.35(a)可看出，F2(Ar II)、F3(Ar I)两个谱段在油污段(14～34s)出现了辐射降低区段，其中 F2 谱段的信号特征最好，在 F1 谱段特征信号不明显。选取的 F6 对

比谱段中，没有明显的特征信号。上述特征信号的出现，主要是由于存在的油污，焊接过程中会在加热中挥发，产生烟尘干扰电弧，造成 Ar 辐射，尤其是 Ar II辐射区的减小，所以引起 F2 谱段的辐射强度下降。

图 5.36 为在焊件表面存在锈条件下的电弧光谱信号和焊道照片。从图 5.36 (a)可看出，F1 谱段光谱信号在进入锈区瞬时(9s)存在明显的辐射脉冲，随后辐射降低至接近正常值，在后段重锈区，存在较大的辐射波动；在 F3 谱段，整个电弧辐射强度缓慢降低；F4 谱段在进入锈区处出现辐射增强；选取的 F6 对比谱段中，没有明显特征信号。上述特征信号的出现，与焊件表面的锈区相关。电弧进入锈区瞬间，还保持原来的热状态，锈区 Fe_2O_3 的存在，会增加电弧中 Fe 和 O 元素浓度，在 F1 和 F4 中产生特征信号。随后锈区蒸气进入电弧气氛，造成电弧温度和辐射减弱；达到新的平衡，辐射基本稳定。

通过 3 个实例可看出，选取特征元素谱段辐射信号，可对 TIG 焊过程常见干扰因素如侧吹风、油污、锈等进行准确判识，对焊接质量进行检测。

(1) TIG 焊电弧辐射光谱中，230～330nm 谱段为 Fe II 和 Mn II 谱线聚集区，330～390nm 谱段为 Fe I 谱线辐射区。430～500nm 为 Ar II 谱线聚集区，Ar I 谱线聚集区出现在 690～850nm 间。

(2) 在电流为 100A、弧长 1.5mm、气流量 7L/min、焊接速度 20cm/min 的焊接条件下，通过选取特征元素谱段，可对 TIG 焊过程常见的干扰因素，如侧吹风、油污、锈进行准确判识。

由上述讨论可知，焊接电弧的弧光信息能够反映电弧等离子体的状态，可以被用来进行焊接过程的测控。目前，除了在 TIG 焊弧长测控和焊接质量检测方面的应用之外，TIG 焊电弧光谱的其他主要应用领域还有用光谱法诊断钨极惰性气体保护电弧焊(TIG)的温度场，光谱理论应用于图像传感来提高图像品质及获得必要信息，气体成分及浓度测定与控制等。

由于 TIG 焊电弧稳定，其电弧光谱信息基本不受熔滴过渡引起波动的影响，容易在焊接过程测控中实现特征信息的获取，所以研究者对此进行了较详尽的理论和应用研究。随着 TIG 焊电弧光谱辐射理论的进一步研究深入，相信它会在热丝 TIG 等自动 TIG 焊领域具有更广阔的应用空间。

第6章 熔化极气体保护焊电弧光谱及其典型应用

电弧辐射光谱信息在焊接电弧的研究中得到了多方面的应用，由第 5 章可知，其在非熔化极电弧焊(GTAW)的研究已取得较为全面的成果，充实了焊接电弧物理的理论。但迄今为止，光谱信息在熔化极气体保护焊(GMAW)上的应用还受到一些限制[58]。虽然研究者开展了不少研究工作，但对其辐射光谱分布特征、波动特点还认识不足，对于 GMAW 焊辐射光谱的基础研究以及工业应用研究，都还亟待深入。

本章将主要结合课题组开展的系列研究工作，并总结国内外学者在相关方面的理论和应用研究成果，针对不同的焊接方法、焊接材料、电源特性等，总结在多种条件下熔化极气体保护焊的频域、时域、空域的辐射特点，并对其在熔滴过渡控制、焊接质量检测上的典型应用进行介绍。以促进和拓宽光谱在 GMAW 焊接过程控制技术上的应用，完善熔化极气体保护焊电弧物理理论体系；尝试给读者提供较完备的熔化极气体保护焊电弧辐射的知识，推动开展光谱信息在焊接质量、过程控制领域的应用研究。

6.1 熔化极气体保护焊的电弧辐射光谱

GMAW 焊电弧光谱在频域、时域和空域上的分布是研究其光谱信息和应用的基本资料。在电弧光谱信息的研究中起着基础性的作用。下面介绍熔化极气体保护焊电弧辐射光谱的 3 大分布特征。

6.1.1 熔化极气体保护焊辐射光谱的频域分布

1. MIG 焊

与 TIG 焊相比，MIG 焊电弧光谱辐射的频域分布要复杂得多，本课题组通过采用 H08Mn2Si 实心焊丝、A3 焊接钢板、纯氩保护(18L/min)，对其光谱信息进行采集，开展了相关研究工作[59]。如图 6.1 所示，其元素谱线分布杂乱，熔滴过渡使得谱线辐射强度波动较大，尤其是在线谱密集的区域。经过试验分析可知，MIG 焊光谱在 200～1 100nm 波长范围内，主要以 Fe、Ar 谱线为主，Fe 谱线主要分布在 200～430nm，Ar 谱线主要分布在 430～520nm 和 700～900nm。

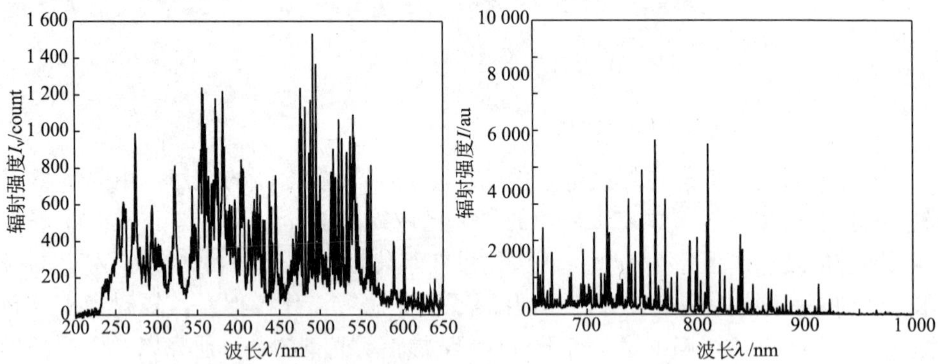

图 6.1 MIG 焊接电弧光谱 210～1 100nm 分布图

经过上述分析可知，Fe 和 Ar 谱线是 MIG 焊主要的辐射线谱。由于 Fe、Ar 谱线比较具有代表性，能够充分反映焊接电弧、熔滴、熔池等的变化，因此，本课题组在研究中，以 Fe、Ar 谱线为主要标定元素，对熔化极气体保护焊(MIG)电弧光谱在频域上分布的线谱标定[60]，结果如图 6.2 所示。从图 6.2 中可以看到，在频域上焊接电弧光谱是连续谱背景上的线谱结构，它分布于从紫外、可见到红外的广阔区域。在 250～350nm 主要为线谱 Fe I、Mn I 的存在，在 450～570nm 谱段主要为 Fe I 线谱。在 700nm 以上主要为 Ar I 线谱。但研究表明，如果电弧辐射强度大，此区域还会存在较多的 Fe I 线谱，并且其 Ar I 特征线谱与 TIG 焊的 Ar I 线谱不同。没有发现 Ar II 线谱(与 TIG 相比，可能与电弧温度较低有关)。上述线谱分布使得对电弧成分(各元素及其含量)的选择性研究及对电弧信息的降维处理成为可能。从图 6.2 的谱线分布中可以看到某些频率的谱线强度较高，形态较好，较为孤立(邻线干扰较小)，适于选作焊接过程检测的特征谱线(谱段)。

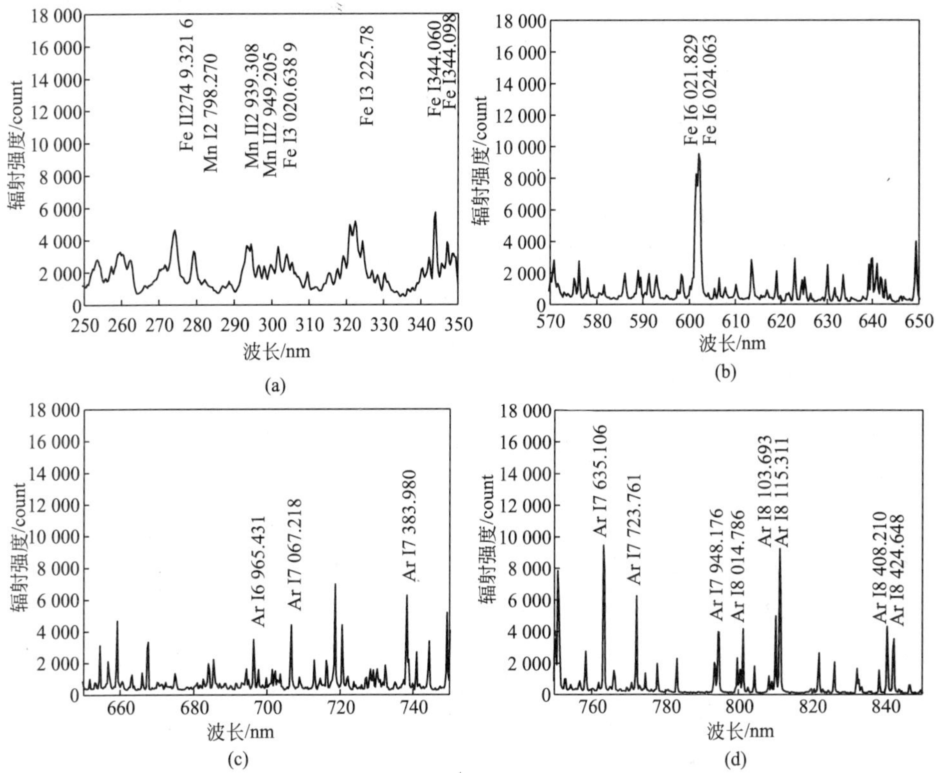

图 6.2 不同谱段 MIG 焊的辐射光谱[60]

(a) 250～350nm; (b) 450～570nm; (c) 570～650nm; (d) 650～900nm

2. CO_2 气体保护焊(实心和药芯焊丝)[61]

CO_2 气体保护焊与 MIG 焊相比，其电弧的辐射存在差异。图 6.3 所示为实心焊丝(H08Mn2Si)，A3 焊接钢板，CO_2 气体保护焊的辐射光谱。可以看到，由于气体特性不同，其在 650～1 100nm 段与 MIG 焊(图 6.1)存在明显的辐射差异，其线谱数量和强度明显比 MIG 焊少，由于采用 CO_2 气体保护，没有了大量 Ar I 线谱的出现，而主要是一些金属线谱以及 770nm 附近 CO_2 气体产生的吸收线谱。而在 200～650nm 段，其辐射的线谱与 MIG 基本相同，均为大量的金属线谱。其在 200～300nm 间的线谱比 MIG 焊相对较少。

与实心焊丝不同，药芯焊丝可以实现气渣的联合保护，通过在药芯中添加稳弧剂、合金元素等，大大改善焊缝金属的冶金过程，使焊接接头具有更好的韧性和强度，因此药芯焊丝成为具有发展潜力的焊接材料。但由于大量药芯成分的加入，使得其辐射光谱的频域分布更为复杂。

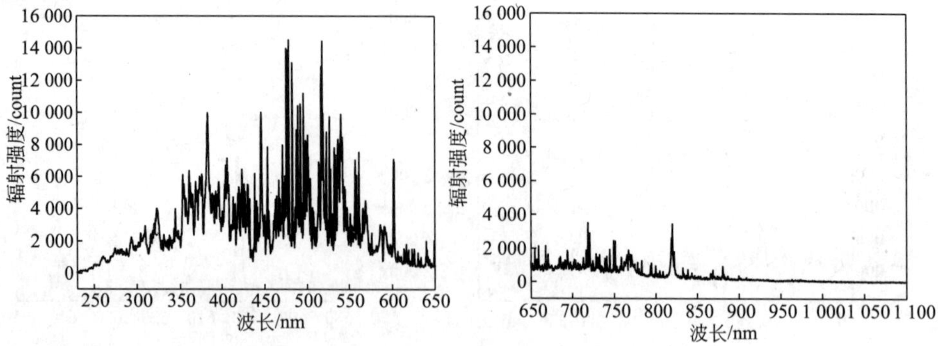

图 6.3　CO_2 气体保护焊的辐射光谱(实心)

为了进一步分析不同焊接材料对光谱辐射的影响，课题组还开展了药芯焊丝的 CO_2 气体保护焊辐射光谱研究。图 6.4 给出了几种典型药芯焊丝电弧辐射的对比，其中 K－71TLF(韩国)和 DW100(日本)为不同厂家生产的同型号钛型药芯焊丝，SQA 为不锈钢药芯焊丝。从图 6.4 中可以看出其辐射光谱存在较明显的差别，尤其是不同种类药芯焊丝光谱分布明显不同。

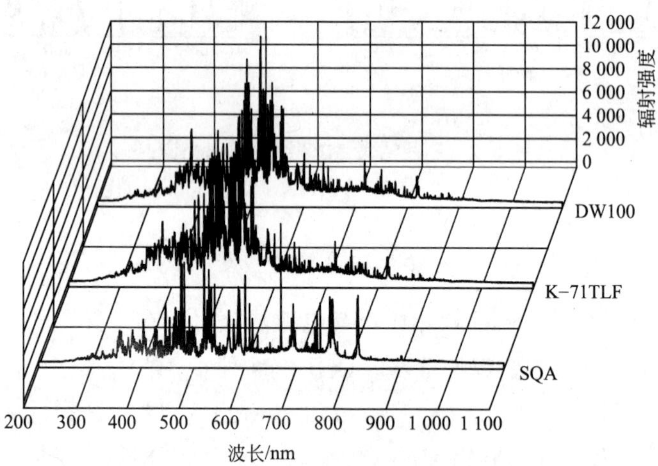

图 6.4　3 种典型药芯焊丝电弧辐射的对比

考虑到药芯焊丝焊剂成分受多种因素的影响，而其中药芯焊丝中各种组分和含量对光谱辐射有明显影响，为了便于对比分析，表 6－1 给出了图 6.4 中两种钛型药芯焊丝的焊剂和渣的主要化学成分。由表 6－1 可以看出，钛型药芯焊丝的焊剂中主要成分为 TiO_2、SiO_2、Fe、Mn 等。

表 6-1 钛型药芯焊丝焊剂和渣的主要化学成分

	TiO_2	SiO_2	Fe	Mn	MnO	Fe_2O_3	ZrO_2	K_2O	CuO	C	CO_2	Na_2O	CaF_2	其他
焊剂	40.5	21	20	15.8	—	—	—	1.4	0.7	0.6	0.5	1.6	—	—
渣	50	16.8	—	—	21.3	5.7	—	—	—	—	—	—	—	

结合药芯焊丝的化学成分，进一步对比分析不同药芯焊丝辐射的特点，对选取的特定谱段内的辐射线谱进行了标定，研究其辐射光谱的频域分布特征[62]。图 6.5 所示为钛型焊丝与不锈钢焊丝的特征谱线对比。可以看出，在 475～500nm，两种焊丝的特征谱线以 Fe 和 Mn 为主，而在 500～600nm，钛型焊丝会出现较多 Fe 和 Mn 的金属谱线，而不锈钢焊丝出现明显的 Cr 谱线。在 570～600nm，不锈钢出现明显的 Si、Na、Ti、Na 等元素的谱线，而对应的钛型焊丝虽然出现相应谱线，但却明显较弱。在 680～850nm，出现的线谱主要是 K、Na、Ca 等元素的谱线。由对应的线谱标定可知，两种药芯焊丝中都添加了一定

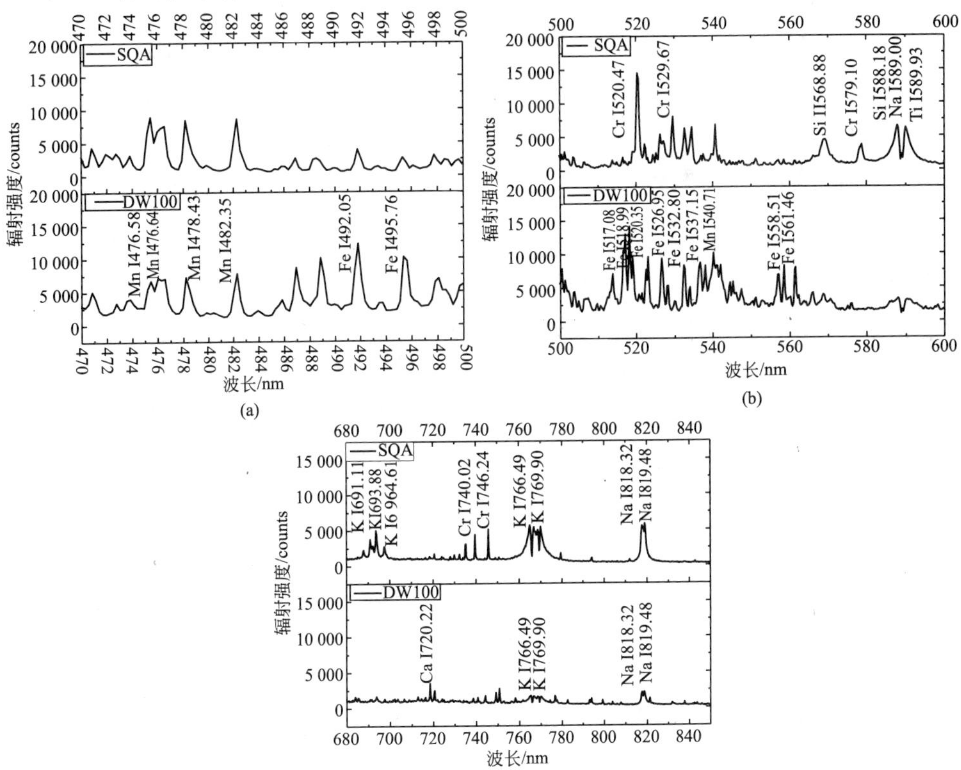

图 6.5 钛型焊丝与不锈钢焊丝的特征谱线对比

(a) 470～500nm；(b) 500～600nm；(c) 680～850nm

量的稳弧剂来提高电弧的稳定性，产生明显的K、Na、Ca等元素的谱线，这些元素的电离从某种意义上减少了某些具有高电离电位元素的特征谱线。相对而言，Ti、Si等元素的特征谱线并不非常明显。上述信息可以用来对药芯焊丝的电弧气氛成分进行监控，用于环境污染评价、工艺性分析等方面。

6.1.2 熔化极气体保护焊辐射光谱的时域分布

熔化极气体保护焊与非熔化极气体保护焊最大的不同在于，其电弧弧长会随熔滴过渡等引起的变化，在焊接过程中产生剧烈波动，从而引起电弧辐射光谱的剧烈波动，产生快速变化的时域特征(图6.6)[63]。因此，熔化极气体保护焊的时域分布研究，对于理解和应用熔化极气体保护焊的辐射光谱具有重要意义。为了得到时域变化信息，首先分析一下GMAW焊在不同焊接参数下电弧辐射变化的特点。

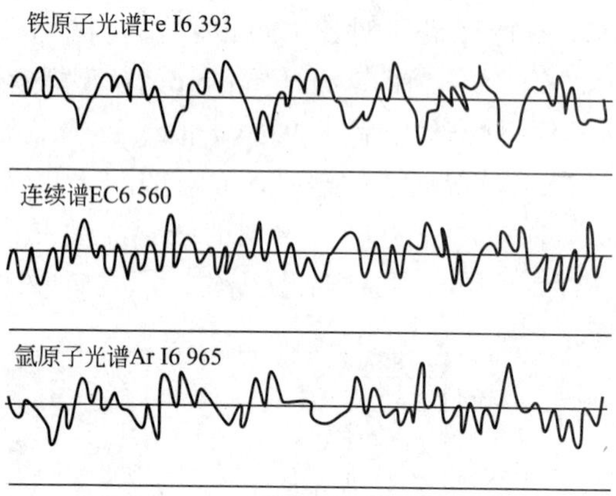

图6.6 MIG焊电弧光谱的时域分布

1. 不同参数下熔化极气体保护焊电弧辐射波动

要了解熔化极气体保护焊的时域分布，首先要搞清楚其在波动过程中，辐射光谱在特定瞬时的变化特点。而这种变化特点，与焊接参数、熔滴过渡形态密切相关。熔滴过渡过程中电弧辐射的波动特点，使研究者认识到熔滴过渡与电弧光谱辐射存在着必然的联系，蕴含着大量焊接过程信息。研究者可以利用光谱辐射强度的这种变化特点，来对熔滴过渡的模式等焊接过程特点进行分类判识。

同时，由于熔滴过渡测控的需要，研究者也就熔滴过渡带来的光谱信号的波动进行过研究；但研究主要集中在某一特征谱线和谱段的信号响应(如Fe I谱段)，利用其信号对脉冲熔化极气体保护焊的熔滴过渡进行控制。但到目前为止，对于不同参数和熔滴过渡形式下，电弧辐射光谱在200～1 100nm谱段内的变化规律还缺乏完整认识，上述问题也阻碍了焊接电弧光谱测控技术在MIG焊上的深入应用。只有对于由熔滴过渡带来的光谱信号的波动规律有足够认识，才能有效排除熔滴过渡光谱信息的影响。

因此本课题组对于不同焊接参数下的MIG焊接过程，采集其电弧光谱分布信息，研究其光谱在焊接过程中的基本变化规律[64]；并结合该参数下熔滴过渡的特征，基于电弧物理基础理论，对不同典型参数下光谱信号波动的规律进行了物理解释。研究表明：不同参数下焊接电弧光谱的分布和变化规律存在较大不同，具有各自的光谱分布特征；在MIG焊接过程中，由于熔滴过渡，会造成光谱信息的规律波动，但在过渡的不同时间段，光谱信号在不同谱段(紫外区、可见光区、近红外区)的变化规律存在较大差异。

图6.7为短路过渡形态下，其电弧辐射的不同典型瞬时光谱的分布。如图6.7所示，瞬时1为短路重燃瞬时，辐射明显增强，在紫外区(Fe II)、可见光区(Fe I)、近红外区(Ar I)均存在较强辐射；瞬时2，弧长较长时，刚进行完熔滴过渡。电弧中铁蒸气少，电弧温度还较高，此时Fe I辐射减小，但氩辐射较高，保持适当的Fe II辐射。瞬时3，电弧逐渐缩短，熔滴长大，电弧气氛中的铁蒸气明显增多，电弧温度下降，使Fe I辐射增多，氩辐射降低，紫外区的辐射也因为电弧温度的原因，辐射减小。但随熔滴长大，弧长进一步缩短，Fe I辐射会逐渐减弱，进入第四个典型状态。瞬时4，短路状态；电弧辐射的迅速减小，各谱段的辐射都迅速较小。

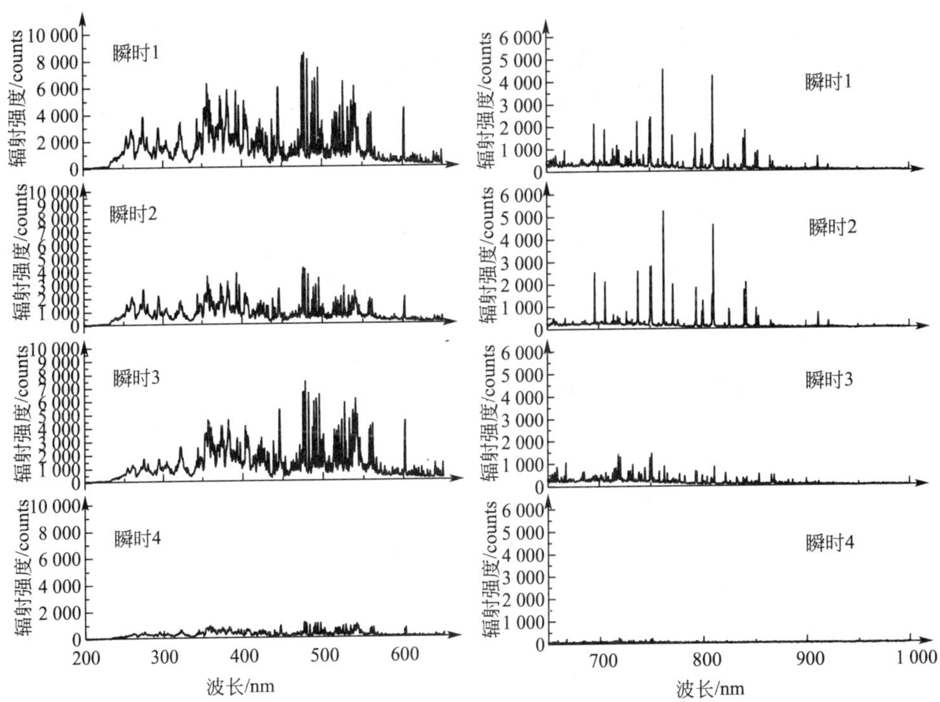

图6.7 短路过渡电弧辐射的不同典型瞬时光谱的分布

图6.8为射滴过渡形态下，其电弧辐射的不同典型瞬时光谱的分布。如图6.8所示，瞬时1为熔滴过渡完后瞬时，可见光区、紫外区、红外区的辐射均

较强；弧长增加瞬时造成的辐射增强。瞬时 2，熔滴形成初期，电弧中金属蒸气浓度较小，可见光、紫外区辐射相对减弱。瞬时 3，整体辐射较强，熔滴在焊丝端部未脱离；电弧蒸气浓度逐渐增加，没有出现明显的辐射减弱区。瞬时 4，对应于熔滴过渡时刻，整体辐射较弱，可见光区辐射较强、紫外区、红外区辐射相对较弱；电弧温度由于大量铁蒸气的存在而降低。

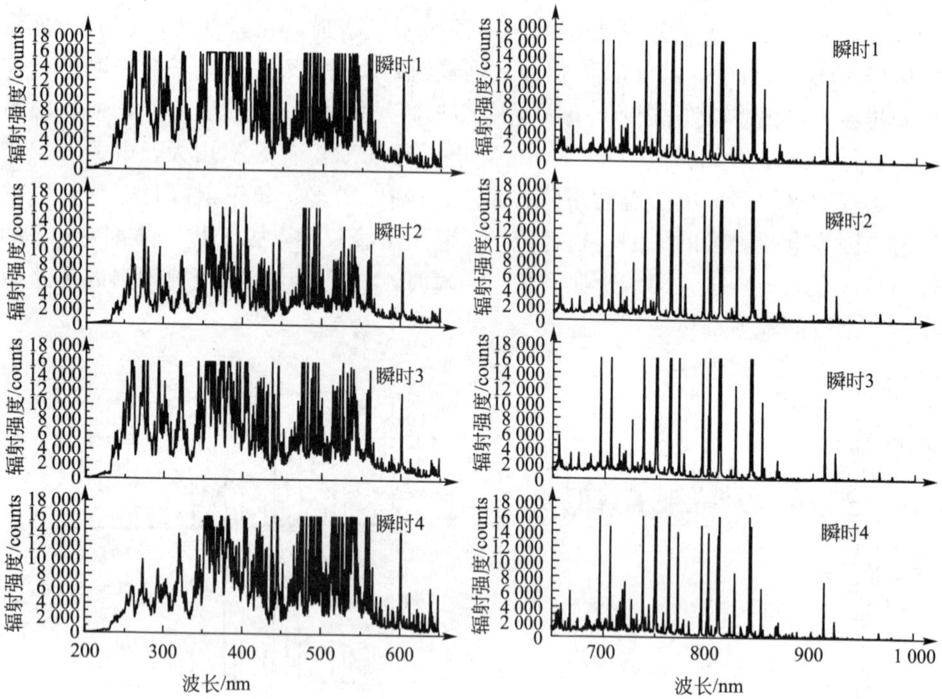

图 6.8　射滴过渡电弧辐射的不同典型瞬时光谱的分布

上述关于不同参数下熔滴过渡形态和光谱变化的动态分析，为理解熔化极气体保护焊光谱信号变化的时域信息，将其可靠应用于 GMAW 焊接过程的测控，提供了理论和实验基础。

2. 熔化极气体保护焊的时域信息

通过不同参数下熔化极气体保护焊电弧辐射波动特点分析可知，熔化极气体保护焊的时域信息与熔滴过渡形态、焊接参数、电源特性等密切相关。而且，由于其电弧波动特点，其辐射信息是快速波动变化的。图 6.9 给出了不同工艺条件下，典型过渡形态在特定谱段光谱辐射的时域信号。由图 6.9 可知，不同的过渡形态，其辐射光谱时域信号明显不同，其中，射流过渡的光谱信号更稳定，而其他过渡形态下的光谱信号波动较大。短路过渡的信号波动最大。

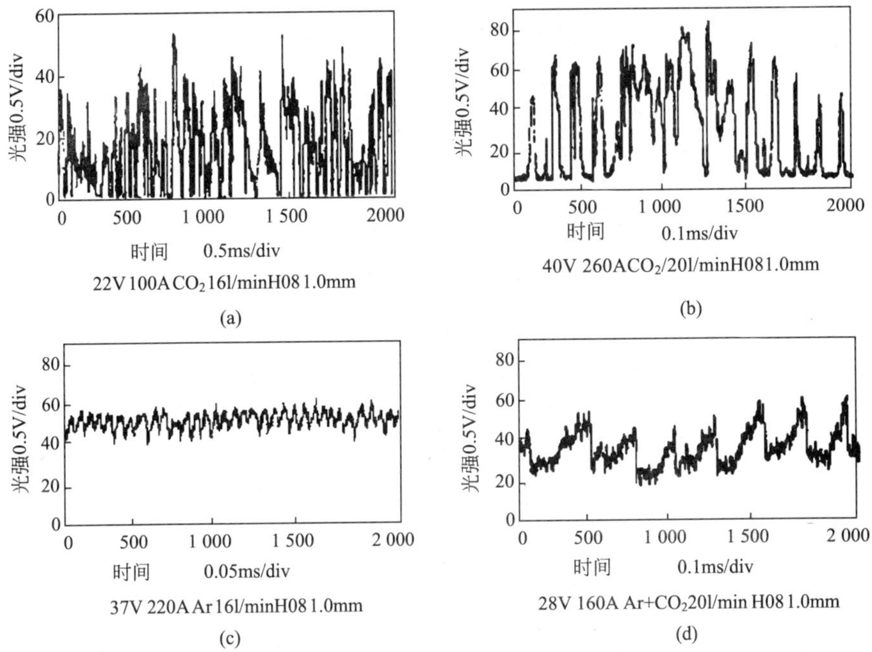

图 6.9 不同工艺条件下熔化极电弧特征谱线信号的波形[35]

(a) 短路过渡；(b) 细颗粒过渡；(c) 射流过渡；(d) 射滴过渡

为了进一步分析光谱信号的时域变化特点，探讨在不同谱段下光谱的信号特点，本课题组对不同特征谱段的光谱时域信号进行了采集。图 6.10 为短路过渡

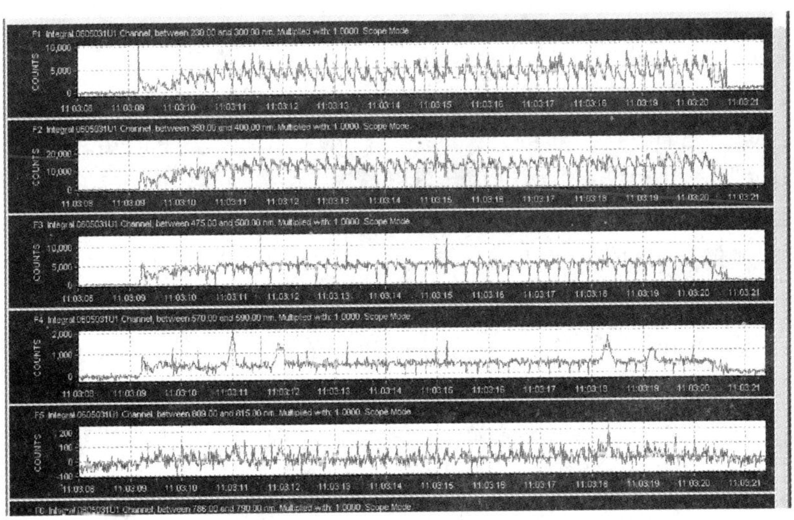

图 6.10 短路过渡时电弧辐射在不同谱段的信号

时电弧辐射在不同谱段的信号，可以看到不同的辐射谱段，其光谱信号的波动特点不同，有各自独特的信号特征，这种波动变化与短路过渡过程中，不同谱段辐射信息的变化不同密切相关。不同谱段的时域信号提供了丰富的焊接过程信息，为 GMAW 焊接过程测控提供了信息源。同时，不同因素引起的波动，也为其在工业应用上的去噪提出了较高要求。

6.1.3 熔化极气体保护焊辐射光谱的空域分布

对于 GMAW 焊而言，研究其空域分布是非常困难的，这种困难在于，与 GTAW 焊相比，GMAW 焊的弧长总是在迅速波动中，熔滴过渡带来很大影响，电弧空间位置各点的状态在迅速变化过程中，电弧的状态是不稳定的，很难描述某一瞬时它的空间状态。因此，对于 MIG 焊而言，研究者更多关心的是时域信息。虽然一些研究者尝试利用在喷射过渡情况下，熔滴过渡对辐射波动影响较小的特点，建立弧长与电弧辐射强度的关系，但到目前为止，其精度还无法达到工业应用的特点。因此，如何研究辐射等离子体快速变化情况下，熔化极气体保护焊辐射光谱的空域分布，成为其光谱信息应用的一个关键问题。

由于受弧长波动、熔滴过渡等因素的影响，熔化极气体保护焊等离子体的空间状态是处于高速变化过程中的，而且其电弧的空间尺寸也是变化的。因此，很难获取其空域分布的信息。而且，其快速波动的电弧特点，也使得空域信息在一定程度上降低了应用价值，必须与时域信息同时分析，才能对焊接过程的测控提供有效信息。因此，关于熔化极电弧焊的空域信息的研究还不充分。

目前，关于 GMAW 焊电弧光谱信息的空域分布研究，主要集中在喷射过渡条件下。作者的课题组在与天津大学的合作研究中，通过高速摄像、电信息、中空探针空间扫描的方法，获得其空间分布。对于射流过渡下的熔化极气体保护焊，由于其弧长比较稳定、波动小，可以通过实验方法测定其在空间的辐射分布情况。图 6.11 是本课题组采用空间辐射测量方法[65]，获取的射流过渡的等离子体在 Fe I 谱段的空间辐射分布。由图 6.11 可以看出，熔化极气体保护焊辐射的最强区域在电弧中上部，靠近焊丝的区域，而在熔池附近的辐射相对较弱。结合其等离子体的高速摄像照片，可以看出，光谱辐射的空间分布可以获取高速摄像无法提供的能量分布信息。

文献［21］还对喷射过渡情况下，MAG 电弧在不同层面特定谱线的空间分布进行了研究。如图 6.12 所示，采用光学系统和采集平台、采集装置同时获取高速摄像、光谱图像信息、电信息。用于对喷射过渡(平特性焊接电源)下的等离子体辐射的空间分布以及谱线的展宽、频移进行实验分析。

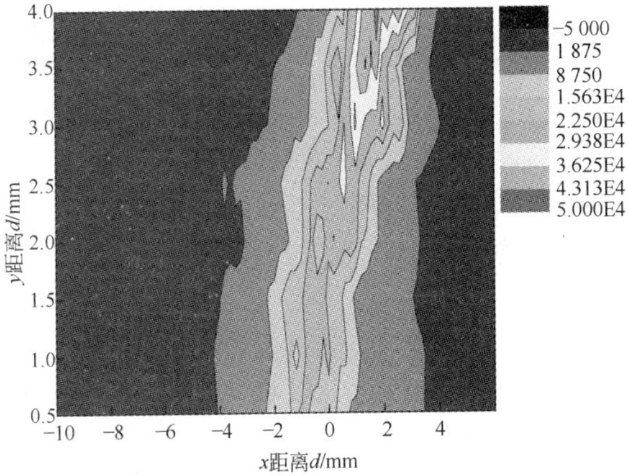

(a)

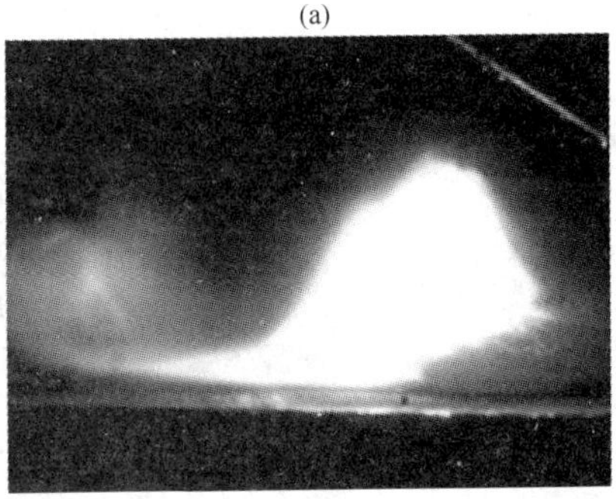

(b)

图 6.11　GMAW 射流过渡下辐射的空间分布

(a) 辐射空间分布(Fe I)；(b) 高速摄像照片

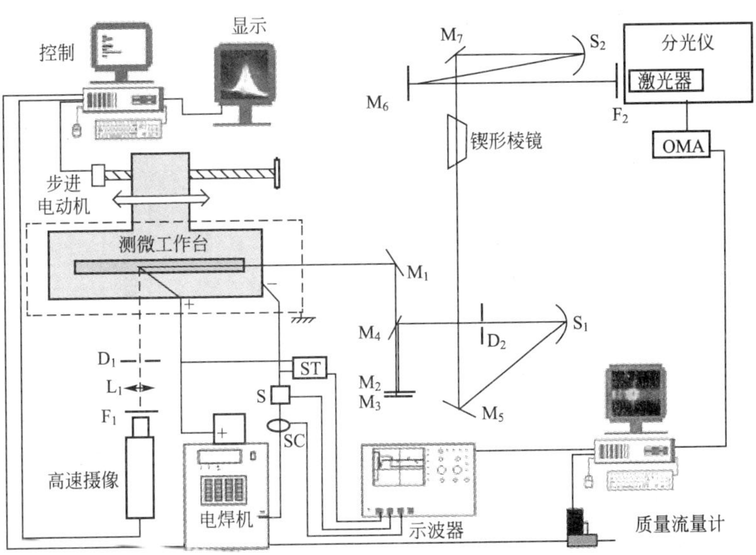

图 6.12　谱线空间分布分析装置图

实验结果如图 6.13 所示，从拍摄的电弧形态(图 6.13(a))可以看出，喷射过渡状态下，电弧等离子体由亮度较大的中心电弧区和亮度较弱的外围电弧区组成。以距离试板高度 4.5mm 高度的层面为空间分布分析对象，其中心电弧区约为 3.72mm。在采集的该层面的扫描辐射光谱分布图中(图 6.13(b))，可以看出其中心电弧区的辐射光谱明显增强(图 6.13(b)中，纵坐标为电弧宽度方向，与图 6.13(a)的横坐标对应)，对应区域宽度约为 3.64mm，与 6.13(a)图一致。在选取的几个特征谱线上，均存在明显的展宽，以 Fe I 501.4nm 为例，在电弧中心区的谱线存在明显的展宽和频移，说明在电弧中心区存在较高的电子温度和密度，引起了谱线轮廓的变化(具体谱线展宽和频移产生的原因参见第 2 章)。

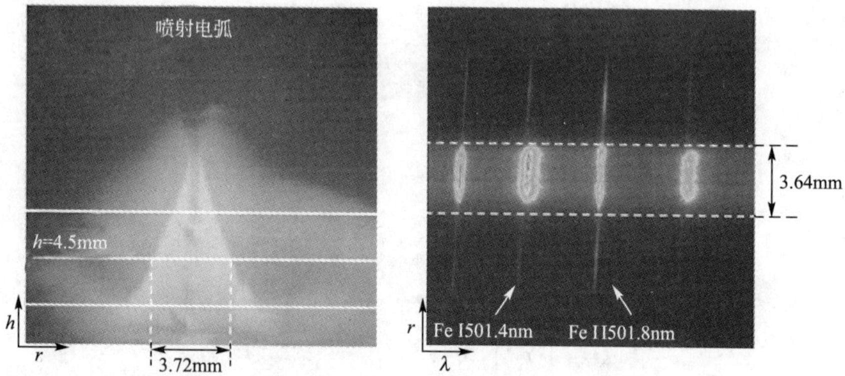

图 6.13　电弧等离子体(4.5mm)层面谱线分布和展宽

图 6.14 给出了不同元素的线谱 Fe I 538.3nm 谱线和 Ar I 696.5nm 谱线空间分布的对比，可以看出，在电弧宽度方向上(对应图 6.14(a)的纵坐标)，Fe I 538.3nm 谱线辐射集中在电弧中心区，而 Ar I 696.5nm 谱线则不同，会在更宽的区域分布，也就是说，在外围电弧区也存在较强的 Ar I 696.5nm 谱线，这与本课题组对 MAG 电弧光谱的分析结果一致(参见第 7 章激光- MAG 电弧复合等离子体的空间分布)。

采用谱线的空间分布和谱线轮廓数据，通过物理计算对喷射过渡电弧等离子体的电子温度、电子密度的空间分布进行诊断。诊断结果如图 6.14(b)所示。可以看到，电子温度和电子密度，从电弧中心区向外部区域逐渐下降。但在电弧中心辐射亮区(金属谱线聚集区域)，其电子温度和电子密度基本保持稳定。因此，采用电弧光谱信息对 GMAW 等离子体进行诊断，要尽量保证辐射信息来自电弧中心区，这样才能保证结果的可靠性。

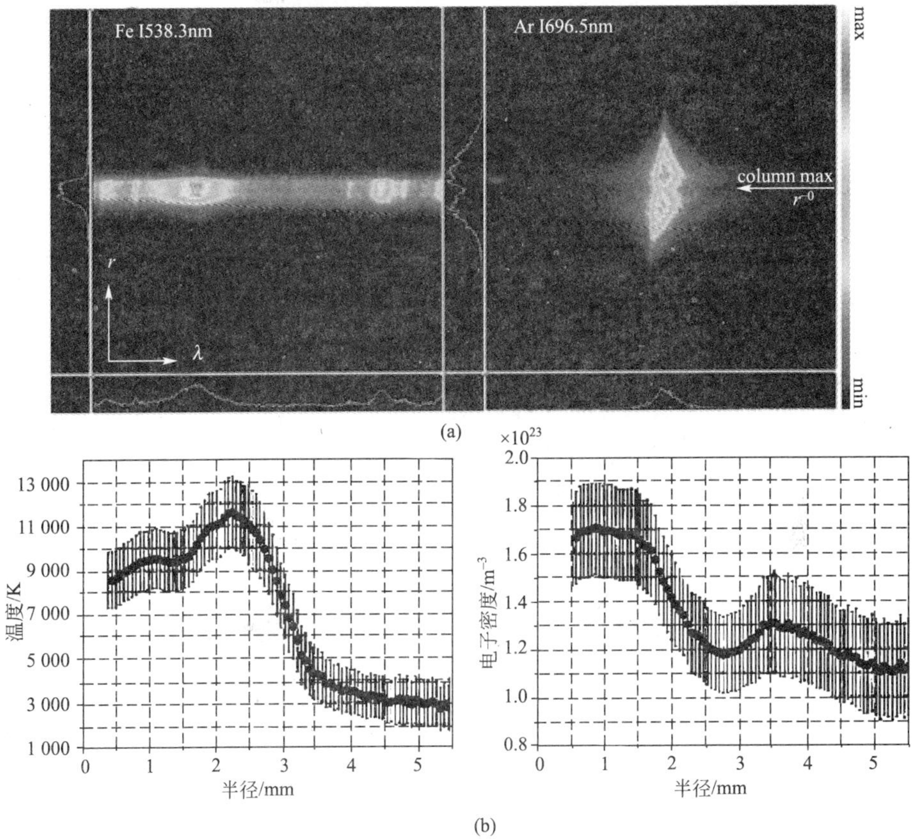

图 6.14 电弧等离子体光谱、电子温度、电子密度分布

(a) 记录光谱；(b) 电子温度、电子密度的径向分布

由此，对 GMAW 焊接电弧等离子体的频域、时域、空域信息进行了较详细的分析，它是开展相关应用研究的理论基础，下面，进一步分析熔化极气体保护焊电弧辐射与焊接参数间的关系。

6.2 熔化极气体保护焊电弧辐射与参数间的关系

从 6.1 节的分析可知，熔化极气体保护焊在不同参数下，由于波动特点，使得其动态变化特别明显。但如何确定这种波动变化过程与焊接瞬时电压电流等焊接过程参数间的关系，对于理解熔化极气体保护焊辐射光谱的规律，以及其在焊接过程测控、焊接材料工艺性评定上的应用，都非常重要。

6.2.1 熔化极气体保护焊电弧辐射与电压、电流的关系

熔化极气体保护焊的电弧辐射与焊接电流、电弧电压具有密切联系。由于GMAW焊接过程中，其电弧电压和焊接电流处于迅速的变化过程中，与GTAW焊接过程中稳定的弧长和焊接电流存在明显不同。因此，其对应的瞬时光谱辐射强度也在不断地高速变化中。这一点在其时域信息特点中已经得到验证。但还需要进一步了解在快速变化过程中，其辐射与瞬时电压、电流的对应关系。

因此，本课题组通过自主开发的同步采集系统，对这种对应关系进行了研究[66]。如图 6.15 所示，为采用平特性电源匹配等速送丝熔化极气体保护焊接过程中，通过同步采集得到的某特定谱段辐射信息(Fe I 聚集区)与瞬时电弧电压、瞬时焊接电流的关系。由图 6.15 可知，熔化极气体保护焊的电弧等离子体辐射强度，随电弧电压的增大呈现出增加趋势，随焊接电流的增加呈现出减小趋势。

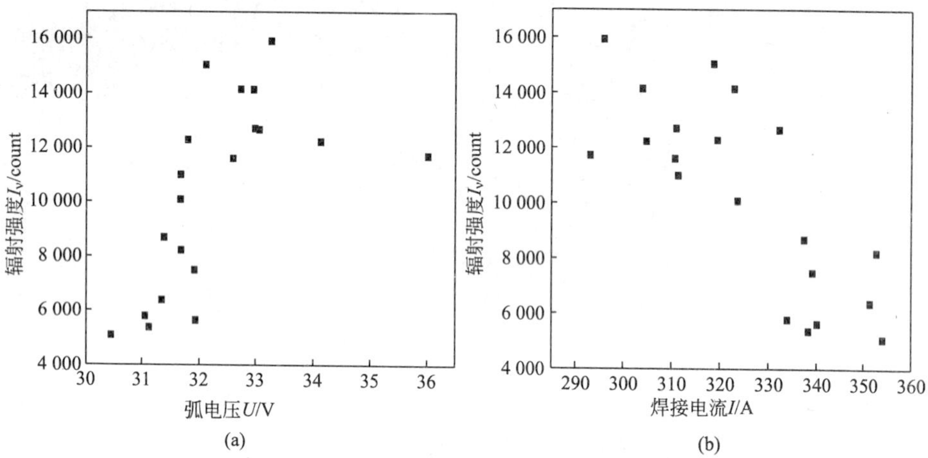

图 6.15 焊接参数与辐射的关系(平特性电源匹配等速送丝)

(a) 电压；(b) 电流

图 6.15 得到的是电弧辐射分别与焊接电压和焊接电流的对应关系，但实际上，某瞬时辐射同时与电压、电流密切相关，而并非只取决于某一个参数；确定电弧辐射与电压电流三者之间的空间关系就更符合实际要求。因此，图 6.16 建立了这种相关性的三维图。由图 6.16 可以看到，两种不同的药芯焊丝(DW100和 K-71TLF)，他们的辐射强度与电压电流的空间分布表明，其空间线性度不同，这种空间线性度反映了焊接过程的稳定性以及焊接材料工艺性的优劣，通过

这种三维关系图对不同焊接材料的研究表明，其线性度可以用来评价焊接材料的工艺性。

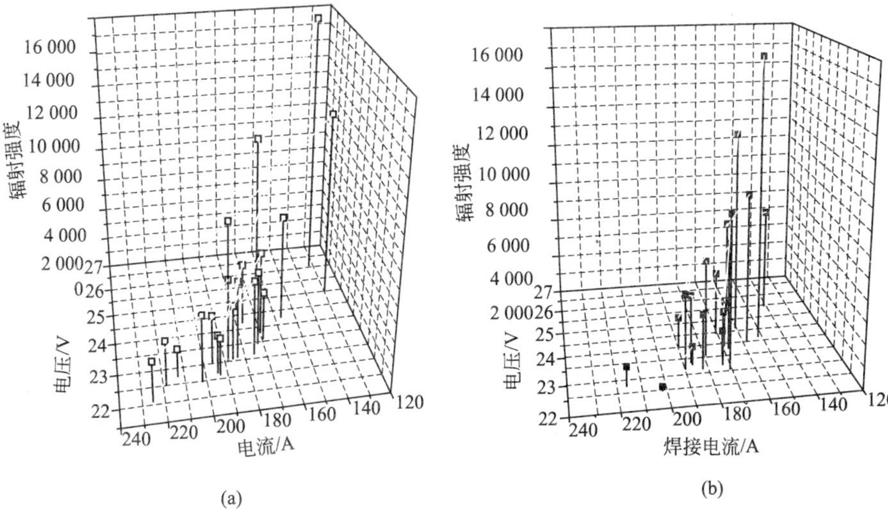

图 6.16　不同焊接材料的 GMAW 焊接参数与辐射的空间线性度对比

(a) DW100；(b) K－71TLF

6.2.2　脉冲 MIG 焊的等离子体辐射特点

与平特性电源的电弧特性不同，脉冲熔化极气体保护焊采用脉冲输出，焊接过程更稳定，可控性更强。但脉冲电弧的辐射特点却明显不同，其辐射强度在峰值和基值的差别很大。M E Rouffet 等[67]进行了脉冲辐射的光谱研究，其试验装置如图 6.17 所示，采用光谱仪采集光谱信号，数据采集系统采集电压电流信号，高速摄像获取电弧图像信息。

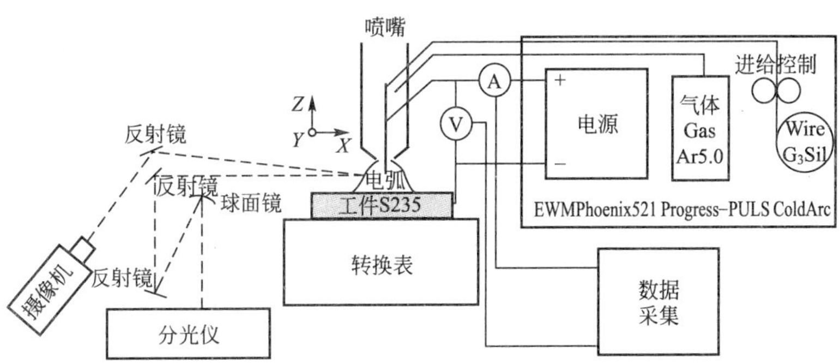

图 6.17　脉冲辐射的光谱研究试验装置

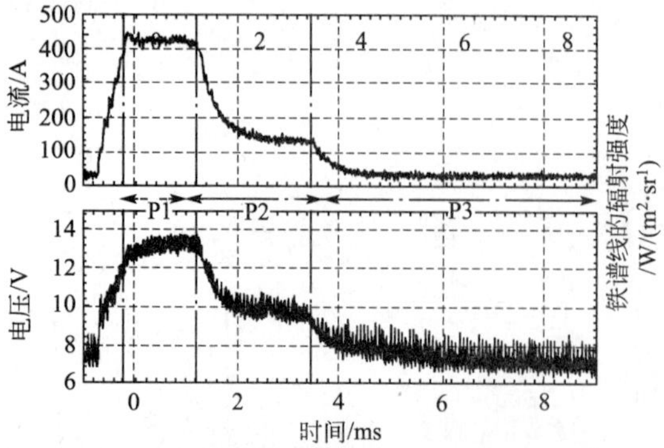

图 6.18　脉冲辐射电压、电流脉冲信号

图 6.18 所示为采集到的脉冲辐射的电压、电流脉冲信号，可以看到，其辐射能量在脉冲峰值期间得到明显增大。电压电流信号具有很稳定的脉冲周期，辐射能量集中在峰值阶段。图 6.19 所示为通过光谱采集系统，得到的 Ar 原子谱线(696.5nm)和 Fe 原子谱线(532.4nm)在电弧宽度方向上的辐射强度分布。可以看到，对于 Fe I 532.4nm 谱线而言，其辐射强度在中心区存在较大峰值，随后梯度下降较快，这是由于脉冲 MIG 焊，脉冲峰值时能量高，喷射过渡在电弧中心产生高浓度的 Fe 蒸气，大大增加了此区域的 Fe 粒子密度，使得辐射强度增高，而沿着电弧径向，Fe 粒子密度迅速下降，因此形成梯度较大的 Fe 原子光谱辐射分布特点；而对于 Ar 原子谱线而言，可以看到，在电弧中心区，其辐射谱线并不是最强的，而是在距离中心区域某个位置达到辐射峰值；产生上述现象的原因，是由于在电弧中心区域存在大量的 Fe 蒸气，从而造成 Ar 的粒子密度下降，引起了 Ar 原子谱线辐射强度下降，而在此区域外近邻电弧中心处，Ar 原子谱线辐射强度达到极大值，随后 Ar 原子谱线辐射强度逐渐下降，直到电弧边缘。与 Fe 谱线的辐射强度的分布相比，Ar 原子谱线呈现出分布范围宽、下降梯度小的特点。图 6.20 的高速摄像也验证了上述结论，由图 6.20 可以看到，电弧中心区域由于喷射过渡形成较明亮的过渡区，以 Fe 原子辐射线谱为主；而在外围电弧区域是辐射较柔和的电弧形态，为 Ar 原子辐射线谱的分布区域；不同瞬时，由于电压电流所处阶段的不同，辐射情况也有不同。

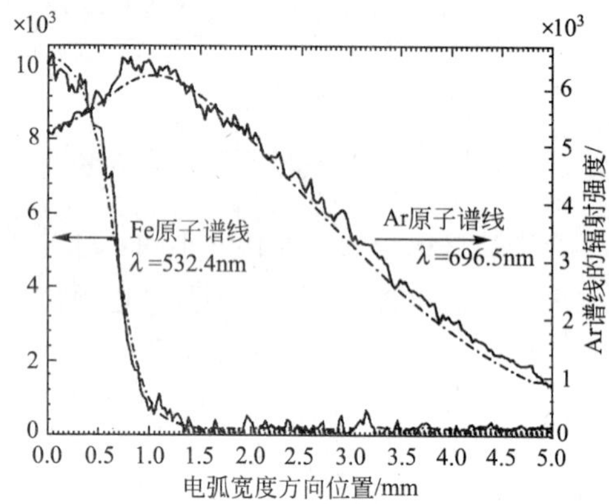

图 6.19　原子谱线分布对比(Fe、Ar)

文献［67］还基于采集到的光谱信息，对脉冲熔化极气体保护焊等离子体的温度和电子密度进行了计算。如图 6.21 所示，电子温度在脉冲峰值的不同时间段存在一定分布差异，但其电子温度峰值均分布在中心电弧 Fe 蒸气聚集区外邻

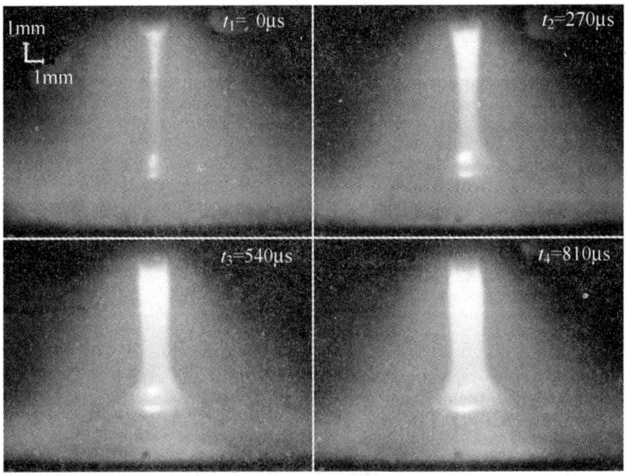

图 6.20 脉冲熔化极气体保护焊电弧形态高速摄像

近区域，而在电弧中心区的电子温度却比较低，这可能是由于大量 Fe 粒子的存在，其电离电位低，大量 Fe 粒子的存在使得电弧中心区域被“冷却”，从而产生较低的电子温度，而在 1.5mm 及以外区域，Fe 粒子密度迅速下降，电子温度因此迅速增加，并且靠近电弧区域较高，随后逐渐下降。图 6.21 还进一步给出了在不同瞬时，电子温度的分布情况，由不同曲线的对比可以看出，随时间增加，电弧中心 Fe 蒸气区扩展(这与图 6.20 的高速摄像结果相对应)，中心区的电子温度低值区增加，造成峰值温度外移。而图 6.21(b)的电子密度分布曲线表明，电弧中心区的电子密度基本上达到最大值，而且电子密度从中心区向外侧逐渐减小，不同瞬时的电子密度有一定差异。

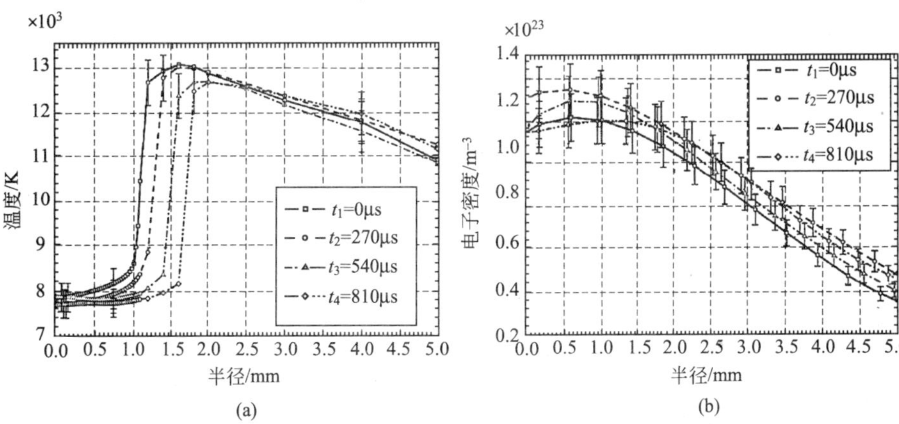

图 6.21 不同焊接时刻电子温度和电子密度分布图

(a) 电子温度；(b) 电子密度

由上述分析可知，脉冲 MIG 具有较稳定的电弧辐射光谱分布，熔滴的喷射过渡决定了电弧光谱辐射的空间分布特点，并对其粒子密度、电子温度的分布造成影响，基于此可以对脉冲 MIG 的焊接过程进行监测、控制。

6.3 脉冲 GMAW 焊接熔滴过渡的辐射光谱测控

研究者不仅开展了 GMAW 焊辐射光谱的基础研究，还就光谱信息在 GMAW 焊的过程测控上开展了相关研究工作。其中，光谱信息在熔化极脉冲焊熔滴过渡控制上的应用研究，是较成功的应用案例。

熔滴过渡的控制对熔化极脉冲焊有特别重要的意义，吸引了众多的研究者的关注，研究者采用电信号、声信号和光强信号来作为控制信号。针对 MIG 和脉冲 MIG 焊，研究者采用不同方法实现了对于熔滴过渡进行检测和控制，但早期的研究更多地从电信号角度出发来实现，由于电信号具有响应速度快，容易实现反馈控制等优点，得到广泛应用，如 STT 焊机正是利用短路过渡时电信号的变化来控制电焊机的动特性，从而实现低飞溅过渡。通过检测电弧电信号的办法来控制熔滴过渡，这类方法无需附加特制的传感装置及相关的配套仪器设备，实用性强，短路过渡的电信号能真实地反映出熔滴过渡，颗粒过渡规律性较差，而大电流参数下的喷射过渡，几乎看不出熔滴过渡与电信号之间的必然联系，因此，电弧电信号经常用于短路过渡，而在喷射过渡下应用存在局限。

大量的研究表明，射滴过渡是可获得最理想焊接质量的自由过渡形式。射滴过渡过程中熔滴尺寸接近焊丝直径，熔滴过渡过程飞溅小，电弧对熔池的加热面积大，可得到较好的焊缝成形。因此在工业应用中，将溶滴过渡形式采用可控制的射滴过渡，就可以获得稳定的焊接过程和满意的焊缝成形。

但是在常规焊接条件下，射滴过渡形式存在的电流区间窄，很容易转变为大滴过渡或射流过渡。研究者提出了不同的方法来控制射滴过渡。如脉冲电流法、混合保护气体法、协同控制法(synergic control)等，但上述控制形式均为开环控制。由于缺乏有效的自由熔滴过渡信息的传感方法，很难实现射滴过渡的闭环控制。

对于脉冲熔化极气体保护焊而言，其熔滴过渡可分为 3 种基本形式：几个脉冲过渡 1 个熔滴、1 个脉冲过渡 1 个熔滴和 1 个脉冲过渡多个熔滴。其中 1 脉 1 滴(1 峰 0 基)被认为是理想的过渡形式。1 脉 2 滴、1 脉 3 滴或多滴的熔滴过渡控制较为困难，过程不易稳定。但采用 1 个脉冲过渡多个熔滴的方式，可采用更大的焊接电流，得到更高的生产率、更大的熔深和更大的工艺适应性。若能得到高品质的信号，实现精确控制，则 1 脉 2 滴、1 脉 3 滴焊接既能得到稳定的焊接过程和高质量的焊缝，又能得到更高的生产率，成为更理想的焊接方法。因此，研究者采用脉冲GMAW焊的等离子体辐射信息作为信号源，利用其对熔滴过渡进行控制，可靠地实现了脉冲GMAW焊的1脉1滴乃至1脉多滴的精确过渡控制[37]。

6.3.1 弧光辐射强度控制熔滴过渡方法

基于脉冲熔化极气体保护焊时，熔滴过渡过程中伴随的电弧光的闪烁现象，张龙[68]提出了一种用于测控熔滴过渡过程的电弧光强传感控制法。图6.22所示为其所测的光强信号波形图。由图6.22(a)可知，在钢脉冲MAG焊的熔滴过渡期间，电弧光强信号波形上存在一个由于熔滴过渡导致的“下塌”。利用这种“下塌”，实现了脉冲活性气体保护焊(MAG焊)1脉1滴的光强控制。但上述“下塌”现象在喷射过渡脉冲MIG焊钢时，由于保护气体引起电弧特性不同，其“下榻”的特征信号却不明显(图6.22(b))。因此，光强信号在脉冲惰性气体保护焊(MIG焊)熔滴过渡上的应用有受到限制。

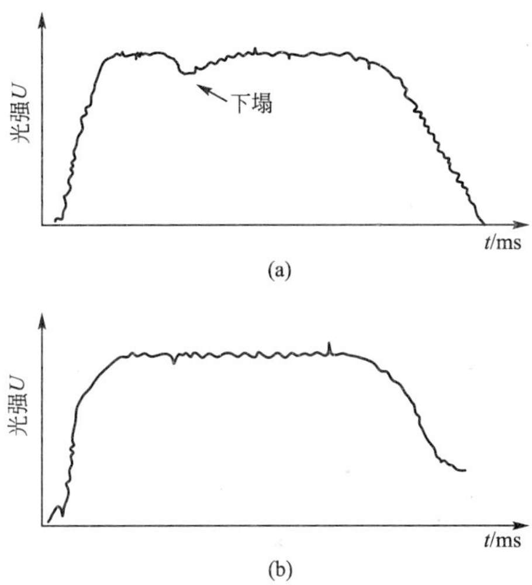

图6.22 电弧光强信号波形

(a) 钢的脉冲MAG焊；(b) 钢的脉冲MIG焊

下面，来讨论一下光强法的应用情况和原理。经过研究表明，弧光传感熔滴过渡的基本原理是：在熔滴脱离焊丝端头的瞬时，原来笼罩在熔滴下部端面的弧根(电弧的阳极区)将自动上跳至焊丝端头缩颈破断处，以维持电弧电流回路。这一跳跃将伴随着弧光辐射强度的跃变。用灵敏度较高的弧光传感器，将光强的变化转换为电信号，采集到熔滴脱离焊丝而过渡的信息。利用这种传感器采集的熔滴过渡弧光强度信号，如图6.22所示，弧光强度信号的这一下凹现象准确显示了熔滴的脱离与过渡过程，这个弧光强度下凹信号也就是熔滴过渡的特征信号。弧光传感器可以做成ϕ15mm×50mm的尺寸，体积较小、结构简单，对安装位置没有很严格的要求，也可固定在焊枪上，使用非常方便。

采用弧光传感器可实现上述受控稳定射滴过渡闭环控制的过程，如图6.23所示。预先设置脉冲电流值在射流过渡临界电流以上，电弧在脉冲的电流作用下，加热并熔化焊丝，此时弧光强度信号数值较高，当焊丝端头积聚较多液态金属形成熔滴，在电弧力的作用下，熔滴沿焊丝轴线向熔池方向运动，缩颈被拉断

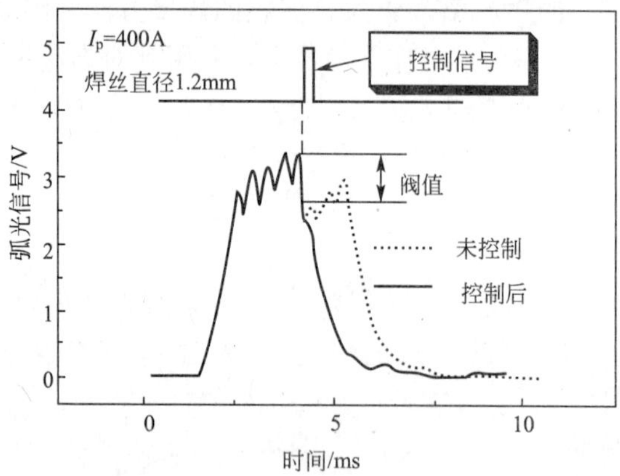

图 6.23　弧光传感熔滴过渡控制示意图

时，弧光强度信号陡降，根据大量试验结果，设置一个合适的弧光强度信号下降阈值(取脉冲电流期间弧光信号平均值的 15%，可很好满足控制要求)，当弧光强度下降值大于或等于此阈值时，控制系统向焊接电源发出一个控制脉冲信号，使电弧电流迅速由脉冲电流降至维弧电流，不再继续产生熔滴过渡。脉冲电流的作用时间由第一个熔滴过渡产生所引起的光强下降值大于阈值的时刻所决定。脉冲电流降到维弧电流后，延迟一定时间再升高到脉冲电流值，重复下一次射滴过渡过程。

在脉冲电流期间，由于没有熔滴过渡的影响，弧光强度平均值与平均弧长存在较好的比例关系，可根据脉冲电流期间弧光强度平均值的偏差，通过 PID 方法控制，调节维弧电流时间使脉冲电流的弧长保持预置长度，这也可以看作光强信号在 GMAW 弧长控制上的特殊应用。在焊丝连续送进的条件下，维弧电流时间长短决定了脉冲电流期间弧长的长短。可根据弧长控制的需要，自动确定维弧电流延时的长短，也就是在控制弧长不变的同时，决定了维弧电流时间。通过上面的控制过程可获得一个脉冲电流过渡一个熔滴的稳定射滴过渡过程。当受外来因素干扰时，弧长在 3～12mm 范围内突然变化，稳定的 1 脉 1 滴的射滴过渡也不会遭到破坏。这种控制方法除了用来获得常规焊接方法不能自然产生的稳定射滴过渡外，还可以在不破坏熔滴过渡稳定性的条件下，对熔滴过渡频率、焊接热输入等实现较宽范围的调节。

在弧光传感熔滴过渡信息的基础上，还可以结合送丝回抽方法(在电信号反馈控制的熔滴过渡上已经得到成功应用)，利用熔滴惯性力来促进熔滴过渡，即所谓弧光传感惯性力法。这种控制方法实际上是两种控制方式的结合，利用光信号提供反馈信号源，利用惯性力提高熔滴过渡的力，减少过渡的熔滴颗粒，实现常规焊接方法不能自然产生的稳定射滴过渡。

下面，再进一步描述一下送丝回抽方法的原理：实现的方法不是控制脉冲电流延时，而是当电弧已在焊丝端头加热熔化了一定量的液态金属，形成了熔滴时，通过送丝系统驱动焊丝瞬时快速回抽，对熔滴施加一定的惯性力，使熔滴主要受这种外加惯性力的作用脱离焊丝端头而过渡，从而获得常规焊接方法不能自然产生的稳定射滴过程。这种控制方法打破了熔滴过渡过程对电弧力，亦即电弧电流的依赖，从而使熔滴过渡不再受临界电流的限制。只要焊丝端头靠电弧的加热能积聚一定量的液态金属，形成熔滴，这种焊丝瞬时快速的回抽动作对熔滴施加的惯性力，则成为使熔滴脱离焊丝而过渡的主要作用力。附加惯性力稳定射滴过渡控制方法，使熔滴过渡所需要的力不再完全依赖电弧，而使电弧主要承担加热焊丝和加热熔池的任务。这样一来，焊接过程所需要的热和力可以分别从两条渠道，按各自的最佳要求来提供，调节电弧热量时，不致明显影响熔滴过渡力，反之亦然。这种控制方法更容易实现稳定的熔滴过渡，同时也能适应更宽范围的应用需要[52]。

这种弧光传感附加惯性力稳定熔滴过渡控制方法具有更好的工业适应性和应用意义[52]。

(1) 可实现常规焊接工艺无法实现的稳定射滴过渡 MIG/MAG 焊接方法，获得钢件焊接的理想焊缝成形，显著扩大稳定焊接过程参数(主要是焊接电流)调节范围，可以在不破坏焊接过程稳定性的条件下，实现对焊接热输入更大范围的调节，不受临界电流的限制。

(2) 突破了常规 MIG/MAG 焊接对采用焊丝直径的限制。只要焊接电源的输出电流能满足要求，可以采用 ϕ2.0mm、ϕ3.0mm 或更粗的焊丝，采用显著低于临界电流的焊接电流实现稳定的 MIG/MAG 焊接过程。

(3) 由于此控制方法的熔滴过渡力不完全依赖焊接电流，使熔滴过渡力与电弧热可以分开调节，在三维焊接样件快速成形技术中可能会有较好的应用前景。

6.3.2 光谱法实现的熔滴过渡控制

虽然采用光强信号结合惯性力过渡的方法，可以较好地实现熔滴过渡的控制。但天津大学焊接电弧物理研究组发现[7]：电弧光谱信号在反映脉冲 MIG 焊熔滴过渡方面，信号品质和灵敏度都胜过包括光强信号、电信号、声信号等其他信号源。研究者[69]也对熔化极活性、惰性气体保护焊熔滴过渡进行了光谱检测研究。通过研制的高速摄影-光谱测量准同步联合检测装置，证明了光谱谱线波形与熔滴过渡之间存在的明确的对应关系，还利用 Visual Basic 开发了一套熔滴过渡模式识别系统。该系统能较好地完成对各种熔滴过渡形式的模式识别，并计算出过渡频率、熔滴平均直径等与焊接质量密切相关的参数。提取了熔滴过渡光谱信号波形关键性的特征参数，经降维处理，建立了相应的识别函数和最小距离分类器。其具体识别过程由主窗口、数据输入、预处理、特征提取与选择、分类器设计等 5 大模块组成。该系统对 MIG 焊、CO_2 焊等 5 种熔滴过渡形式的识别率高达 95%，基本满足现场实时识别的要求。

研究者在利用光谱测试法观察自由过渡 MIG 焊熔滴过渡时发现，电弧电压、焊接电流波形变化不大，很难从电信号中判断熔滴过渡频率，但观察光谱信号时发现铁谱线强度除了随电源而波动外，还存在准周期性的起伏变化，变化幅度平均值均在 40%以上，远远优于光强信号的品质。电弧光谱信号具有比电弧电信号、光强信号更为优越的信号品质，不仅可检测熔滴短路过渡，而且可以有效地检测自由过渡(射流过渡、射滴过渡)，并利用微机控制的光谱光电采集系统与同步高速摄影配合进行试验，证明了光谱谱线波形脉动与熔滴过渡两者之间存在的明显对应关系。

这一系列的研究成果，为电弧光谱信息应用于熔滴过渡的控制提供了坚实的理论和实验依据，为开发新型光谱传感器和其他焊接新工艺奠定了基础。

根据上述研究成果，胡胜刚、柳钢[7,35]提出了光谱法检测和控制熔滴过渡的方法。该方法基于降维处理，根据熔滴过渡与电弧光谱特征谱线的关系，利用光栅光谱仪和光电倍增管实现熔滴过渡的光谱信息检测。采集焊接电弧某横截面上特征谱线强度，来检测熔滴过渡信息，通过反馈控制环节控制焊接电源的输出，实现熔滴过渡的光谱控制。相应的检测系统结构框图如图 6.24 所示。它由 4 个功能模块组成，即光学成像系统、光栅色散系统、光电转换系统和模数转换系统。图 6.25给出了检测系统的装置示意图。

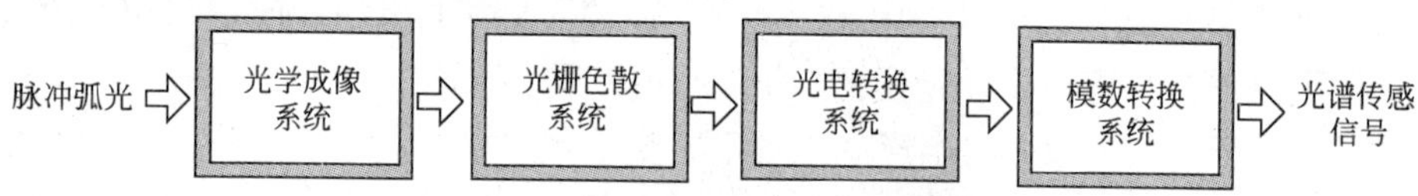

图 6.24　脉冲 MIG 焊熔滴过渡光谱传感系统结构

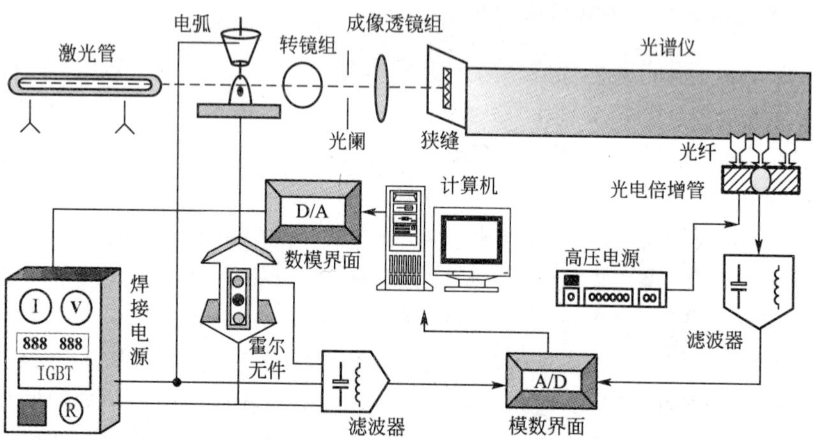

图 6.25　焊接电弧等离子体的通用光谱测控装置

如图 6.25 所示，当选定好特征谱线和测试截面后，通过光学成像系统，得到等离子体的放大像，再利用狭缝取光，将特定空间位置的辐射光传输到光谱仪，利用光纤和光电倍增管，得到特定谱线的强度变化信号，该信号通过模数转换传输到计算机，从而获得光谱信息。由上述熔滴过渡光谱信号检测系统，可获得所需的特定的熔滴过渡的光谱信息。然后利用上述光谱信息，实现对脉冲 MIG 焊熔滴过渡过程的实时控制。具体的控制途径示意图如图 6.26 所示。

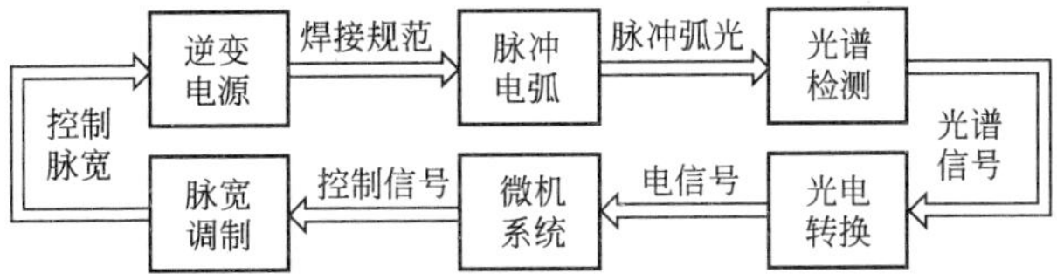

图 6.26　脉冲 MIG 焊熔滴过渡光谱控制法的控制途径

由图 6.26 可知，脉冲 MIG 焊时，脉冲电弧光经光谱检测系统，获得反映脉冲 MIG 焊熔滴过渡物理过程的特征光谱信号，由光电转换器件转换为足够强度的电信号，经由模数转换系统的前向通道处理以后，转换为范围在 0～5V 的电信号，由 8098 单片机进行实时判断。一旦检测到有一滴熔滴发生过渡，就输出控制信号，限制脉冲能量的继续增大或不断积累。通过 PWM 控制器的脉宽调制作用，得到相应的输出驱动脉冲信号，驱动逆变电源的高压开关管，实时调整脉冲参数，实现 1 脉 1 滴(1 峰 0 基)过程，完成脉冲 MIG 焊熔滴过渡的光谱信号实时控制。

图 6.27 为熔滴过渡过程与光谱信号之间的关系示意图。在图 6.27(a)所示时刻，正处在基值电流的维弧阶段，所以光谱信号是最小的连续谱强度。进入脉冲峰值阶段以后，熔滴开始慢慢长大，光谱信号开始上升(图 6.27(b))。图 6.27(c)是第一个熔滴发生脱离的瞬间，图 6.27(d)表示熔滴发生过渡以后的自由飞落过程，并逐渐接近于图中虚线所表示的测试截面位置。在图 6.27(e)所示时

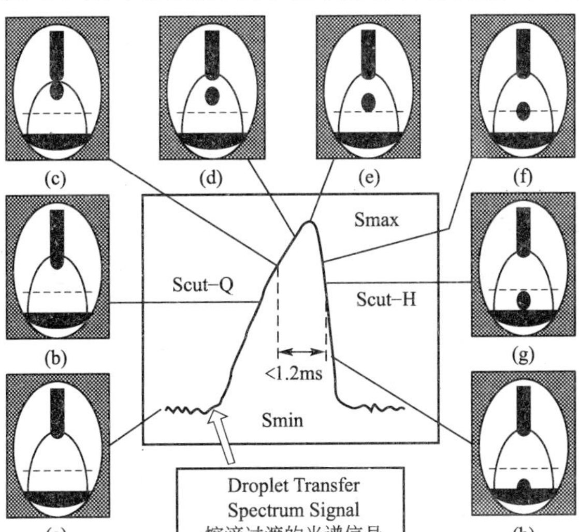

图 6.27　熔滴过渡过程与光谱信号之间的关系示意图

刻，熔滴下半球正好与测试截面相切，铁谱线浓度达到极大值，光谱信号达到峰值。然后熔滴继续下落(图 6.27(f)、(g))，到图 6.27(h)所示的时刻熔滴进入熔池，又进入基值阶段，光谱信号回复到最小的连续谱强度，开始下一脉冲。

但上述基于光谱仪系统的熔滴过渡控制方法由于采用了较复杂的光学系统，而且系统安装精度要求高，不适合在实际生产中应用。因此，杨运强等[37]又在此基础上开发了基于光谱的小型传感器，这种方法与光强传感方法的主要不同在于：它通过特定窄带谱段的筛选，选取铁谱线密集的区域；并在空间上采取狭缝取光方法，只允许特定截面上的光辐射信息通过窄带滤光片，窄带滤光片的波长选择依据为系列工艺试验中熔滴过渡信号最好的谱段，通常选择 Fe I 辐射的线谱。随后辐射光谱信息通过光电转换元件被采集，采集后的辐射光谱信息强度可以作为熔滴过渡测控的信号。图 6.28 为小型熔滴过渡光谱传感器照片。

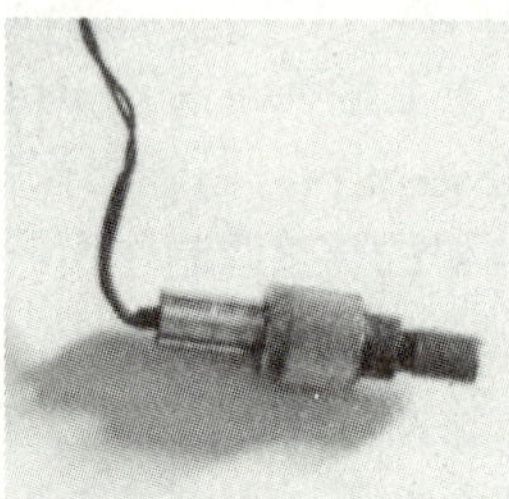

图 6.28　小型熔滴过渡光谱传感器

利用这种方法实现的熔滴过渡的传感方法，与光强信号方法同样具备了体积小、便于在线安装、成本低等优点，而且与光强法相比，由于采用了狭缝取光和窄带滤波二次降维的方法，大大提高了信号的信噪比，可以获得良好的熔滴过渡控制效果。

图 6.29、图 6.30 所示为采用该传感器用于脉冲熔化极气体保护焊熔滴过渡控制，其控制过程的高速摄像、电压电流、光谱信息的同步信息，它可实现 1 脉 1 滴、1 脉 2 滴的熔滴过渡控制。而对于 1 脉多滴的控制，在光强信号方法中，由于第 1 个熔滴后的其他熔滴过渡的信号品质不好，无法实现控制，而光谱法却可以实现 1 脉多滴控制。由图 6.29 和图 6.30 可知，其对应的光谱控制信号存在着与熔滴过渡对应的峰值信号，而其对应的电信号没有相应的熔滴过渡信息。

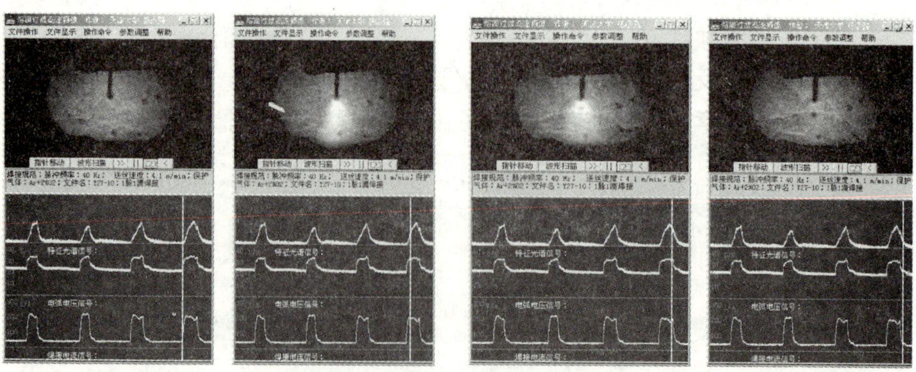

(a)　(b)　(c)　(d)

图 6.29　特征窗口光谱控制的 1 脉 1 滴高速摄像

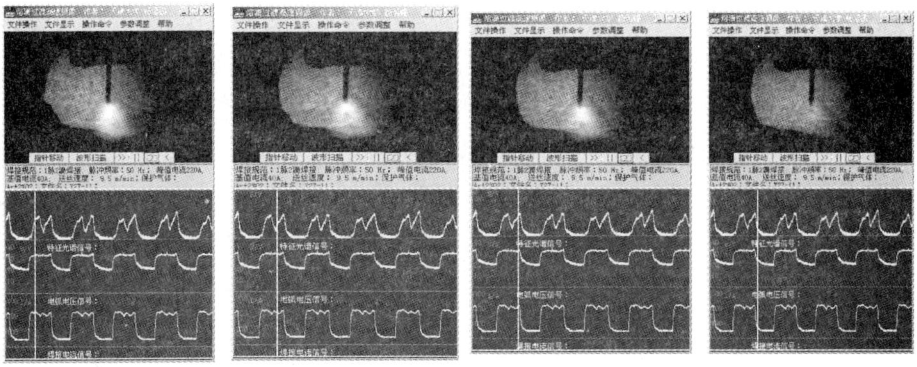

(a) (b) (c) (d)

图 6.30 特征窗口光谱控制的 1 脉 2 滴高速摄像

6.4 焊接电弧辐射光谱在 GMAW 焊质量监测上的应用

相对而言，除了熔滴过渡引起的电弧光谱的波动被成功地用来进行 GMAW 焊熔滴过渡的控制外，GMAW 焊光谱信息在其过程测控上的其他应用受到了较大限制，这与两个方面的因素有关系：①GMAW 焊电弧光谱中含有大量的金属谱线，关于它的谱线分布基础研究还不全面深入；②焊接过程中，由于熔滴过渡带来的谱线在较大范围内波动，电弧光谱信息远不如 GTAW 焊稳定，影响了在焊接过程测控上的推广应用。

GMAW 焊作为在现代生产中具有实际应用价值的焊接方法，其焊接质量的测控非常重要，随着对高效高质焊接的要求，研究者对于焊接自动化生产中由于干扰因素带来的焊接质量问题越来越重视；由于传统的电信号在检测中存在一定的局限性，如对 GMAW 焊中的喷射过渡，电信号在测控中的信噪比不高；而光谱信号在此方面有独到的优势。如果能将 GMAW 焊的光谱信息与焊接质量直接联系起来，获取能反映焊接过程的特征光谱谱段，实现 GMAW 焊接质量的光谱判识，有重要工程意义。目前，光谱法在 GMAW 焊接质量检测上的成功应用方法包括电子温度法及多谱段辐射比值方法、特征谱段法、二次选频法等。

6.4.1 电子温度法及多谱段辐射比值方法

电子温度法在 GTAW 焊中可以很好地实现对焊接过程中缺陷和不稳定的诊断。同样，在熔化极气体保护焊中，光谱信息也可通过计算电子温度，作为诊断焊接质量的判据。文献［70］光谱仪采集 GMAW 焊接电弧的光谱信息，利用选定的谱线，通过玻尔兹曼图法计算 Mn 和 Fe 的电子温度，来对焊接过程缺陷进行判识。如图 6.31 所示，对于在焊接过程中预制的不同干扰因素和缺陷，都有很好的特征信号。文献［70］还进一步用标准差作为缺陷判识的依据。

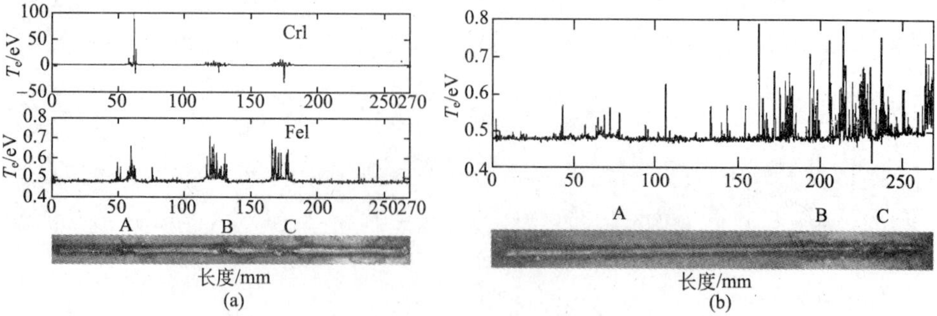

图 6.31　电子温度检测 GMAW 焊接质量应用实例

为了在工业上应用电子温度法，采用在线传感的方法检测 GMAW 焊接质量。如图 6.32 所示，文献［71］所示采用 4 个传感器(红外、紫外、可见光(2))，采集熔化极气体保护焊接的辐射。可以看到，就采集到的特定谱段的辐射信号而言(图 6.33)，其辐射信号非常杂乱，存在大量的噪声信号，而如果采用不同谱段辐射强度比值的方法计算“等效”电子温度(严格意义上讲，文献中计算电子温度的方法得到的并不是“真正的”电子温度)，信号特征非常明显。通过不同谱段辐射强度比值方法，得到的信号如图 6.33(b)所示，由此可以很好地诊断焊接过程中的质量问题。

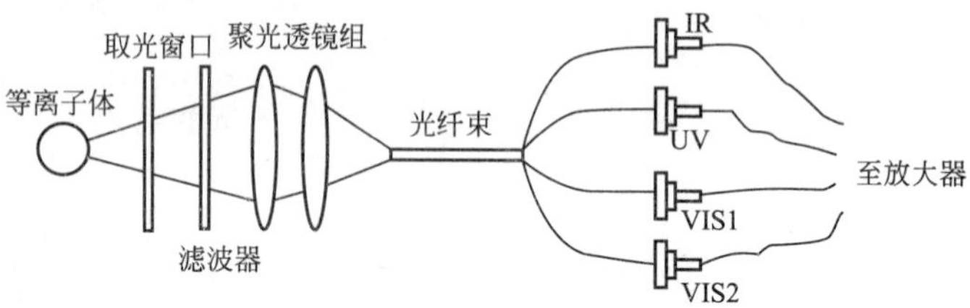

图 6.32　多谱段传感光辐射信号

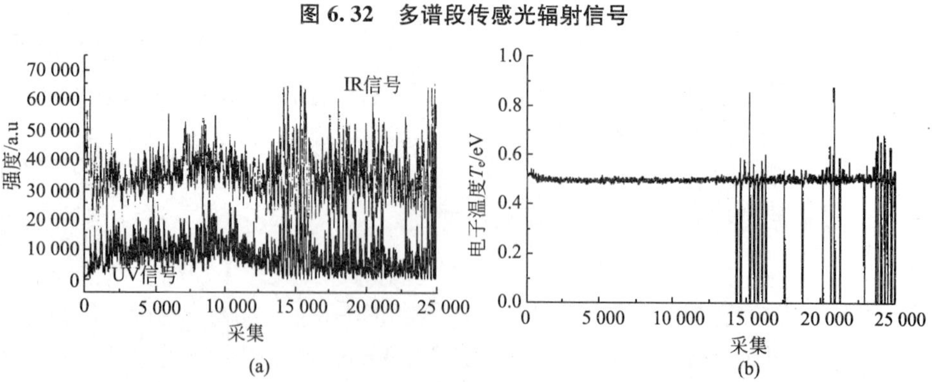

图 6.33　采集到的辐射信息和计算的电子温度

虽然电子温度法或者辐射强度比值法具有自身的优点，但其在进行焊接质量检测的过程中，也存在以下几个问题。

(1) 可能在判识过程中存在误判，如在正常短路过渡焊接过程中，短路过渡瞬时，电弧等离子体的电子温度也会比较低，这时可能会出现误判。

(2) 金属谱线数量众多，选取独立谱线(不受其他元素特征谱线干扰)困难较大，计算结果准确度受到较大影响。

(3) 检测到的辐射信息为电弧作为一个整体的辐射强度，计算出的电子温度为“平均温度”，而非特定辐射点的温度。一些在线检测方法中采用不同谱段辐射强度的比值进行计算，并非电子温度，物理意义不清楚。因此，本课题组提出了特征谱段法和二次选频法。

6.4.2 特征谱段法[59]

本课题组基于对GMAW焊接电弧辐射光谱信息的研究，提出特征谱段法判识焊接过程缺陷。判识系统使用荷兰Advantes公司的Avaspec-2048FT-2光纤式数字光谱仪采集光谱信息，可实现多达8个特征谱段积分强度的同步采集，便于信息的融合和特征信号的提取。焊接电源使用时代的NB-500气保焊机，纯氩保护，焊丝为H08Mn2Si，直径为1.2mm。

特征谱段法判识的关键是选取能够提供有效信息的特征谱段。基于对GMAW焊接电弧辐射光谱的研究(见6.1节)，在230～350nm的光谱分布的主要辐射谱线有Fe II 274.648nm、Fe II 274.698nm、Fe I 321.0nm的聚集区，344.061nm、344.099nm的Fe I谱线等，在350～450nm的强谱线有373.486nm、Fe I 373.713nm，382.0429nm、Fe I 382.1178nm等，而230nm以下的辐射相对较弱，进入真空紫外区，在空气中迅速被吸收，对实际测控没有现实意义。在470～500nm、500～550nm间存在两个密集的强谱线聚集谱段，在此区间的主要Fe谱线有492.0505nm、495.76nm、526.6579nm、526.9541nm、537.1493nm、561.5652nm等。560nm附近也存在一个强谱线区。在570～650nm间，除了600nm的相对强谱线外，谱线辐射都较少，650～1100nm间的辐射除了金属谱线外，在750nm之后出现了Ar I谱线，在780～900nm间存在大量的Ar I谱线，而在900nm后，除了在910nm和920nm左右的Ar谱线外，基本没有明显的线谱，并且辐射较小，以黑体辐射为主。

通过MIG焊电弧光谱的基本辐射分析，根据各个区段的辐射特点，选定表6-2中7个特定谱段，进行特定焊接过程在各个特征谱段信号响应的采集试验，实现焊接过程光谱信息判识的研究。

表 6-2　焊接过程采集试验中预设的特征光谱谱段　（单位：nm）

F1	F2	F3	F4	F5	F6	F7
230～300	350～450	500～550	570～590	615～680	750～850	900～1 000

研究结果表明，特征谱段的辐射信息可以很好地反映焊接过程信息。如图 6.34 所示，采用焊接电弧电压为 29.5V，焊接电流为 180A。各个谱段的信号变化如图 6.34 所示，在焊接过程中可看到中间存在一个明显的辐射强度区，此区间的信号在 F4～F7 的特征很明显，对应图 6.34 可以看出，在焊道中存在一个明显的焊道变宽，在观察电流信号时发现，此瞬时存在一个电流突然增大区，电流上升至 300A，造成明显的辐射增强。对应曲线的不同时间段的光谱信号表明，其在对应谱段的变化规律存在明显不同，反映了过渡形态的差别。

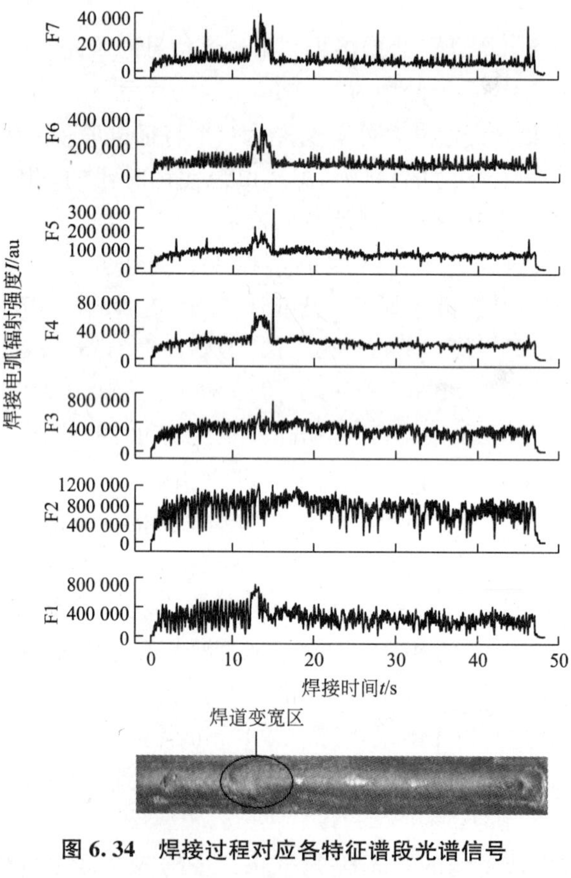

图 6.34　焊接过程对应各特征谱段光谱信号

研究还进一步通过引入干扰因素，对焊接质量进行了判识。这些焊接缺陷的检测及其影响因素判识，对于焊接过程的自动化生产非常重要。图 6.35 为引入干扰因素的焊接过程及对应焊缝照片。在焊道上存在两个明显的成形不良区，但引起原因不一样，在前段，通过改变焊道表面状态，预制第一个干扰因素，在焊道后段，通过人为侧吹风，造成焊接过程不稳定，引起缺陷。两者造成的焊接缺陷相似，但干扰因素完全不同。

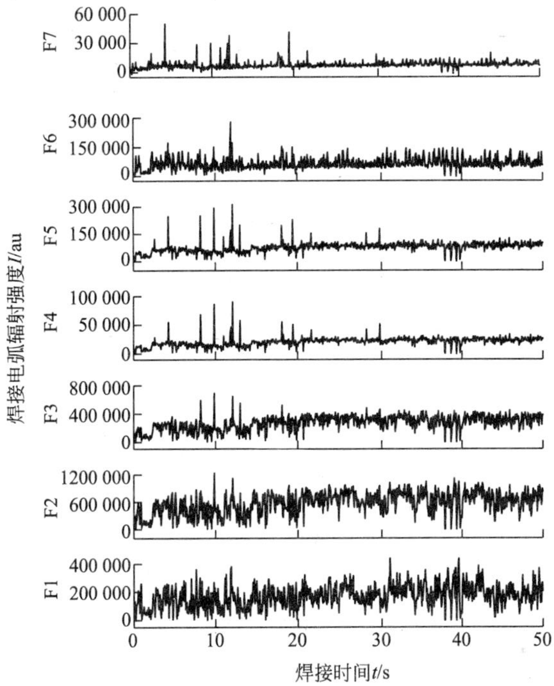

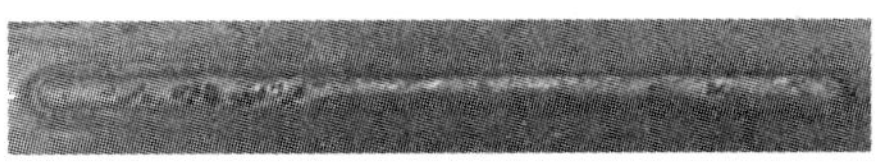

图 6.35　引入干扰因素的焊接过程及对应各特征谱段光谱信号

图 6.35 为上述焊接过程的不同谱段光谱信号变化特征，在对应的缺陷段，光谱信号明显不同。在第一个干扰因素段，特征信号在 570～590nm、615～680nm、900～1 000nm 谱段的信号特征最明显，出现明显异于正常焊接过程辐射的峰值，上述谱段不存在明显线谱聚集，而在其他线谱聚集区(无论是金属谱线还是氩谱线)，特征信号受到较强谱线辐射的影响，信噪比不太好。在第二个干扰因素段，特征信号明显不同，在各谱段都发生了辐射规律性的缩小波动，在铁谱线密集的区段，缩小后又恢复到正常值，而在 750～850nm 氩谱线密集谱段，缩小后，再次恢复时存在一个向上脉冲。通过对上述焊接过程干扰因素及其光谱特征信号的分析表明，不同干扰因素造成的焊接缺陷的光谱特征信号存在明显不同，可以据此对焊接过程质量实现分类判识。

6.4.3 二次选频法[72]

通过分析 MIG 焊电弧光谱信息特点，选定特征谱段，对于预设了干扰因素的焊接过程，焊接气流量变化、焊速变化、送丝速度变化、焊接电压变化、侧吹风、焊道高度变化等，可以通过 6.4.2 节提出的特定谱段法对其焊接质量和干扰因素进行检测。但在实际在线应用中，由于熔滴过渡、弧长波动等正常焊接过程在光谱信息中也会引起波动，给在线检测带来了“噪声”。因此，本课题组进一步提出了二次选频法(图 6.36)。

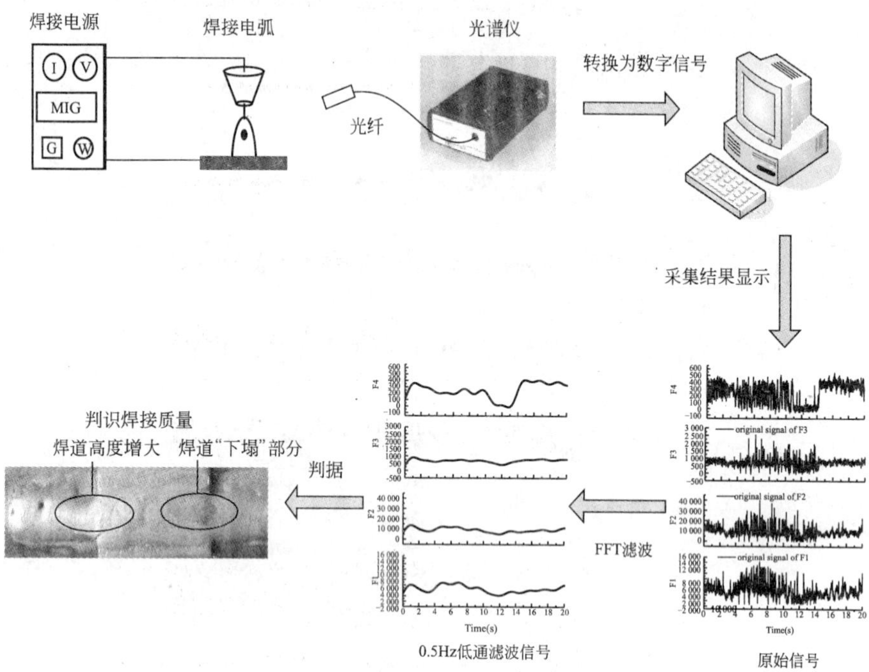

图 6.36 二次选频法检测焊接缺陷

二次选频法是基于对焊接过程中各种现象在光谱信息中的特点进行了分析，认为能引起缺陷的干扰因素信息存在于一定谱段的低频信号；基于焊接过程中光谱信号波动特点和影响因素分析，确定不同过程特征的信号响应频段，采用 FFT 滤波器对不同谱段的过程信号进行二次滤波，获取能反映干扰因素的特征信号，因此称为二次选频法。研究结果表明：干扰因素引起的信号波动与由于熔滴过渡引起的信号波动频率存在较大差别，采用 FFT 滤波可以很好地识别干扰因素；不同干扰因素在不同谱段的响应存在较大差别，由于气流量变化、侧吹风、弧长波动干扰因素引起的特征信号在 Ar 对应的谱段最明显，由于送丝速度、焊接电压变化引起的特征信号在 Fe 对应的谱段信号品质较好。

第7章 光谱在激光焊接及其复合焊接上的应用

除了在电弧焊中等离子体诊断和焊接过程测控上的应用外，光谱信息还在激光焊及其复合焊接的测控上得到应用。实际上，在激光焊接方法产生和应用的早期，研究者已经意识到其在焊接过程中产生的光致等离子体中，既包括焊接熔池蒸发的金属原子的信息，又包括保护气氛的信息，可以被用来进行焊接过程的检测。近年来，激光与电弧的复合焊接在工业上取得了成功应用，其焊接过程中的等离子体光谱信息，也成为实现其过程检测和控制的有效信息源。因此，本章将讨论光谱信息在激光焊接及其复合焊接上的应用。

7.1 激光焊光致等离子体的辐射光谱

7.1.1 激光焊原理及分类

激光焊(Laser Beam Welding，LBW)成为20世纪70年代以来的新焊接技术，它以高能量密度的激光作为热源，对金属进行熔化形成焊接接头，是一种高效精密焊接方法。随着航空航天、汽车、微电子、轻工业、医疗及核工业等的迅猛发展，产品零件结构形状越来越复杂，新型材料对焊接的要求越来越高，对焊接构件的变形控制和表面完整性要求也越来越高。因此，人们对现代焊接方法的生产效率、焊接质量，乃至工作环境的要求也越来越高，传统的焊接方法难以满足上述要求。采用激光焊，不仅生产率高，而且焊接质量也得到显著提高，因此，得到各个国家的重视。

激光焊接是由激光器产生的方向性很强的高能密度激光束，照射到被焊材料的表面，部分激光能量被吸收，由光能转换成热能，造成被焊材料熔化、汽化，最后冷却结晶形成焊缝的过程。激光在材料表面的吸收以及反射、透射等现象，本质上是光波的电磁场与材料相互作用的结果。激光入射材料时，材料中的带电粒子会吸收光子能量，随着光波矢量的步调振动，从而引起带电粒子动能的增加。如，自由电子吸收能量而增加动能，束缚电子吸收能量而使其处于激发态。由于电子比较轻，所以通常被光波激发的是自由电子或束缚电子的振动。这些动能再转化为热能，使焊件表面首先被加热而形成金属蒸气，蒸发的金属可防止剩余能量被金属表面反射掉。金属对激光的线性吸收系数为 $10^7\sim10^8$/m，当光子强度等于其表面所吸收的原始强度的 1/e 时，该处与表面的距离被认为是吸收距离，此时有 63.2%的光变为热，金属对激光的吸收距离为 0.01～0.1μm。激光加工时，材料吸收的光能向热能的转换是在极短的时间(约为 10^{-9} s)内完成的。在这个时间内，热能仅局限于材料的激光辐照区。而后通过热传导由高温区传向低温区。

金属对激光的吸收，主要与激光波长、材料的性质、温度、表面状况以及激光功率密度等因素有关。理论计算得出的材料对激光的吸收率很小，但这些数值对应的激光功率密度远小于激光焊时的功率密度。一般而言，激光功率密度越大，材料对激光的吸收率越大；当激光光斑的功率密度处于 $10^6\sim10^7$ W/cm^2 之间时，材料对激光的吸收率会急剧增加；对于钢铁材料，当功率密度大于 10^6 W/cm^2 时，材料表面会出现汽化，形成等离子体，在较大汽化膨胀压力下，被熔化的液态金属会在压力的作用下生成小孔，小孔的形成有利于增强对激光的吸收。就材料对激光的吸收而言，材料的汽化是个分界线。如果材料表面没有汽化，无论是处于固相还是液相，它对激光的吸收仅随表面温度的升高略有变化。当材料出现汽化并形成等离子体和小孔时，材料对激光的吸收发生突变，其吸收率决定于等离子体与激光的相互作用和小孔效应等因素。

激光焊的分类方法有很多种：按输入能量方式不同，激光焊分为脉冲激光焊和连续激光焊；按聚焦后光斑功率密度的不同，激光焊分为传热焊和深熔焊(锁孔焊)；按照激光发生器的不同，激光有固体、半固体、液体、气体激光之分。在工业应用中，由于传热焊和深熔焊的焊接机理明显不同，成为最主要的分类方法。

1. 传热焊(conduction mode)

传热焊又称为热导焊。当采用较低激光功率密度焊接时($10^5\sim10^6$ W/cm^2)，工件吸收激光后，金属材料表面将所吸收的光能转变为热能；激光将金属表面加热到熔点与沸点之间，然后依靠热传导向工件内部传递热量，使熔化区逐渐扩大，形成熔池。其熔池轮廓近似为半球形。这种焊接模式熔深浅、深宽比较小，类似于TIG焊的熔池。传热焊的主要特点是激光的功率密度小，很大一部分被金属表面所反射，光的吸收率低，焊接速度慢，仅适合薄板和小工件的焊接加工。

2. 深熔焊(keyhole mode)

深熔焊又称锁孔焊。深熔焊接模式熔深大，深宽比也大。深熔焊是目前中厚板激光焊的主要模式，除了那些微薄零件之外，一般应选用深熔焊。

当激光能量密度高(10^6～10^7 W/cm^2)时，金属在激光的照射下被迅速加热，其表面温度在极短的时间内升高到沸点。工件吸收激光后迅速熔化乃至汽化，金属蒸气以一定速度离开熔池，金属蒸气逸出对熔化的液态金属产生附加压力，使熔池金属表面形成凹陷。熔化金属在压力的作用下形成小孔，激光束直接照射到小孔底部，继续加热汽化金属；当所产生的金属蒸气压力与液体金属的表面张力和重力平衡时，形成稳定的焊接小孔和焊接过程。

小孔随着激光束沿焊接方向移动时，小孔前方熔化的金属绕过小孔流向后方，凝固后形成焊缝。当小孔跟着光束在熔化金属中向前运动时，在小孔前方形成一个倾斜的烧蚀前沿(图7.1)。在这个区域，随着材料的熔化、汽化，其温度高、压力大。这样，在小孔周围存在着压力梯度和温度梯度。在此压力梯度的作用下，熔融材料绕周边由前沿向后沿流动。另外，温度梯度的存在使得气液分界面的表面张力随温度升高而减小，从而沿小孔周边建立了一个表面张力梯度，前沿处表面张力小，后沿处表面张力大，这就进一步驱使熔融材料绕小孔周边由前沿向后沿流动，最后在小孔后方凝固起来形成焊缝。随着光束的运动，小孔将随着光束运动，但其形状和尺寸却是稳定的。

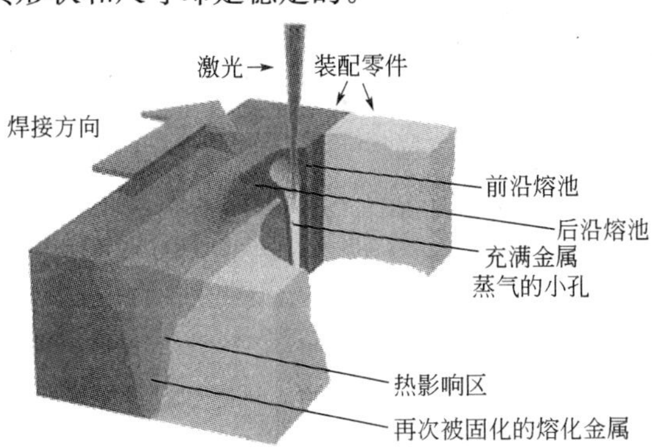

图7.1 激光深熔焊焊接原理图

小孔形成伴随着明显的声、光特征。用激光焊焊接钢件，未形成小孔时，焊件表面的火焰呈橘红色或白色，一旦小孔生成，光焰变成蓝色，并伴有爆裂声，利用激光焊的这种声、光特征，可对焊接质量进行监控。

7.1.2 激光焊接过程中的等离子体

在高功率密度条件下进行激光加工时，会由于激光的作用而产生光致等离子体。由等离子体的基础理论可知，等离子体的产生是物质原子或分子受能量激发电离的结果。任何物质在接收外界能量而温度升高时，原子或分子受能量(光能、热能、电场能等)的激发都会产生电离，从而形成由自由运动的电子、带电的离子和中性原子组成的等离子体。

激光焊时，形成等离子体的前提是材料被加热至汽化。金属被激光加热汽化后，会在熔池上方形成高温金属蒸气。金属蒸气中存在一定数量的自由电子，其中处在激光辐射区的自由电子，会通过逆韧致辐射吸收得到激光的光子能量，进而获得动能被加速，当电子有足够的能量时，会碰撞、电离金属蒸气和周围气体，引起电子密度雪崩式的增加，进而形成持续稳定的等离子体。

激光焊接过程的光致等离子体主要为金属蒸气的等离子体，这是因为金属材料的电离能低于保护气体的电离能，金属蒸气较周围气体易于电离而产生等离子体。如果激光功率密度很高，而周围气体流动不充分时，也会使周围气体电离而形成气体的等离子体。

激光深熔焊时，位于熔池上方的等离子体，会引起光的吸收和散射，改变焦点位置，降低激光功率和热源的集中程度，从而影响焊接过程。等离子体对激光的吸收率与电子密度和金属蒸气密度成正比，随激光功率密度和作用时间增长而增加，并与波长的平方成正比。同样的等离子体，对波长为 10.6μm 的 CO_2 激光的吸收率比对波长为 1.06μm 的 YAG 激光的吸收率高两个数量级。不同波长的激光产生等离子体所需的功率密度阈值不同。YAG 激光产生等离子体阈值功率密度比 CO_2 激光的高出约两个数量级。因此，用 CO_2 激光进行加工时，易受产生等离子体的影响，而用 YAG 激光加工，等离子体的影响则较小。

激光通过等离子体时，改变了吸收和聚焦条件，有时会出现激光束的自聚焦现象。等离子体吸收的光能可以通过这个渠道传至工件。如果等离子体传至工件的能量大于等离子体吸收所造成工件接收光能的损失，则等离子体反而增强了工件对激光能量的吸收，这时，等离子体也可看作是一个热源，形成的新热源通过热传导的方式加热工件，会造成焊缝形状的改变，出现所谓“钉子状”焊缝。

激光功率密度对于等离子体的形成和作用有着重要影响，根据激光功率密度不同将其分为 3 个区间。

激光能量密度处于形成等离子体的阈值附近时，对于 CO_2 激光加工而言，相应的激光功率密度约为 $10^6 W/cm^2$ 时，较稀薄的等离子体云集于工件表面，形成较稳定的等离子体层。其存在有助于加强工件对激光的吸收。由于等离子体的作用，工件对激光的总吸收率可由 10%左右增至 30%～50%。

激光功率密度介于 $10^6 \sim 10^7 W/cm^2$ 时，等离子体温度高、电子密度大，对激光的吸收率大，会出现等离子体的形成和消失的周期性振荡，影响焊接过程稳定性，必须加以抑制。

当激光功率密度大于 $10^7 W/cm^2$ 时，除了金属蒸气外，周围的气体可能被击穿。气体击穿所形成的等离子体，其温度、压力、传播速度和对激光的吸收率都很大，形成所谓激光维持的爆发波，它完全、持续地阻断激光向工件的传播，应尽量避免。

除此之外，激光焊接时还存在壁聚焦效应和净化效应。激光深熔焊时，当小孔形成以后，激光束将进入小孔，与小孔壁相互作用，入射激光并不能全部被吸收，一部分将由孔壁反射在小孔内某处重新会聚起来，这现象称为壁聚焦效应。壁聚焦效应的产生，使激光在小孔内部维持较高的功率密度，进一步加热熔化材料。小孔效应的产生和壁聚焦效应，改变激光与物质的相互作用过程，使能量的吸收率大大增加。净化效应是指 CO_2 激光焊时，焊缝金属中有害杂质元素减少和夹杂物减少的现象。净化效应的产生与不同物质对激光的吸收率不同密切相关。有害元素在钢中以两种形式存在：夹杂物或直接固溶在基体中。当这些元素以非金属夹杂物存在时，对于波长为 10.6μm 的 CO_2 激光，非金属的吸收率远远大于金属，非金属将吸收较多激光使其温度迅速上升而汽化。当元素固溶在金属基体时，由于非金属元素的沸点低，蒸气压高，会从熔池中蒸发出来。从而使焊缝中的有害元素减少，这对金属的性能，特别是塑性和韧性，有很大好处。但上述净化效应在某些情况下也会造成某些合金元素的烧损，带来不利影响。壁聚焦效应和净化效应会对孔内等离子体辐射分布产生影响。

7.1.3 激光光致等离子体的辐射光谱

激光光致等离子体的光谱，是诊断和获取焊接过程的重要的信息源。其辐射光谱与被焊材料、激光功率大小、辐射位置有很大关系。一般而言，我们可以将激光的光致等离子体分为两个部分，一部分为熔池之上的等离子体(又被称为等离子体羽辉)，另一部分为深熔焊时小孔内的等离子体；两部分等离子体特性和辐射特点明显不同。

在讨论激光焊接等离子体的辐射光谱之前，首先来讨论一下其与电弧等离子体的主要区别，由第 1、2 章的内容可知，电弧本身既是导电体又是等离子体，其辐射由电弧自身产生，因此等离子体与电弧的尺寸相当，辐射体积较大。而激光产生的等离子体是由激光照射到熔化、蒸发的金属蒸气上，由其吸收激光能量产生的电离和复合等过程产生，因此，其等离子体往往局限于被焊试板附近很小的区域，对于深孔焊接而言，激光照射进入小孔内部，激光与金属材料的吸收作用有很大一部分存在于试板之下，其辐射源在小孔内部，因此其辐射特征也与电弧焊接存在很大不同，其在试板上部的等离子体辐射主要由于蒸发出来的金属蒸气吸收激光形成，其稳定性受外部环境的影响很大(如温度、蒸气密度等)，被称为等离子体羽辉(plasma plume)。实际上，不同试验采集得到的激光焊接过程的等离子体是不同的，当然，除了与被焊材料、激光波长、激光功率等有关之外，获得辐射的方式和焊接过程的模式，对于辐射光谱有较大影响。一些研究者对于激光焊接辐射采用同轴采光或者与试板呈一定夹角，从上方对辐射等离子体采集光谱[73,74]，就可以得到明显的线谱信息，而采用水平方式，得到的辐射谱就较弱。相对于电弧焊而言，正常焊接条件下，激光焊的辐射强度相对较弱。

电弧焊接时，由于电弧本身就是一个很强的辐射体，探头水平安装就可以得到等离子体辐射光谱信息。但在激光焊接时，其等离子体辐射主要存在于试板附近，不同的探头方式检测的辐射光谱存在较大差异，其中最主要的差异在于检测到的金属线谱的差异。如图 7.2 所示，Jay. F. Tu 等[74]在不同角度下，采用光学探头对激光焊过程产生的等离子体的光谱进行了检测。当激光作用于被焊板件时，会在试板表面附近产生一个区域较小的等离子体，而在上方会产生大量等离子体羽辉。而等离子体羽辉主要以较弱的连续辐射为主，没有等离子体辐射过程

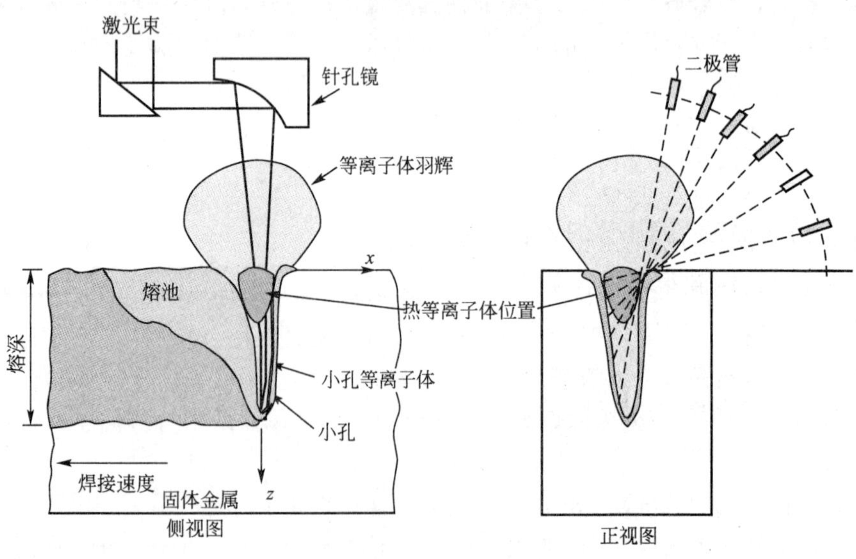

图 7.2　激光深熔焊时等离子体示意图

中产生的大量线谱。探头角度不同，进入探头的等离子体辐射发生很大变化。图 7.3 所示为不同角度采集到的激光光致辐射的对比。从图中可以看到，不同角度检测到的辐射光谱存在很大差别，水平角度采集的光谱辐射很小(0°)，而探头与水平试板夹角越大时，进入探头的等离子体辐射越强(86°)，因此线谱辐射越明显。

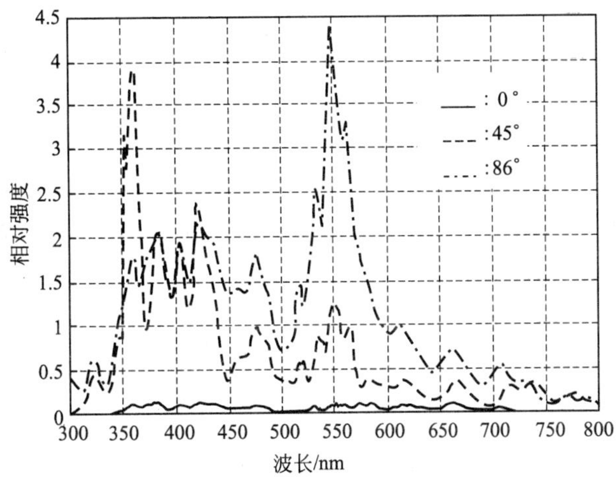

图 7.3　不同角度采集到的激光光致辐射的对比

试板上方的等离子体羽辉与电弧辐射中电弧等离子体的辐射完全不同，在激光能量一定时，其电离气体很少，因此没有明显的线谱辐射，而且其连续辐射也较弱。本课题组通过水平安装探头的方式，对 2kW YAG 激光焊接 A3 钢板的板上等离子体进行检测[75]，得到的光谱是连续辐射为主的光谱(图 7.4)。除了等离子体羽辉产生的辐射外，激光与等离子体相互作用，会造成激光的散射，从而可以检测到很强的激光散射线谱。但与 7.3 图较明显的不同是，本课题组检测到的等离子体辐射存在较明显的连续谱(可以认为主要是由于韧致辐射和黑体辐射引起的)。以深熔焊接为例，由于形成了小孔，激光的作用位置在试板之下，也就是说，激光能量是在小孔内被大量吸收、熔化的金属，产生金属等离子体的，而在试板之上能量减少，等离子体的线谱就很弱，这个区域的辐射主要是连续谱。采用水平检测时，稳定的激光

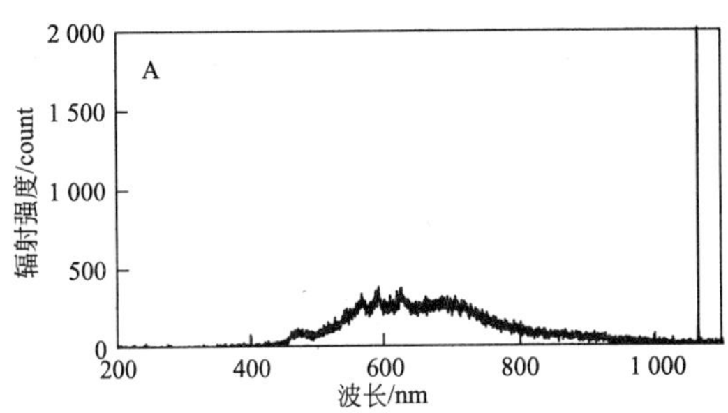

图 7.4　水平位置检测到激光焊接辐射光谱

深熔焊接过程多为连续谱，而一旦焊接过程不稳定或小孔被破坏，激光的作用位置移动到试板表面，就可检测到明显的线谱，据此可以判识焊接过程的稳定性。

但上述分析是建立在正常激光焊接过程，激光能量密度和激光能量一定的情况下。如果激光的能量足够大，这时从小孔内部溢出的蒸气浓度很大，自由电子密度大，而且试板上方由于金属蒸气吸收到的激光能量也很大，产生很强的等离子体时，板上等离子体的辐射强度会明显增强，并出现足够强度和数量的线谱。这与 7.1.2 节提到的激光能量密度的区间有关。除此之外，研究也表明，激光的波长也会对辐射的频域分布和辐射强度造成明显影响。激光波长决定了等离子体对其的吸收率，进而影响到等离子体的辐射光谱。

一般情况下，小孔之上以及熔池表面下方附近的光致等离子体，可以采用水平和同轴探测的办法，较容易检测，其辐射信息可以方便地用于焊接过程的检测。但对于小孔内部深处的等离子辐射，却比较难于监测，而其辐射的等离子体对于小孔的形成和作用机理研究有重要意义。张屹等[76]通过“三明治”方法，采用透明玻璃中间夹持金属箔片，通过透明玻璃来观察中间夹层内激光在金属箔片焊接形成小孔和等离子体的形态，并通过光谱仪对小孔内部的等离子体辐射光谱进行了检测(图 7.5)。虽然上述试验方法还无法完全模拟激光焊时小孔内部的状态，但却提供了一种确实有效的方法来获取小孔内部的辐射光谱信息。图 7.6 所示为检测到的光谱信息。通过处于 386.6nm 和 390nm 的特征线谱，可以对小孔内等离子体的温度、吸收状态进行诊断，研究小孔内等离子体的状态，以及其与试板上等离子体的不同。

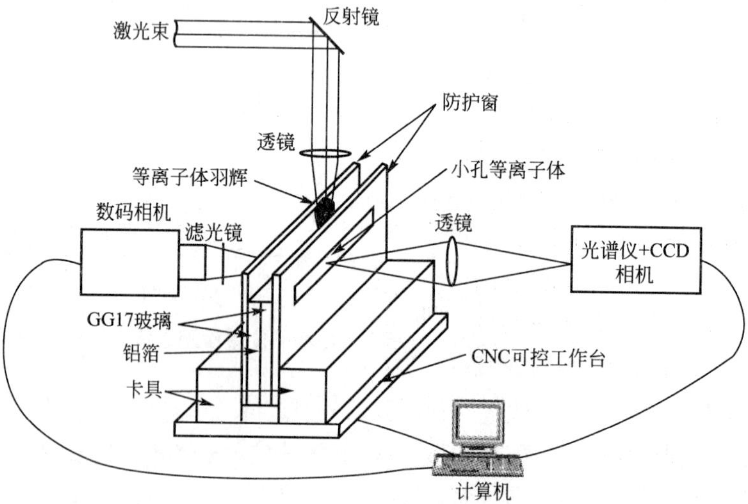

图 7.5 “三明治”方法探测小孔内部等离子体辐射

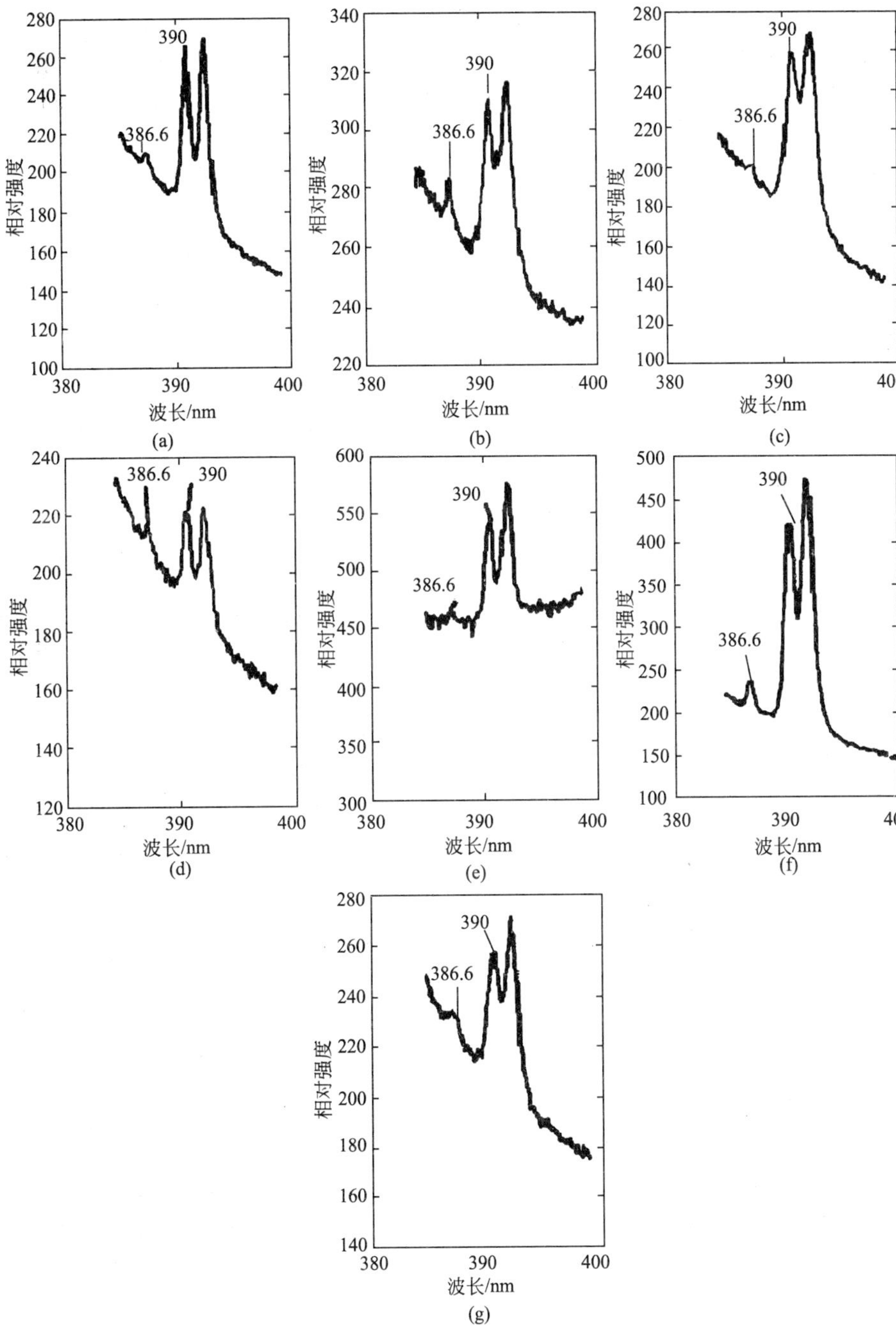

图 7.6 铝激光焊小孔内等离子体辐射光谱

通过上述关于激光焊接时，不同区域等离子体辐射光谱的研究，表明在小孔及其临近区域的辐射是等离子体辐射的主体，而在其上方区域的等离子体羽辉，其辐射强度较弱，线谱辐射并不明显。在某些在线检测过程中，等离子体羽辉会对从小孔及其临近区域的辐射光谱产生吸收和散射，降低其信号强度。由于小孔及其临近区域高温金属蒸气的存在，产生大量金属的线谱辐射，其线谱主要集中于可见光区和紫外区。

7.2 辐射光谱在激光焊测控上的应用

激光焊接过程是一个复杂的物理、冶金过程，会出现材料的熔化和蒸发、小孔的形成、光致等离子体等物理现象。这种激光、物质、等离子体间的相互作用，使得影响激光焊接质量的因素十分复杂，给其质量的检测和控制带来了困难，如：①对中要求高，被焊工件预加工和装配过程中会出现一些误差；②长时间焊接过程中，激光器及其光学系统会出现不稳定性和污染等。这些因素都会使得激光焊接质量有偏差。为了充分发挥激光焊接高速高效的优势，对焊接质量进行在线监测和控制是十分必要的。

激光焊接过程伴随的物理现象为其在线检测提供了大量信号源(图 7.7)。实际上，目前在传统弧焊方法中的一些在线监测方法都可以用于激光焊的在线监测。根据信号源的不同，激光焊的监测方法主要包括电荷、声、光等信号。

电荷信号是利用激光焊接过程中产生的一种物理现象来实现监测的。在激光产生的光致等离子体中，电子由于质量轻、运动速度大，导致了空间电子向等离子体表面层运动，使等离子体出现局部非平衡电荷而产生电场，在工件与激光加工头之间的等离子体空间存在空间电荷。因此，利用等离子体产生的电荷，可以检测焊接缺陷和实现喷嘴位置的调节和控制[77]。

激光焊接过程的声信号也是主要的信息源。其声信号不仅包括在听觉范围内的声信号，还包括其他谱段的振动信号，其中最主要的是超声信号。激光作用在材料表面时，由于热弹性过程或消融，会产生超声波。超声波的产生过程与激光功率等因素密切相关。通过监测上述超声波信息，就可对焊接过程进行监测。

激光焊过程的光信息(包括紫外区、可见光区、红外区)是最为丰富的信息源，它既包括来自等离子体的辐射光信息，也包括来自熔池、飞溅等的热辐射(红外)信息，这些辐射中包含着大量的激光焊接过程信息，被广泛用来进行激光焊接过程的测控。在利用光信息进行焊接过程测控的方法中，既包括采用光谱仪得到特定线谱信息，进行物理计算和诊断方法诊断焊接过程；也包括通过不同谱段的光电传感器，利用其信号特征实现在线诊断；还有采用 CCD 成像，获得特

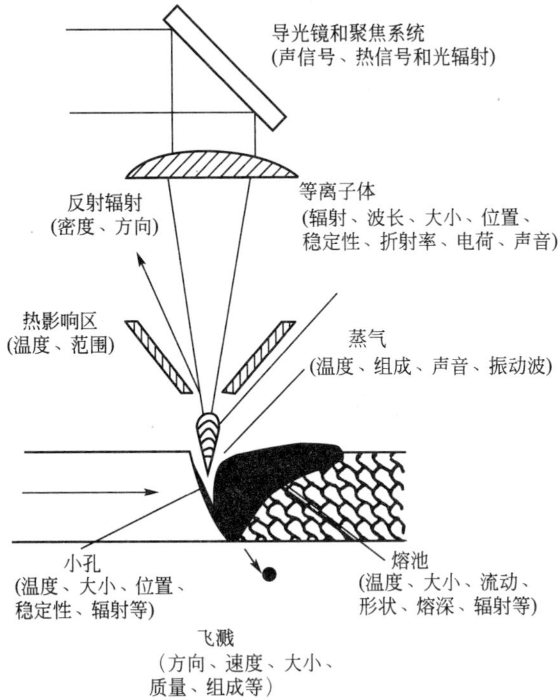

图 7.7　激光焊接过程的信号源

定谱段(红外区)焊接过程的图像信息，进而用于焊缝跟踪、焊接质量判识等方面的应用。图 7.8 所示为采用 CCD 传感得到的激光焊熔池图像信息。

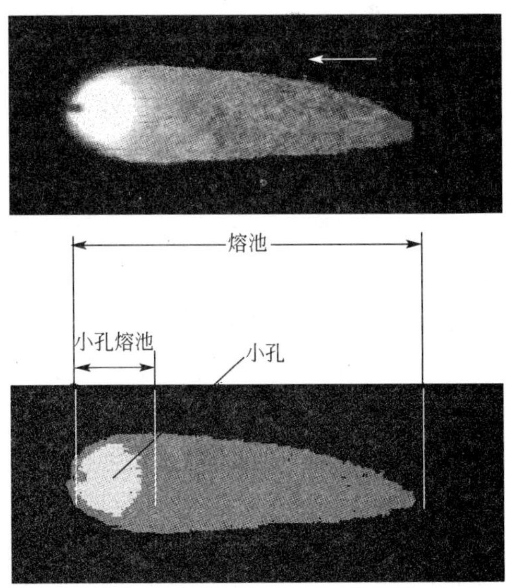

图 7.8　采用 CCD 传感得到的激光焊熔池图像信息

目前用于激光焊在线检测方法中，电荷信号较少，而主要采用光信号和声信号源。

由于小孔在形成过程中会伴随独特的声信号，因此可以用来检测激光深熔焊接过程的稳定性。而激光等离子体辐射的光谱信息，是另外一个主要的信息源，激光焊接过程中，光致等离子体浓度增加会导致大量激光被等离子本身吸收，等离子体瞬时膨胀，由此造成照射到被焊试板上激光能量的衰减，进入到等离子体的金属蒸气会迅速减少，进而引起等离子体在达到峰值后迅速减弱；减弱的等离子体使得照射到试板上的激光能量再次增加，如此反复波动，形成了激光焊接过程中波动的辐射光谱信息。因此，可以有效地通过检测光谱辐射信息来诊断焊接缺陷。目前用于激光焊接过程测控的光谱方法主要有以下几种。

1. 检测光致等离子体的辐射光谱信息

激光焊等离子体辐射光谱是由等离子体中粒子的跃迁辐射造成的，它取决于等离子体的尺寸、粒子密度及等离子体温度等，能直接反映等离子体状态，与焊接质量紧密相关。直接检测光致等离子体辐射的光谱信息，是光谱信息在激光焊接过程测控方面应用最广泛的方法。图 7.9 所示为低碳钢对接焊时，通过对等离子体光辐射进行监测来诊断焊接质量的示意图。由图 7.9 可知，激光深熔焊会产生规律的光谱波动信息，由图中 1～7 的瞬时信号对比可知，不同装配间隙的焊接过程会在光谱信息上具有明显的信号特征。

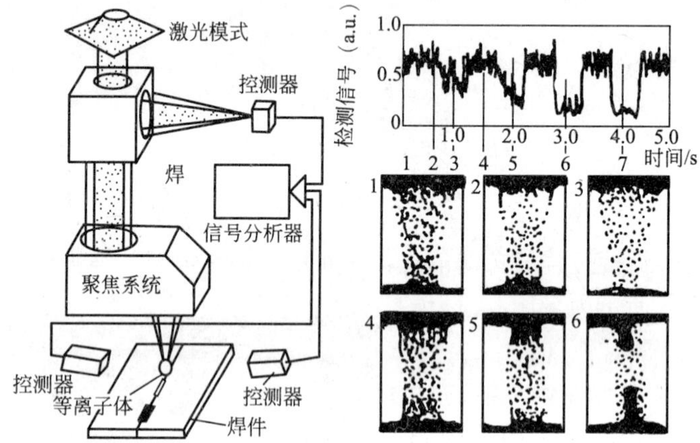

图 7.9　激光焊等离子体辐射检测系统(3mm 低碳钢)

1—间隙为 0；2—间隙为 0.1mm；3—间隙为 0；4—间隙为 0.2mm；
5—间隙为 0.4mm；6—间隙为 0.6mm

实际上，正如前面提到的，在工业上具体采集等离子体光辐射信息的传感方法有很多种。可以用光谱仪来采集等离子体辐射的光谱信息；也可用滤光片匹配光电探测器来测量等离子体在特定谱段的强度；还可以通过 CCD 摄像仪摄取等离子体辐射的图像，通过对图像的处理来监控激光焊接过程。

但光谱方法的优点是信息丰富，可以通过物理计算来获得用于在线监测的信息。而光电探测器方法的优越性在于，光电传感器如光敏二极管和光敏晶体管具有反应速度快、信噪比高、坚固性好、体积小和费用低等特点。CCD 摄像仪摄取等离子体辐射的图像的方法优点在于，可以获得等离子体的空间信息，更直观。

虽然直接采用辐射光谱的信号强度变化信息具有直观、便捷的优点，但其在干扰因素控制、信噪比方面还有待提高。下面介绍两种通过物理计算和数学算法对激光焊接质量进行诊断的方法，它们具有较好的信噪比和应用前景。但无论哪种检测方法，都需要基于对等离子体辐射的研究。第一种为协方差图法，通过数学算法计算特定元素的谱线在焊接过程中强度变化的相关性，来对焊接过程和质量进行诊断。图 7.10 为通过 Mg - Al 元素特征谱线协方差矩阵，利用其相关性诊断激光焊接过程是否存在气体保护不足的实例[78,79]。可以看到，在不同保护状态下，其协方差图存在明显差别。第二种方法为电子温度诊断方法，用光谱分析仪获取等离子光谱，测得各线光谱的强度，再计算电子温度 T_e，从而来分析和计算等离子体的一些物理参数，对焊接过程进行监测。图 7.11 为采用电子温度法和协方差图法诊断激光焊接过程的信号，可以看出，电子温度(T_e)和协方差图法(m_{ij})均可以对焊接过程质量进行检测，但协方差法具有更好的信噪比。

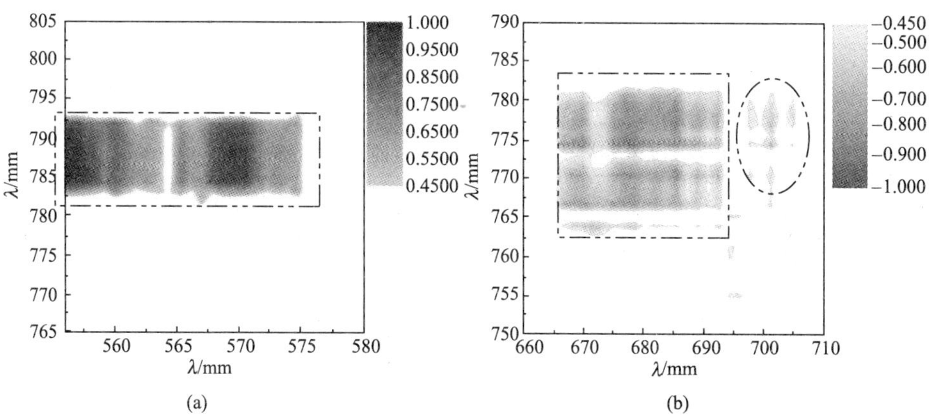

图 7.10 协方差图法诊断激光焊接的气体保护状态

(a) 保护好；(b) 保护不足

等离子体的辐射信息除了用于焊接过程的在线检测外，还可用于反馈控制焊接质量。如，研究者基于光电管检测，利用神经网络计算的闭环控制系统来调节激光焊接的离焦量，实现对焊接质量的控制。一些研究者还通过等离子体辐射信息来反馈控制激光的输出能量，从而保证激光焊接的熔深和焊透。

2. 熔池和焊件背面等其他光辐射信号

除了等离子体本身的辐射光谱之外，在激光焊焊接过程中，其他辐射的光谱

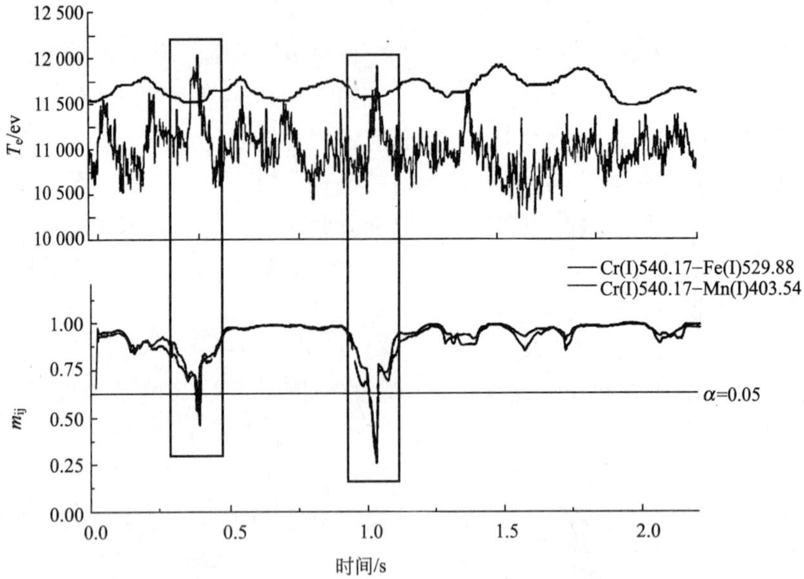

图 7.11　电子温度法与协方差图法诊断激光焊接过程的信号

信息也被用来诊断焊接质量[80,81]。

(1) 利用焊件反射或在穿透焊情况下透过小孔的激光辐射，可对深熔焊的焊接质量进行检测。在不同焊接状态下，等离子体对激光的反射、折射、散射和吸收等作用是不同的。如 7.1.1 节所述，激光焊接时若未出现小孔，焊件反射的激光功率很大；而小孔一旦形成，由于壁聚焦效应，焊件对激光的吸收率将大大提高，焊件反射的激光功率大大减少；因此，通过对激光辐射本身进行测量就可监测激光焊接过程。

(2) 熔池或焊根的热辐射光谱信息反映了温度场分布情况，用高温计或红外监测仪作传感器可以有效获取辐射信息，用来进行焊缝检测和跟踪；但这种传感器响应速度较慢，难以应用于在线响应和反馈控制。

图 7.12　多谱段信息传感的检测装置

(3) 在穿透焊情况下，焊件背面等离子体发出的从紫外到红外的光辐射，也可作为有效信息源提供焊接质量的判识依据。在上述这些在线光辐射传感方法中，更多地还是直接采用光电传感器，获得不同谱段的辐射信息(紫外、红外)，利用信息融合进行焊接过程质量的诊断，图 7.12 给出了多谱段信息传感的检测装置。

有些情况下，熔池等其他部分发出的辐射光谱信号也和等离子体辐射光谱信息一起使用，用来实现激光焊接过程的监测。如等离子体辐射和熔池红外辐射信息可以被同时采集，来对焊接过程特征进行分析。等离子体辐射信息和通过光纤反馈回的辐射信息，可以被共同使用来进行调焦控制等。

除此之外，一些研究者还将光谱辐射信息和声信号、图像等其他信息源一起使用，通过信息融合和信号的相关性，来对激光焊接过程进行可靠检测。图 7.13所示为采用声信号和光信息实现联合检测的装置示意图。

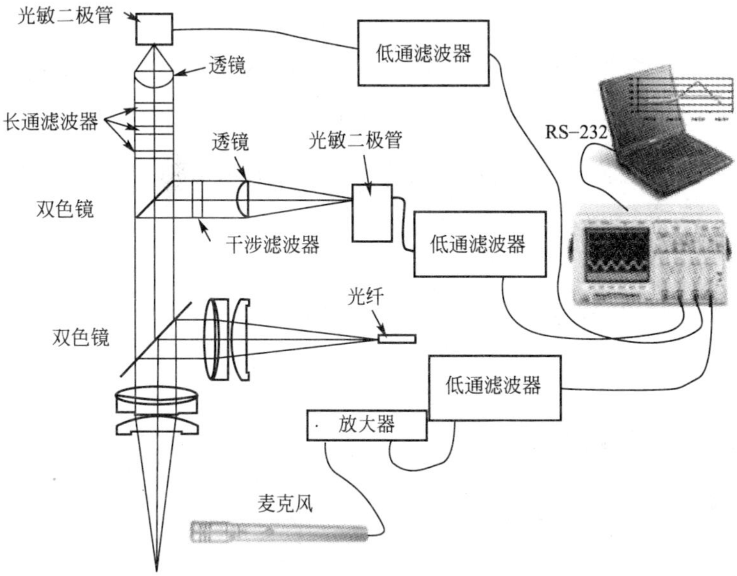

图 7.13 声信号和光信号实现联合检测的装置示意图

7.3 激光-电弧复合焊等离子体的辐射光谱

7.3.1 激光-电弧复合焊的原理和特点

激光复合焊接技术是指将激光焊接与其他焊接方法组合起来的焊接方法，激光与电弧的复合焊接是激光复合焊接最成功的一个应用案例(图 7.14)。作为一个高能密度的热源，激光具有焊接速度高、焊接变形小、热影响区窄等特点。但是，激光也有其缺点：能量利用率低、设备昂贵，对焊前的准备工作要求高，对坡口的加工精度要求高，从而使激光的应用受到限制。近年来激光电弧复合热源焊接得到越来越多的研究和应用，使激光在焊接中的应用得到了迅速的发展。

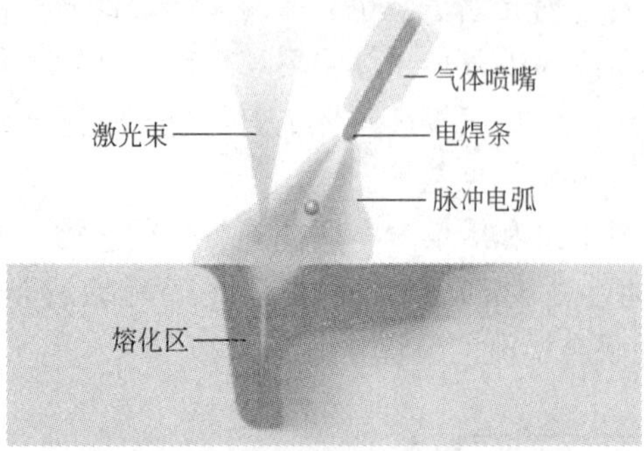

图 7.14　激光复合焊的原理示意图

激光电弧复合焊接技术克服了各自的缺点，增加了激光焊接的应用范围，进行这种复合焊接主要有以下优点。

1. 有效地利用激光能量

母材处于固态时对激光的吸收率很低，而熔化后可高达 50%～100%。采用复合焊接法后，TIG 电弧或 MIG 电弧先将母材熔化，同时进行激光照射，在起焊阶段大大提高母材对激光的吸收率。

2. 稳定电弧

单独采用电弧焊时，焊接电弧有时不稳定，特别是在小电流情况下，当焊接速度提高到一定值时会引起电弧飘移，使焊接无法进行；而进行激光-电弧复合焊接时，激光产生的等离子体有助于稳定电弧。图 7.15 给出了激光复合焊接中复合电弧与 MAG 电弧和激光等离子体的对比。

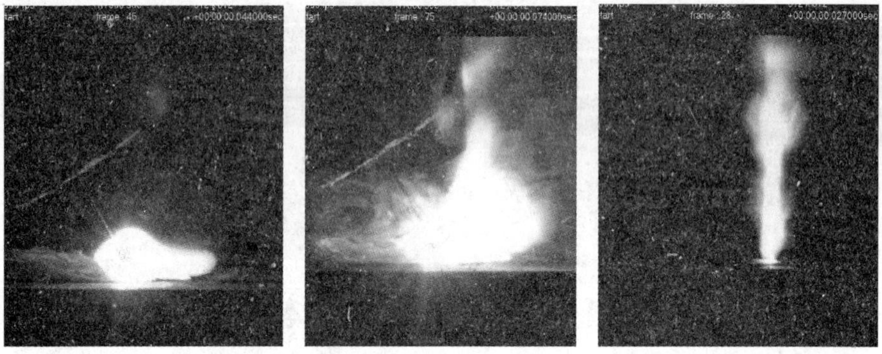

(a)　(b)　(c)

图 7.15　3 种焊接方法等离子体对比

(a) MAG；(b) 复合；(c) 激光

3. 改变焊缝成形

激光焊是通过光学系统将能量传输到工件上，它的热影响区非常窄，焊缝的深宽比很高，具有高的焊接速度，但由于焦点直径很小，焊缝桥联能力很差。而电弧焊则是通过弧柱传输能量，电弧焊的能量密度比较低，加热面积较大，焊接速度相对较低。在电弧的作用下，母材熔化形成熔池，二者形成的焊缝明显比激光焊的熔宽增加。而激光束又作用在电弧形成熔池的底部，加之液体金属对激光束的吸收率高，因而复合焊接较单纯激光焊接的效率高很多，从而获得了优良的综合性能。激光焊、MIG焊和激光复合焊焊缝形状对比如图7.16所示。

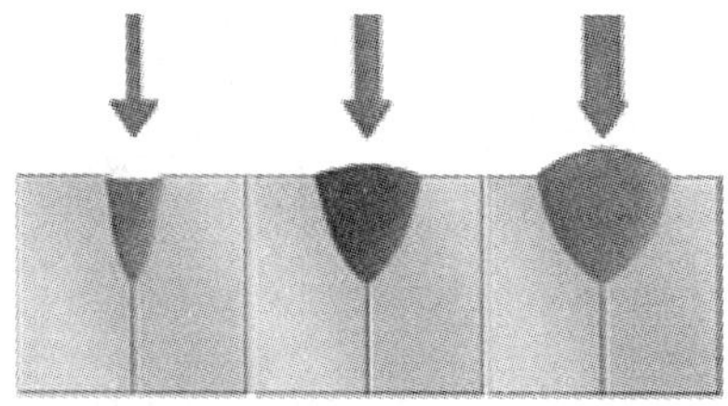

图7.16 激光焊、MIG焊和激光复合焊焊缝形状对比

在具体工业应用中，激光与电弧焊复合的主要方法有电弧加强激光焊的方法、低能激光辅助电弧焊接方法和电弧激光顺序焊接方法等。近年来，激光-电弧复合热源在焊接上得到迅速的发展；研究者从各个方面开展了激光-电弧复合焊接技术的研究，研究者对激光-电弧等离子体的耦合机理进行了一些研究工作，以期从理论上解释和进一步指导激光复合焊工艺的改善，获得更满意的焊接质量。但无论是从焊接过程的电、声信号，还是电弧的高速摄影，熔池成形数值模拟计算等方面的研究，都很难获得耦合机理分析的直接试验验证。而焊接过程的等离子体辐射光谱，蕴含着丰富的焊接过程信息。因此对于激光电弧复合焊辐射光谱的研究，对于其在焊接过程测控上的应用具有重要意义。

激光与电弧的复合，从激光复合源而言，包括YAG激光器、CO_2激光器以及目前具有更广阔应用前景的光纤激光器，虽然不同激光器由于波长不同、激光模式和特性等方面存在差别，进而影响复合等离子体的辐射，但由于相关方面的研究还不系统，在本书中不做区别介绍。从电弧焊本身而言，复合源主要有GTAW、GMAW两种方法，其复合等离子体的辐射存在明显的不同。下面我们分别介绍一下两种复合等离子体的辐射光谱的特点。

7.3.2 激光-GTAW电弧复合焊接的辐射光谱

激光与GTAW焊的复合，其复合等离子体相对较稳定，复合热源特性明显，可以获得改善的焊缝形状，其中比较成功的是在镁合金焊接上的应用案例。通过激光与GTAW复合后，无论从实现的焊缝熔深、熔宽、焊接质量等方面，都优于单一的热源焊接方法。因此，激光-GTAW大大拓宽了传统GTAW焊的应用范围。

激光与GTAW焊复合后，等离子体的形态、辐射强度都会发生变化，从而产生不同的辐射谱线，这对于理解复合等离子体中的耦合现象非常有帮助。大连理工大学刘黎明及其课题组[82,83]，在镁合金的小功率YAG激光-GTAW电弧复合焊接过程中，通过采集其复合等离子体光谱信息(图7.17)，对激光复合焊接过程中的物理现象予以解释。

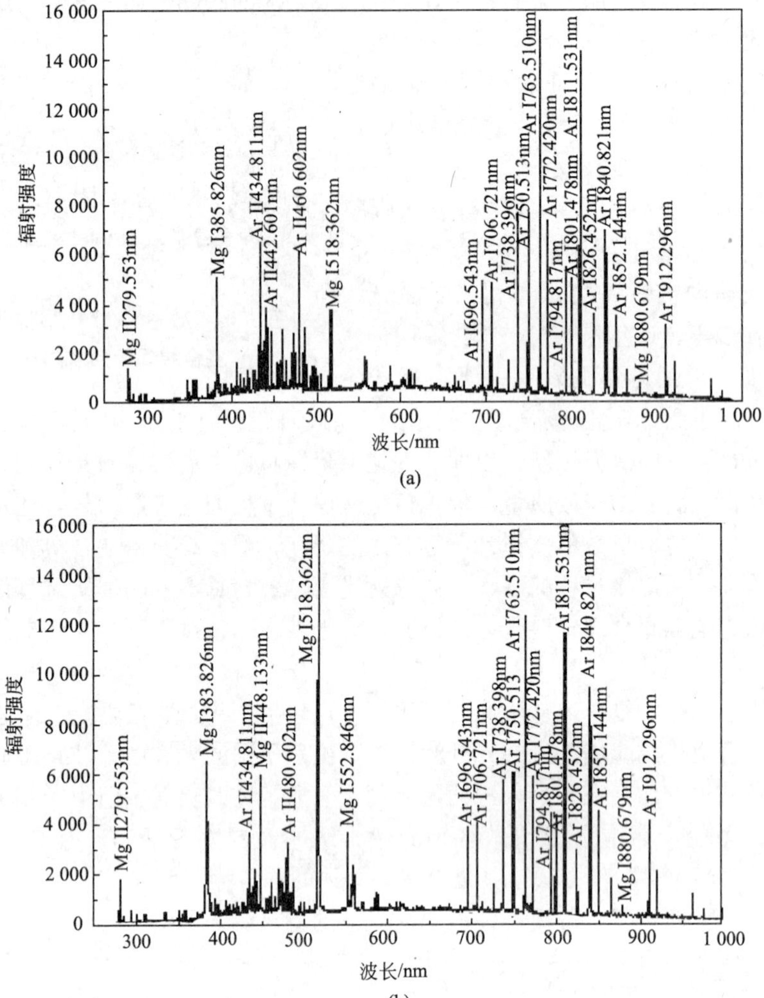

图 7.17　焊接等离子体辐射光谱

激光功率 $P=300\text{W}$，电流 $I=100\text{A}$，焊接速度 $V=800\text{mm/min}$

(a) GTAW；(b) 激光复合

由图 7.17 可以看出，激光与电弧复合后，其等离子体辐射的主要线谱为 Ar I 原子谱和 Mg I 的金属线谱。与单纯 GTAW 电弧光谱相比，复合后金属谱线 Mg I 的辐射强度和谱线数量明显增加，大量的金属蒸气进入等离子体，电离和复合而产生金属谱线。而相应的，保护气体 Ar I 的谱线强度有所降低，这有些类似于 GTAW(TIG)焊时，随焊接电流增加带来的辐射线谱变化规律，产生上述现象的原因，是金属蒸气的增加，降低了 Ar 蒸气的浓度，进而影响了 Ar I 辐射谱线的强度。为了反映这种变化，对特定谱线(Mg II 279.553、Mg I 518.362、Ar II 480.602、Ar I 811.531)在激光加入前后的强度变化进行了时域信息采集(图 7.18)，可以看出，激光加入后，等离子体辐射强度发生明显的变化；Mg II 与 Mg I 谱线明显增强，其中 Mg I 谱线增强更明显。Ar II 与 Ar I 谱线会产生明显的下降，也证明了激光加入对金属熔化和金属蒸气的影响。上述研究说明，激光的加入，很大程度上改变了等离子体的能量大小和分布，导致高温金属蒸气的增加，产生更多易于电离的气体，提高了复合电弧等离子体的稳定性。

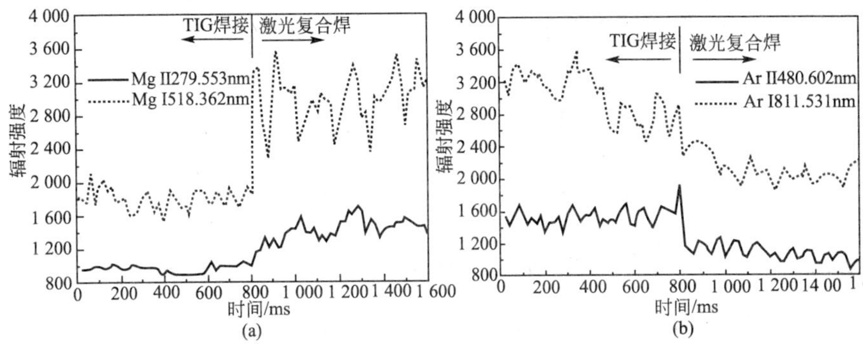

图 7.18 激光复合焊对特定谱段辐射光谱强度的影响

研究者[84]还采用不锈钢试板，针对激光-TIG 复合焊接过程中参数变化带来的等离子体辐射变化进行了研究，认为激光功率和焊接电流的增加都会带来金属线谱辐射强度的增加。图 7.19 所示为不同电流下的复合焊接等离子体光谱。由图可知，焊接电流越大，Fe、Cr、Ni 原子的特征光谱越明显，线光谱的峰值越强。当焊接电流大于 30A 时(图 7.19(b)、(c))，线光谱增强的同时，由于电弧与激光的耦合作用，使焊接过程产生熔透深熔焊，而同样的激光功率，单独采用 YAG 激光焊时，不能获得全熔透的焊缝。

图 7.20 反映了激光功率对激光-TIG 复合焊接过程光谱特征的影响，激光功率为 1 500W 时，焊缝产生全熔透，虽然焊接过程产生穿透小孔，但焊接过程产生的金属蒸气在穿透小孔上下均向外喷发，使得由小孔上方喷发的金属蒸气流减弱，因此对光谱特征分布影响不大，表征 YAG 激光金属蒸气云的线光谱强度略有降低。

图 7.21 给出了热源间距和热源顺序对复合焊等离子弧光谱的影响。由图可知，热源间距越大，两热源的相互作用越弱，当热源间距为 6mm 时，线光谱已变成两个单热源焊接时的光谱线的简单相加，而此时两热源实际上并未作用在同一熔池中，虽然复合焊缝的熔深较单热源激光焊的大，但已不能产生熔透深熔

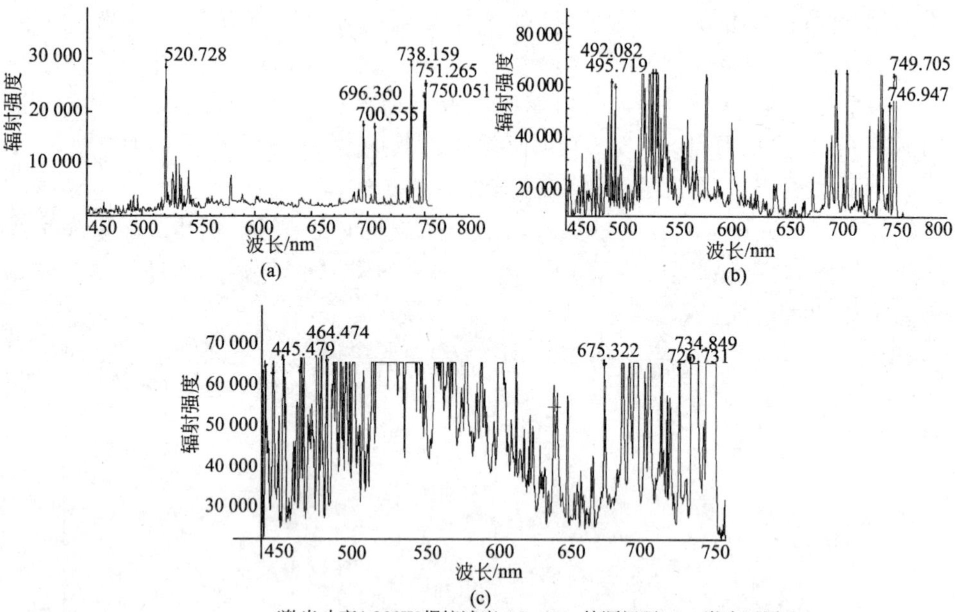

(激光功率1 200W,焊接速度 1.2m/min,热源间距1mm,激光后置)

图 7.19　不同电流下的复合焊接等离子体光谱

(a) 10A；(b) 30A；(c) 50A

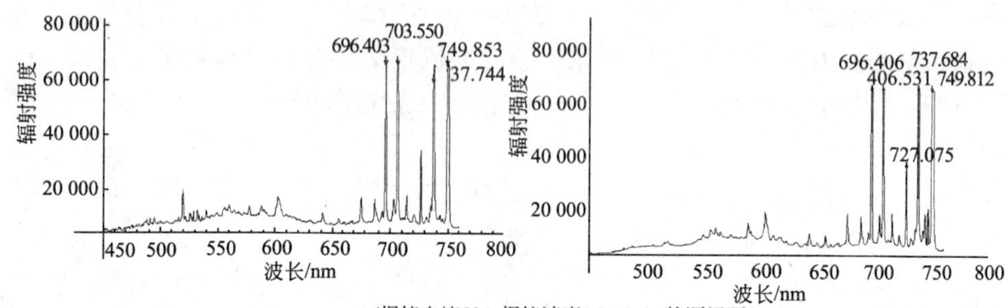

(焊接电流50A,焊接速度1.2m/min,热源间距1mm)

图 7.20　激光功率对激光- TIG 复合焊接过程光谱特征的影响

焊，熔深的增大只是由于等离子弧的预热作用，增大了金属对激光的吸收率，从而增大了焊缝熔深。研究结果还显示，热源顺序对两热源的相互作用影响十分显著，如图 7.21(d)所示，激光后置时等离子弧与激光的相互作用较大，当热源间距较大时，激光后置时的等离子弧预热作用比激光前置的大，金属汽化增大，对应的焊缝熔深增大。

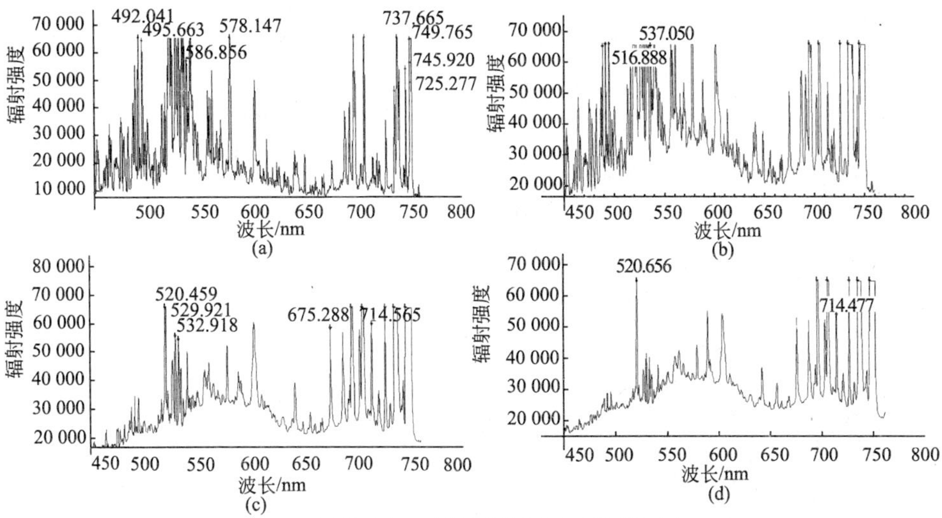

(激光功率1 200W,焊接电流50A,焊接速度1.2m/min)

图 7.21　热源间距和热源顺序对复合焊等离子弧光谱的影响

(a) 热源间距 0mm，激光后置；(b) 热源间距 3.2mm，激光后置；

(c) 热源间距 6mm，激光后置；(d) 热源间距 3.2mm，激光前置

研究者还采用辐射光谱对复合焊接等离子体的电子温度和电子密度进行了诊断，认为激光复合会使得等离子体的电子温度下降，电子密度增加。

7.3.3　激光-GMAW 电弧复合焊接的辐射光谱

激光-GMAW 电弧复合焊接技术，是近几年国内外研究比较热门的焊接方法。该方法具有增加焊缝熔深、提高焊接速度、减小焊缝变形量等优点；克服了 GMAW 弧焊方法存在的焊缝熔深浅、实现高速焊接困难、焊接变形大等缺点。同时也解决了激光焊装配精度要求高，指状熔深的不足；具有广阔的工业应用前景。

相对于激光-GTAW 复合焊而言，激光-GMAW 复合焊可以实现厚板的高速优质焊接，因此在船舶制造、航空航天等工业上有更广阔的应用空间。但 GMAW 由于弧长波动、熔滴过渡等因素的影响，其与激光复合之后的等离子体辐射更加复杂。本课题组通过系列研究工作，对 YAG 激光与 MAG 焊复合前后电弧等离子体辐射光谱进行采集，分析其辐射的空间分布特点、变化规律。得到了复合等离子体的频域、空域分布，并采用同步采集系统，对脉冲 MAG 焊与激光复合时，其在脉冲峰值和基值之间的辐射光谱进行分析，探讨了激光与 MAG

电弧复合后对等离子体的辐射光谱的影响。

1. 辐射光谱的频域分布[36,85]

为了研究激光-MAG电弧复合之后，等离子体辐射光谱的频域分布，本课题组与哈尔滨焊接研究所、天津大学开展了合作研究，采集了其等离子体的辐射光谱。试验装置的现场照片如图7.22所示。试验采用德国HAAS公司HL2006D固体YAG激光器，MAG复合电源采用奥地利Fronius公司的TPS5000数字焊接电源。激光复合点作用于电弧前沿2mm，MAG焊枪可作X、Y双向调节，以调整电弧位置，焊枪与试板成60°夹角。焊接过程中，表面经过机加工的Q235钢板，放置在匀速移动的焊接平台上。试板随平台移动，焊接电弧静止，通过相对移动形成焊道。光谱采集通过荷兰Advantes公司的Avaspec-2048FT-2光纤式光谱分析仪实现，其自带的“Periodly”采集功能，可实现定时间高速连续采集，采集200～1 100nm间的辐射全谱，分辨率可达0.3nm。为了对比电弧形态的变化，还对电弧进行了高速摄像，拍摄频率为1 000桢/s。

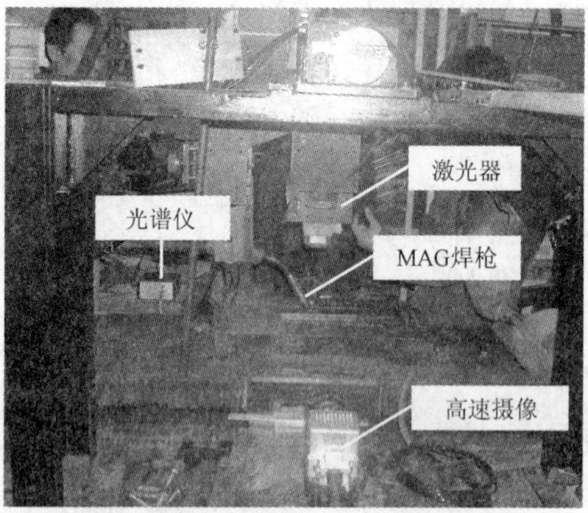

图7.22 激光-MAG复合焊试验

为了对比分析激光复合前后的等离子体辐射光谱的变化，同时采集了单独MAG焊与YAG激光-MAG复合焊在同参数下的光谱。焊接采用Ar+CO_2混合气体保护，使用1.6mm的Ho8Mn2Si焊丝，干伸长度20mm，进行试板表面堆焊，光纤头水平放置，采集辐射等离子体的光谱信息。图7.23给出了激光焊、MAG焊、复合焊3种焊接条件下，其等离子体辐射的光谱对比。

从图7.23的等离子体光谱采集结果，可以看出，单纯激光产生的等离子体辐射光谱较弱。图7.23(a)的光谱表明，其辐射主要为介于500～800nm间的连续辐射，除了在1 016nm处由YAG激光散射造成的特征线谱外，没有发现明显的线谱辐射(注：这主要与激光的功率、波长、探头角度等有关，参见7.1.3内容)。图7.23(b)为MAG电弧的等离子体辐射光谱，可看出电弧的辐射明显强于激光，在连续辐射的基础上存在大量线谱，线谱基本上由紫外区(200～350nm)的Fe I、Fe II辐射，370～650nm间的Fe I辐射和650～1 100nm的Ar I辐射组成。由于喷射过渡中大量金属蒸气的存在，造成电弧气氛中Fe浓度的升高，所以370～650nm间的Fe I辐射明显高于650～1 100nm的Ar I辐射强度。

激光与MAG复合后的光谱辐射(图7.23(c))基本与MAG焊的辐射光谱相似，对比谱线分布，没有明显的新线谱产生。但其在紫外区(200～350nm)的Fe I、Fe II辐射，370～650nm间的Fe I辐射增强，表明复合后的电弧具有更高的温度和Fe蒸气浓度。复合后等离子体的状态发生了变化。

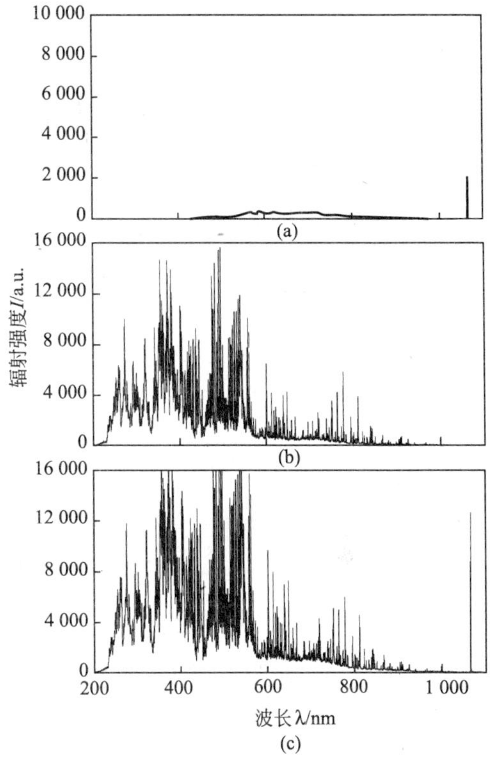

图7.23 激光、MAG、复合焊等离子体辐射的光谱对比

从图7.23(c)中可以看出，激光-MAG复合等离子体存在几个特征线谱强辐射区域(250～300nm、375～450nm、500～580nm、750～850nm)。研究等离子体中这些特征谱段辐射分布情况，可以判断等离子体的状态，进而对比分析激光耦合前后的辐射分布差别，研究其耦合机理。因此，参照美国标准局光谱数据，图7.24对上述谱段的部分特征强谱线给予了标定，来研究其光谱的频域分布。结合谱线分布特点，选择250～300nm、355～365nm、485～500nm、790～810nm 4个谱段作为空域分布研究的辐射区间。

2. 辐射光谱的空域分析[36,65]

为了研究激光-MAG焊辐射光谱的空域信息，采用本课题组开发的中空探针方法(见第4章内容)，对激光-MAG复合焊等离子体的空间辐射信息进行了采集。采用自动横向光学位移平台，分别对等离子体沿高度方向3个层面的光谱信息进行了采集。图7.25为等离子体下((a)、(b))、中((c)、(d))、上((e)、(f))3个层面(距离试板空间Y轴位置0.5mm、2mm、4.5mm)，在4个特征线谱谱段(250～300nm、355～365nm、485～500nm、790～810nm)上的辐射积分强度分布。

图7.25(a)为距试板表面0.5mm MAG焊的辐射强度，图7.25(b)为此位置激光复合MAG的辐射强度。从图7.25(b)中可以看出，在熔池附近层面上，3个以铁谱线为主的谱段辐射明显增强，在电弧中心区形成一个具有较大梯度的辐射加强区，在激光复合侧(图中距离为负一侧)，此层面形成明显的激光散射区

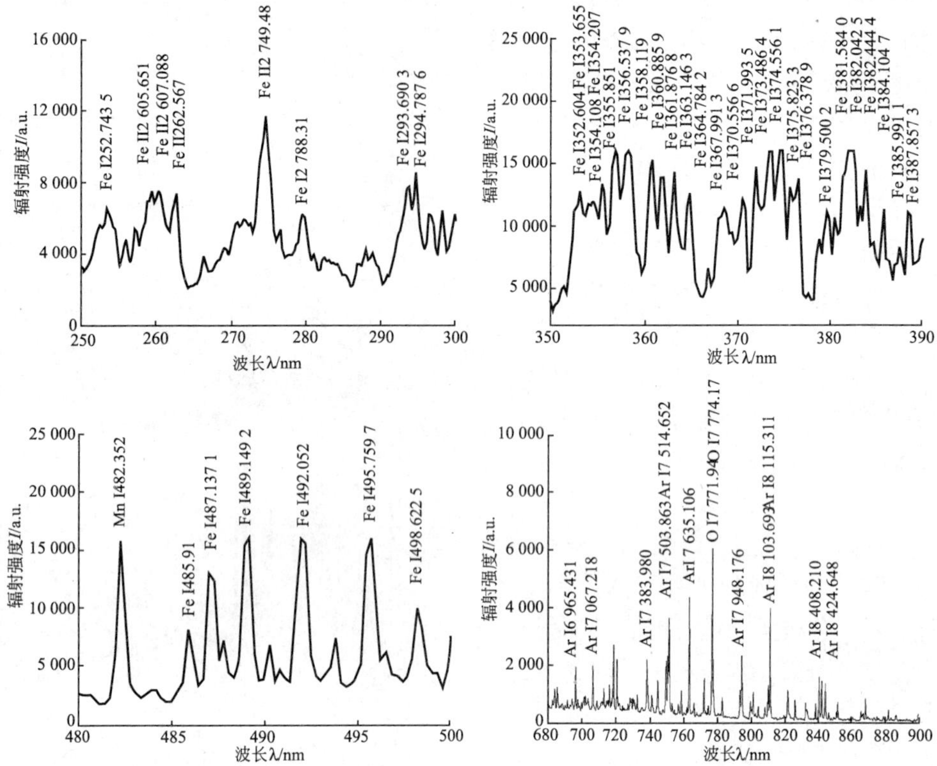

图 7.24　激光-MAG 复合焊特征辐射谱段的谱线标定

(—6mm 附近)；MAG 焊时，图 7.25(a)显示此位置 4 个谱段的辐射均接近为零，而在对应的激光复合焊时，除了 790～810nm 谱段的氩线谱辐射较弱外，其他 3 个谱段还存在着明显较强的辐射。在电弧后侧(距离为正一侧)，激光复合焊除了从电弧中心较强辐射区迅速下降外，在 4mm 以外辐射基本相同，没有明显差别。可见，激光复合主要引起两个区域辐射的明显变化：电弧中心区和激光作用区。激光复合明显增强了等离子中心区的辐射强度(改变了能量分布形态)，并且展宽了电弧在激光复合侧的作用范围(约 4mm)。图 7.25(d)、(d)中，在电弧中部层面的辐射分布规律与熔池表面附近基本相同，但在此层面对激光的散射作用小，激光散射主要发生在近熔池层面，其在激光作用前侧引起的铁谱线展宽区也较熔池层面稍弱。另外此区间中心辐射区的增强作用更明显，能量更集中于中心区，而两侧辐射区域会发生辐射光谱减弱的现象，图 7.25(d)、(d)所示的电弧后侧 2～4mm 位置间，激光复合后的能量小于 MAG 焊，这说明，激光复合改变了电弧的能量分布形态，从而改变了焊缝成形。在等离子体上部层面(图 7.25(e)、(f))，激光复合焊的辐射明显小于 MAG 焊，

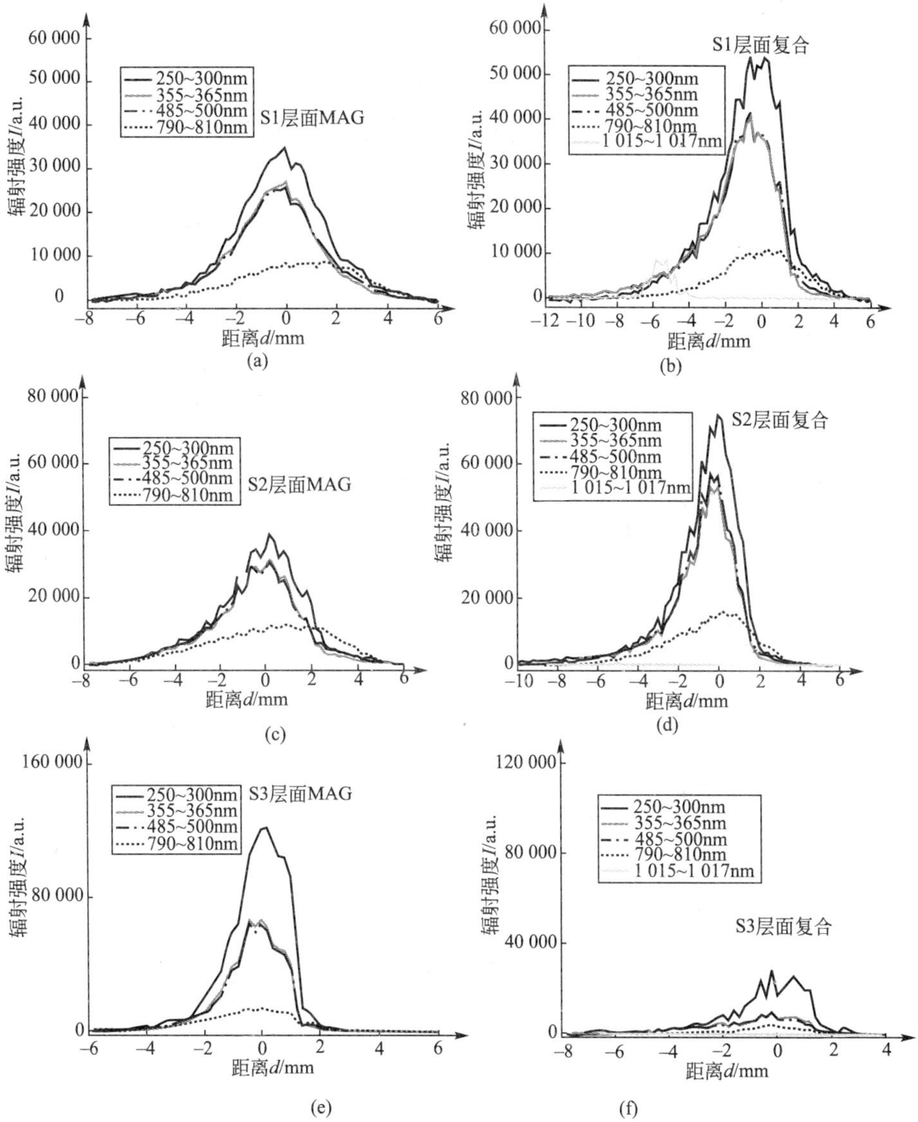

图 7.25 特征谱段辐射强度分布对比

这与复合焊会造成电弧弧长缩短有关，此处复合焊已进入焊丝端部以上区域，所以辐射明显减小。

图 7.26 给出了 3 个特征谱段(250～300nm、485～500nm、790～810nm)辐射强度的面分布对比，由于 355～365nm 的特征线谱与 485～500nm 均以 Fe I 为主，变化规律相同，所以未给出。从图 7.26 可看出，激光复合焊在熔池表面及其临近区域的辐射明显较 MAG 焊强，等离子体能量更集中地作用于焊接熔池区

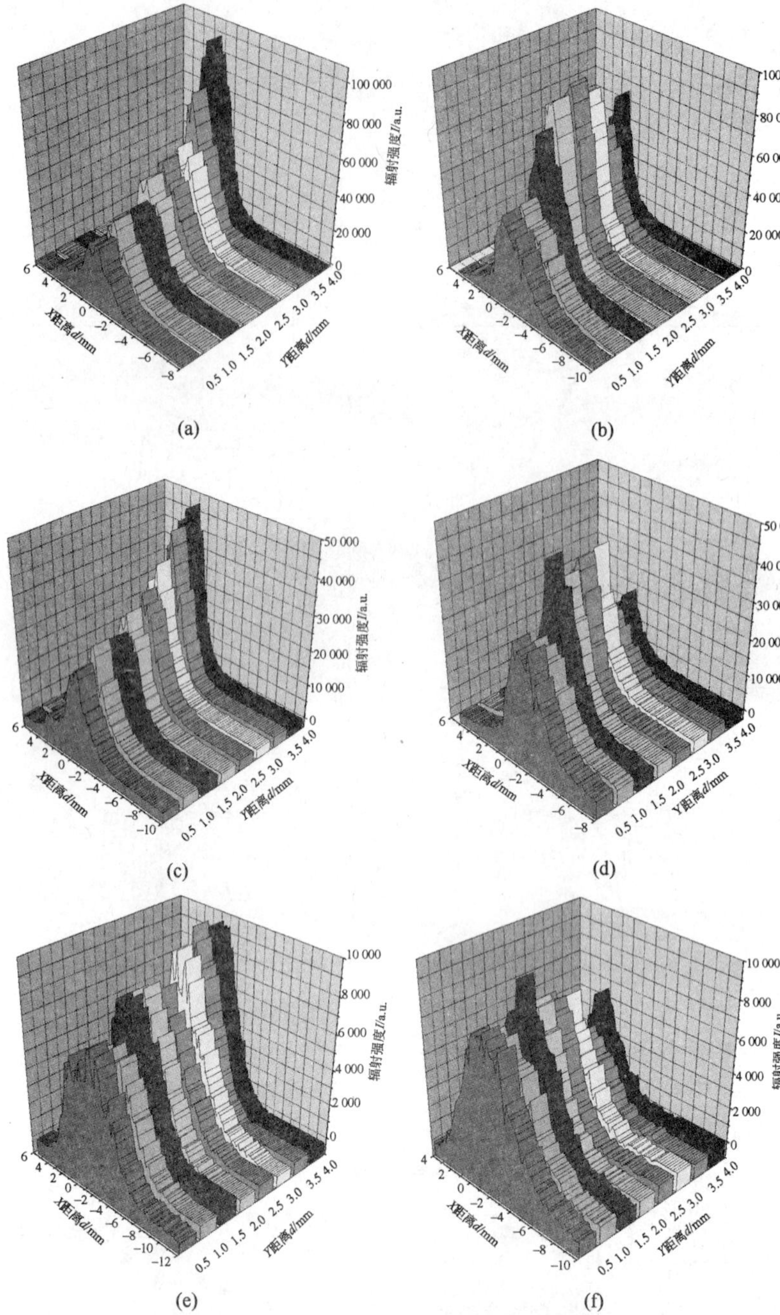

图 7.26　3 个特征谱段辐射强度的面分布对比

(a) 250～300nm MAG；(b) 250～300nm 复合；(c) 485～500nm MAG；(d) 485～500nm 复合；(e) 790～810nm MAG；(f) 790～810nm 复合

域，而MAG焊等离子体辐射分布表明，能量更集中于电弧中上部，对熔池的集中加热作用较弱。另外，在电弧上部，激光复合焊辐射减弱，而MAG焊没有减弱现象，也说明复合后等离子体高度缩短。图7.26(b)与图7.26(d)在电弧中部的辐射更强，电弧上下部接近熔池和焊丝部位辐射会减弱，这可能与电弧中部受熔池和焊丝熔化的“冷却”作用较小、温度稍高有关。图7.26(b)等离子体的中部辐射现象更明显些，这与Fe II电离需要更高温度有关。而图7.26(e)、(f)辐射以氩谱线为主，其浓度稳定，更好地反映了激光复合前后的能量分布差别：激光复合使等离子体能量更集中作用于焊缝位置。

通过光谱频域和空域分布的分析，可知激光复合后会造成电弧辐射能量和光谱分布的变化。为了更直观地了解这种分布的变化，将Fe I谱线聚集区的辐射能量分布在图7.27中给出。由图7.26、图7.27可知，等离子体辐射在X方向的集中，形成梯度很大的中心辐射区，有利于增加MAG焊的熔深；等离子体在Y方向的集中，更集中作用于熔池及临近区域，有效减少热损失，使焊道加宽，提高焊接效率。

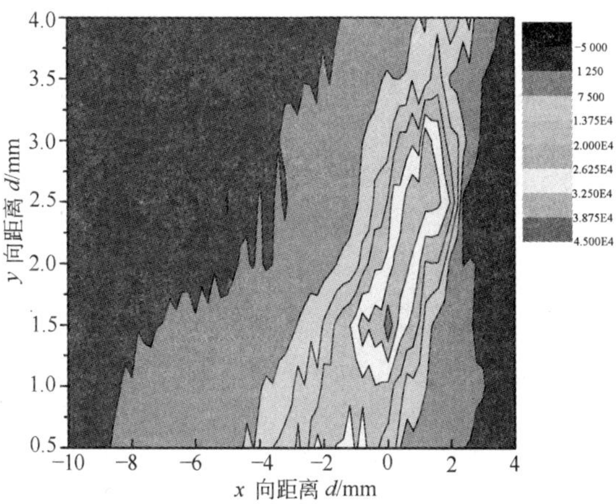

图7.27 Fe I谱线聚集区的辐射能量分布

图7.28进一步给出了在3个典型位置上：电弧中心区、辐射减弱区、电离通道区，激光与电弧复合前后的辐射全谱的对比。可以看出，激光作用区域附近存在一个明显的Fe谱线辐射增强区，这个区间的存在，不仅展宽了电弧的作用区域，对焊道起到预热的作用；而且更重要的是，浓度较大Fe电离蒸气的存在，也为电弧燃烧提供了有效电离通道，起到了稳定电弧的作用，这在小电流焊接时的耦合作用更明显。在激光作用位置，由于Fe离子蒸气的存在，形成电离通道，加宽了电弧作用范围，起到稳弧作用。另外，复合焊后等离子体缩短现象、电离通道的形成，可用最小电压原理给予解释：电流总是选择能量最小的通道，保证电弧最小的能耗。

3. 激光-脉冲MAG辐射光谱的时域特征[38,86]

激光与MAG复合后，其等离子体形态和辐射强度实际上是处于不断波动变化之中的。其中激光与脉冲MAG焊复合之后，其等离子体辐射光谱信息具有更明显的时域波动特征。如图7.29所示，在脉冲MAG焊与激光复合时，由于焊

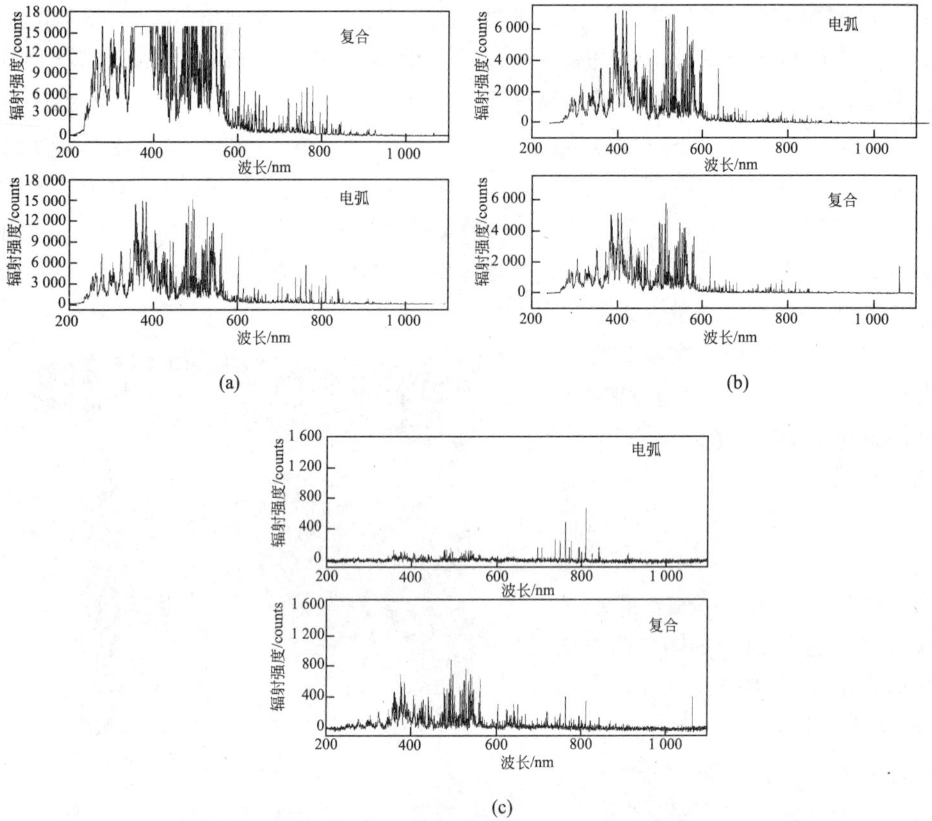

图 7.28　不同位置上 MIG 和复合焊的等离子体辐射光谱对比

(a) 电弧中心区；(b) 辐射减弱区；(c) 电离通道区

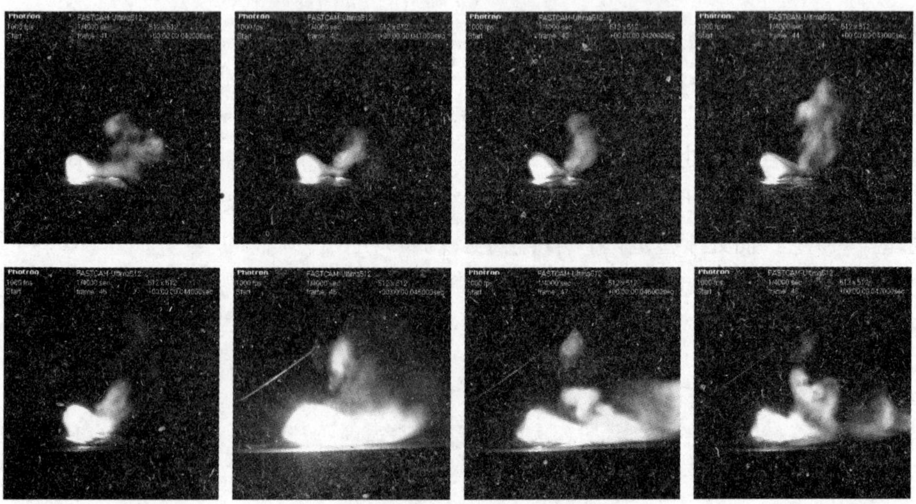

图 7.29　激光- MIG 复合焊等离子体高速摄像

接电流的规律性变化，电弧形态也发生很大变化，从而使得其复合等离子体的辐射在不同瞬时截然不同。因此，如何获取其瞬时辐射光谱信息，成为研究其动态耦合机理的主要手段之一。

因此，本课题组采用与天津大学合作自主开发的高速摄影、光谱、电流、电压多信息同步采集系统，对激光-脉冲 MAG 辐射光谱的时域特征进行了研究。其同步触发信号如图 7.30 所示。触发信号由采集板卡的定时器控制，定时发出触发脉冲，脉冲信号的峰值为 5V。第一个脉冲被用来触发电压、电流和高速摄像的连续高速采集，而光谱采集信息是通过一系列定时间隔采集过程实现的，由于多个脉冲信号具有严格的时间序列，据此可以实现同步信息的采集。多信息同步触发系统的开发，还与光谱仪本身的采集速度有关。为了保证触发信号的严格同步，触发信号也被采集系统回采，作为时间标尺使用。

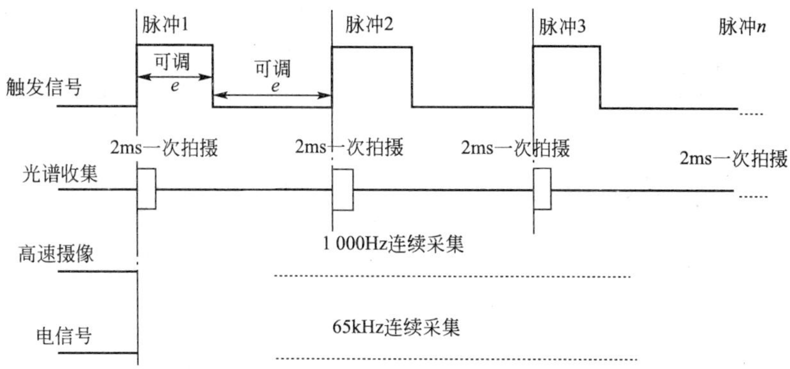

图 7.30 多信息同步采集触发信号时序

利用开发的多信息同步采集系统，对在电流脉冲峰值和基值的电信号、高速摄像、光谱信号同时获取，利用上述信息综合分析电弧与激光耦合的等离子体辐射光谱的分布情况。图 7.31 所示为同步采集到的电信号、高速摄像与光谱信息，可以看到，当电流处于峰值时，复合焊的辐射光谱强度明显增强，并且产生大量的辐射线谱，300～600nm 的线谱以 Fe 的线谱为主，700～900nm 的线谱以 Ar 的线谱为主；而处于基值时，辐射强度较弱，在长波长段的辐射基本为零，表明电弧温度较低，电离的 Ar I 数量少，没有明显的 Ar I 线谱辐射，而在 300～600nm 出现了一些 Fe 的辐射线谱。

4. 激光-GMAW 复合焊的电子温度和离子密度诊断[65]

通过上述关于激光-MAG 复合焊光谱的频域、空域和时域的分布研究，基本了解了复合过程中其等离子体的辐射光谱特征。这些辐射光谱的特征，与复合等离子体本身的物理状态是密切相关的。利用光谱信息诊断其等离子体的电子温

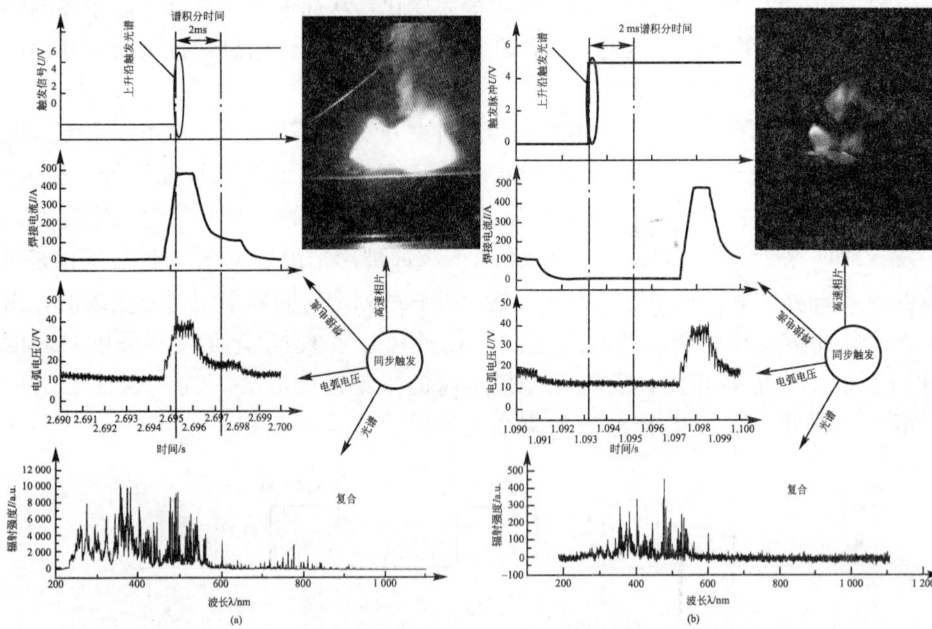

图 7.31　同步采集到的电信号、高速摄像与光谱信息

(a) 峰值；(b) 基值

度、粒子密度等空间状态，成为分析和研究复合焊接过程的有效手段。

因此，本课题组基于采集得到的光谱数据，采用玻尔兹曼图法对等离子体不同空间层面的电子温度进行了诊断；采用谱线展宽法，对复合等离子体的粒子密度进行了诊断。表 7-1 为玻尔兹曼图法计算电子温度时采用的 Fe I 线谱的参数。具体计算方法参照第 3 章的相关内容。表 7-2 为计算得到的电子温度。可以看到，在不同层面，电弧等离子体的温度并不相同，电弧中上部的电子温度要高些。MAG 焊与激光- MAG 复合焊的温度计算结果对比表明，激光与电弧复合后，会使得等离子体的温度有所升高，但温度增加并不大，在几百开尔文左右。

表 7-1　玻尔兹曼图法计算电子温度时采用的 Fe I 线谱的参数

λ/nm	A_{ki}/s^{-1}	E_u/ev	g_u	Ref
493.968 6	1.4e+04	3.368 2	9	NIST
510.965 0	5.4e+06	6.727 0	5	NIST
516.748 4	2.0e+06	3.883 5	7	NIST
558.675 6	1.9e+07	5.586 9	7	NIST
561.564 4	1.7e+07	5.392 4	9	NIST

表 7-2 计算得到的电子温度 T_e （单位：K）

进程	S1	S3	S5
MIG	14 100	14 000	14 800
复合	14 500	14 800	15 400

图 7.32 所示为采用 Ar I 的谱线展宽，计算得到的复合等离子体空间某辐射层面上的粒子密度分布图，可以看到，在电弧中心位置，由于复合作用，造成等离子体中的粒子密度明显高于其他位置。即使在激光作用位置，位于上层面的粒子密度也没有发生明显的增加，但会造成电弧中心位置粒子密度的增加。

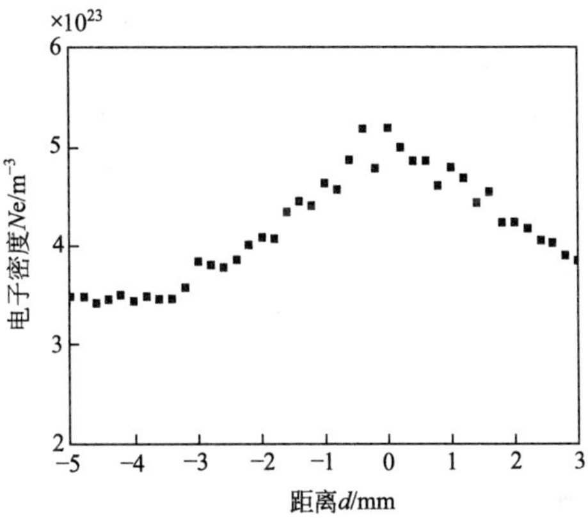

图 7.32 激光-MAG 复合等离子体的粒子密度分布图

结 束 语

本书以焊接过程中等离子体的辐射光谱为对象，阐述了其基本原理和典型应用。结合本课题组在 GTAW、GMAW、激光-电弧复合焊接等离子体辐射光谱方面的基础研究，讨论其在频域、时域、空域的分布特征，并对课题组在焊接过程质量在线检测、焊接等离子体多物理场耦合方面的应用研究，以及相关领域同行在弧长测控、熔滴过渡控制等方面的应用研究给予介绍，希望为研究者和工业应用者提供较详实系统的理论基础和应用案例，为其在后期更广泛的工业应用提供依据和基础。

但对于目前工业上光谱测控技术的应用现状，本书没有试图去涵盖所有应用实例。到目前为止，关于焊接过程中光谱测控技术的研究还方兴未艾，一些新的工业应用前景，如元素烧损的定量检测，焊接材料的工艺性和环境性评价，可靠便捷的在线检测系统，基于光谱的反馈控制系统等方面的需要，极大地推动着它的发展。目前已经开展的一些其他典型应用研究还包括光谱在特殊环境下等离子体弧的诊断方面：水下等离子弧、压力状态(高压和低压)下等离子体弧；光谱在各种焊接方法的焊接过程跟踪、图像传感；光谱在焊接过程中有害成分的监测；光谱在焊接过程气氛浓度诊断。但考虑到本书的重点是光谱的基础理论体系和焊接过程质量检测，为了保证体系的完整性，没有对上述应用实例逐一进行介绍，而是侧重于上述应用采用的基本理论和方法。

本书旨在抛砖引玉，希望更多的研究者和应用者关注焊接光谱测控这一领域，推动光谱技术在焊接过程测控上的工业应用。

参考文献

[1] 吴志生，杨立军，李志勇，等. 现代电弧焊接方法及设备 [M]. 北京：化学工业出版社，2010.

[2] 过增元，赵文华. 电弧和热等离子体 [M]. 北京：科学出版社，1986.

[3] 安藤弘平. 焊接电弧现象：增补版. [M]. 施雨湘，译. 北京：机械工业出版社，1985.

[4] 杨春利，林三宝. 电弧焊基础 [M]. 哈尔滨：哈尔滨工业大学出版社，2003.

[5] 姜焕中. 电弧焊及电渣焊 [M]. 北京：机械工业出版社，1989.

[6] 王宝. 焊接电弧物理与焊条工艺性设计 [M]. 北京：机械工业出版社，1998.

[7] 胡胜钢. 脉冲 MIG 焊熔滴过渡光谱控制法的研究 [D]. 天津：天津大学，1999.

[8] 宋永伦. 焊接电弧等离子体的光谱诊断法及其应用的研究 [D]. 天津：天津大学，1990.

[9] 马腾才. 等离子体物理原理 [M]. 合肥：中国科学技术大学出版社，1988.

[10] 金佑民，樊友三. 低温等离子体物理基础 [M]. 北京：清华大学出版社，1983.

[11] 陈熙. 热等离子体传热与流动 [M]. 北京：科学出版社，2009.

[12] Griem H R. Plasma Spectroscopy [M]. New York：McGraw - Hill，NY，1964.

[13] J Copper. Plasma Spectroscopy [J]. Reports on Progress in Physics，1966，29 (1)：35 - 131.

[14] Grant I R. Monthly Notices of The Royal Astronomical Society [M]. Priestley and Weale，1958.

[15] B Gross，B Grycz，K Miklossy. Plasma Technology [M]. Prague，1968.

[16] Griem H R. Spectral Line Broadening by Plasmas [M]. New York：Academic Press，1974.

[17] Peach，et al. Theory of the pressure broadening and shift of spectral lines [J]. Advances in Physics，1981，30 (3)：367 - 474.

[18] Li zhiyong，Li Junyue，Li Huan，et al. A new spectrum - based system for analyzing and testing of welding arc information [J]. ISTM5，2003，5.

[19] Li Junyue，Li Zhiyong，Li Huan，et al. Basic theory and method of welding arc spectrum information [J]. Journal of Mechanics Engineering，2004，17(2)：315 - 318.

[20] Mundiyath Venugopaln. Reactions Under Plasma Condition Ⅰ [M]. Books on Demand，1971.

[21] S Zielinska，S Pellerin，K Dzierzega，et al. Measurement of atomic Stark parameters of many Mn I and Fe I spectral lines using GMAW process [J]. J. Phys. D：Appl. Phys.，2010，43(10)：434005.

[22] 邵华，朱丹平，吴毅雄. Abel 逆变换的数值算法 [J]. 上海交通大学学报，2005，39(8)：1375 - 1378.

[23] 朱士尧. 等离子体诊断中的 Abel 逆变换 [J]. 核聚变与等离子体物理，1987，7(2)：102-107.

[24] 江少恩，刘忠礼，唐道源，等. 基于快速傅里叶变换和汉克耳变换的逆阿贝尔变换 [J]. 光学学报，1999，19(5)：660-664.

[25] C D Maldonado，A P Caron，H N Olsen. New method for obtaining emission coefficients from emitted spectral intensities：part 1 - circularly symmetric light sources [J]. Journal of the Optical Society of America，1965，55(10)：1247-1251.

[26] 曾昭宪，王世金，曾力. 基于 Langmuir 探针技术的空间等离子体探测方法 [J]. 上海航天，2006，23(6)：41-45.

[27] 吴莹，白顺波，王俊彦，等. 利用微波诊断等离子体的方法 [J]. 光电子技术，2007，27(1)：49-54.

[28] 叶超. 低气压低温等离子体诊断原理与技术 [M]. 北京：科学出版社，2010.

[29] 李俊岳，宋永伦，李桓，等. 焊接电弧光谱信息的基本理论和基本方法 [J]. 焊接学报，2002，23(6)：5-8.

[30] 郭勇，李志勇，赵洪志，等. 基于 Labview 的焊接过程多信息分析平台 [J]. 电焊机，2012，42(4)：18-22.

[31] 辛仁轩. 等离子体发射光谱分析 [M]. 北京：化学工业出版社，2005.

[32] 张志伟. 微小型光纤光谱仪 [J]. 光机电信息，2004，21(8)：14-22.

[33] 石田男. 焊接电弧引燃过程的机理分析 [D]. 北京：北京工业大学，2010.

[34] 夏源. 激光- TIG 电弧复合焊接热源的光谱诊断 [D]. 北京：北京工业大学，2009.

[35] 柳刚. 熔化极气体保护焊熔滴过渡的光谱信息及其检测的研究 [D]. 天津：天津大学，1998.

[36] 李志勇，王威，王旭友，等. 基于光谱的激光- MAG 复合焊耦合机理分析 [J]. 机械工程学报，2010，46(8)：62-68.

[37] 杨运强. 熔化极脉冲焊熔滴过渡的光谱在线传感器与控制的研究 [D]. 天津：天津大学，2002.

[38] Li Zhiyong，Yang Lijun，Gao Ying，et al. Analysis of the hybrid pulsed MAG-YAG laser plasma with synchronization of multiple signals [J]. Journal of Laser Applications，2010，22(3)：106-114.

[39] 顾小燕. 电弧等离子体辐射在焊接过程检测上的应用研究 [D]. 太原：中北大学，2009.

[40] 万雄. 发射光谱层析算法研究及其三维流场重建应用 [D]. 南京：南京航空航天大学，2004.

[41] 李志勇，李桓，杨立军，等. 不同参数钢和铝 TIG 焊电弧光谱辐射分析 [J]. 焊接学报，2008，29(5)：49-52.

[42] Jean E Sansonetti，W C Martin. Handbook of Basic Atomic Spectroscopic Data [J]. Journal of Physical and Chemical Reference Data，2005，34(4)：1559-2259.

[43] Li Zhiyong. Diagnosis TIG weld based on ultraviolet spectral radiation [J]. China Welding，2009，18(2)：6-11.

[44] 宋永伦，李俊岳. 弧焊区图像信息的光谱传感技术 [J]. 焊接学报，1992，13(2)：127-132.

[45] Liu Fuqiang，Li Zhiyong，Gu Xiaoyan. Analysis of TIG Arc Spatial Radiation Based on Scanning Method [J]. Advanced Materials Research，2011，4：225-226，550.

[46] 李志勇，王宝，李桓，等. 干扰因素下钢 TIG 焊电弧光谱的研究 [J]. 中国机械工程，2008，19(12)：1492-1495.

[47] Agapiou G，Kasiouras C，Serafetinides A A. A detailed analysis of the MIG spectrum for the development of laser-based seam tracking sensors [J]. Optics & Laser Technology，1999，31(2)：157-161.

[48] 闫志鸿，张广军，邱美珍，等. 脉冲熔化极气体保护焊熔池图像的检测与处理 [J]. 焊接学报，2005，26(2)：37-40.

[49] Lee J H，Na S J. An analysis of volumetric radiation heat flux and experimental comparison with arc light sensing in GTA welding process [J]. Journal of Materials Processing Technology，2001，110(1)：104-110.

[50] Li P J，Zhang Y M. Robust sensing of arc length [J]. IEEE Transactions on Instrumentation and Measurement，2001，50(3)：697-704.

[51] Li P J，Zhang Y M. Analysis of an arc light mechanism and its application in sensing of the GTAW process [J]. Welding Journal，2000，79(9)：252-260.

[52] 王其隆. 弧焊过程质量实时传感与控制 [M]. 北京：机械工业出版社，2000.

[53] Li Zhiyong，Wang Yao. Radiation of arc and its application in GTA welding testing [C]. ICIMTA(Hunan，China)，2009，3：100-103.

[54] Patrizia S，Dario D B. On-line optical monitoring system for arc welding [J]. NDT&E International，2002，35(1)：37-43.

[55] J Mirapeix，R Ruiz-Lombera，J J Valdiande，et al. Defect detection with CCD-spectrometer and photodiode-based arc-welding monitoring systems [J]. Journal of Materials Processing Technology，2011，211(12)：2132-2139.

[56] 李志勇，丁京滨，李桓，等. 基于特征元素谱线的 TIG 焊质量检测方法 [J]. 焊接学报，2009，30(7)：13-16.

[57] Li Zhiyong，Wang Bao，Ding Jingbin. Detection of GTA welding quality and disturbance factors with spectral signal of arc light [J]. Journal of materials processing technology，2009，209(10)：4867-4873.

[58] Li Zhiyong，Wang Bao，Ding Jingbin. Quality measure and control system for process of arc weld [J]. Materials Science Forum，2008，576：722-727.

[59] 李志勇，丁京滨，李桓，等. 基于电弧光谱的钢 MIG 焊质量判识研究 [J]. 机械工程学报，2009，45(4)：197-203.

[60] Li Zhiyong，T S Srivatsan，Zhao Hongzhi. On the use of arc radiation to detect the quality of gas metal arc welds [J]. Materials and Manufacturing Processes，2011，26(7)：933-941.

[61] Li Zhiyong, T S Srivatsan, Zhang Wenzhao. A spectral analysis of the different flux cored wires during arc welding of metallic materials [J]. Materials and Manufacturing Processes, DOI: 10.1080/10426914.2011.593389.

[62] Li Zhiyong, T S Srivatsan, Yan Xiaocheng, et al. A study of radiation during arc welding using flux cored wires [J]. International Journal of Engineering Science and Management, 2010, 1(1): 38-49.

[63] 苏跃珍. 熔化极气体保护焊电弧的光谱诊断 [D]. 天津：天津大学，1988.

[64] 李志勇，张文朝，李岩，等. 不同参数下典型熔滴过渡光谱信息波动特点研究 [C]. 第十六届全国焊接年会会议论文集.

[65] 李志勇，王威，王旭友，等. 大功率 YAG 激光- MAG 复合热源的光谱诊断与分析 [J]. 光谱学与光谱分析，2010，30(11)：3127-3131.

[66] 王耀. 药芯焊丝 GMAW 电弧光谱行为研究 [D]. 太原：中北大学，2010.

[67] M E Rouffet, M Wendt, G Goett, et. al. Spectroscopic investigation of the high-current phase of a pulsed GMAWprocess [J]. J. Phys. D: Appl. Phys., 2010, 43 (9): 434003.

[68] 张龙. 脉冲 MIG(MAG)焊熔滴过渡的弧光传感及其实时控制 [D]. 哈尔滨：哈尔滨工业大学，1992.

[69] Han G M, Yun S H, Cao X H. Acquisition and pattern recognition of spectrum information of welding metal transfer [J]. Materials and Design, 2003, 24(8): 699-703.

[70] Sforza P, De Blasiis D. On-line optical monitoring system for arc welding [J]. NDT&E International, 2002, 35(1): 37-43.

[71] Sadek C A Alfaro, Diogo de S Mendonc, Emission spectrometry evaluation in arc welding monitoring system [J]. Journal of Materials Processing Technology, 2006, 179 (1-3): 219-224.

[72] 李志勇. 基于电弧多谱段光信息传感的 MIG 焊质量监测方法 [P]. ZL200810054439.7，2008.

[73] 秦国梁，徐晨明，董红刚，等. 大功率 Nd：YAG 激光深熔焊接过程中同轴辐射光的采集 [J]. 应用激光，2003，23(4)：205-208.

[74] Jay F Tu, Takashi Inoue, Isamu Miyamoto. Quantitative characterization of keyhole absorption mechanisms in 20kW-class CO2 laser welding processes [J]. J. Phys. D: Appl. Phys., 2003, 36(2): 192-203.

[75] Li Zhiyong, Wang Wei, Wang Xuyou, et al. A study of the radiation of a Nd: YAG laser-MIG hybrid plasma [J]. Optics & Laser Tech., 2010, 42 (1): 132-141.

[76] Y Zhang, G Y Chen, H Y Wei, et al. A novel "sandwich" method for observation of the keyhole in deep penetration laser welding [J]. Optics and Lasers in Engineering, 2008, 46(2): 133-139.

[77] 姜平，陈武柱，夏侯荔鹏，等. 利用等离子体光电信号对激光深熔焊焦点位置的双闭环控制 [J]. 应用激光，1999，19 (5)：275-278.

[78] T Sibillano, A Ancona, V Berardi, et al. A real time spectroscopic sensor for monitoring laser welding process [J]. Sensors, 2009, 9(5): 3376 - 3385.

[79] T Sibillano, A Ancona, V Berardi, et al. Real - time monitoring of laser welding by correlation analysis: The case of AA5083 [J]. Optics and Lasers in Engineering, 2007, 45(10): 1005 - 1009.

[80] T. Sibillano, A. Ancona, V. Berardi, et al. Optical detection of conduction/keyhole mode transition in laser welding [J]. Journal of Materials Processing Technology, 2007, 191(1 - 3): 364 - 367.

[81] Francis M Haran, Duncan P Hand, Chris Peters, et al. Focus control system for laser welding [J]. Applied Optics, 1997, 36(21): 5246 - 5251.

[82] L M Liu, R S Huang, G Song, et al. Behavior and spectrum analysis of welding arc in low - power YAG - laser - MAG hybrid welding process [J]. IEEE Transaction on Plasma Science, 2008, 36(4): 1937 - 1943.

[83] Xinfeng Hao, Gang Song. Spectral Analysis of the plasma in low - power laser/arc hybrid welding of magnesium alloy [J]. IEEE Transactions on Plasma Science, 2009, 37(1): 76 - 82.

[84] 陈俐，段爱琴. YAG激光等离子弧复合焊接热源光谱特征分析 [J]. 电加工与模具，2007，6 : 18 - 21.

[85] 李志勇，王威，王旭友，等. 激光- MAG复合焊等离子体辐射分析 [J]. 焊接学报，2010，31(3)：21 - 24.

[86] Li Zhiyong, Wang Yao, Wang Wei, et al. Analysis on the interaction between laser and MIG plasma [J]. International Journal of Applied Electromagnetic and Mechanics, 2010, 33 (1 - 2): 527 - 533.

[87] J Menart, S Malik. Net emission coefficients for argon-iron thermal plasmas [J]. Journal of Physics D: Applied Physics, 2002, 35(9): 867 - 874.

[88] Ergueni Gudimenko, Vladimir Milosavljevic, Stephen Daniels. Influence of sefl - absorption on plasma diagnostics by emission spectral lines [J]. Optics Express, 2012, 20(12): 12699 - 12709.

[89] 赵洪志. 激光- TIG电弧复合焊等离子体耦合机制与辐射光谱模拟研究 [D]. 太原：中北大学，2012.